物联网工程与技术规划教材

无线网络技术原理与应用

Wireless Networking Technology
From Principles to Successful Implementation

［美］ Steve Rackley 著

吴 怡 朱晓荣 宋铁成 等译
沈连丰 审校

电子工业出版社
Publishing House of Electronics Industry
北京·BEIJING

内容简介

本书重点论述了无线局域网（WLAN）、无线个域网（WPAN）和无线城域网（WMAN）等无线通信网络的关键技术。全书共分为7部分，合计16章，分别是：无线网络结构，主要讨论其逻辑结构和物理结构；无线通信，归纳了基础知识和最新发展，介绍了红外线通信的原理；WLAN及其实现，讨论了IEEE 802.11标准和关键技术，阐述了网络安全问题和可能遇到的其他问题，给出了解决方案；WPAN及其实现，讨论了IEEE 802.15，包括蓝牙、无线超宽带（UWB）、ZigBee以及红外通信、近场无线通信等，给出了相关标准和关键技术；WMAN及其实现，论述了IEEE 802.16标准、关键技术及其应用；无线网络技术的未来，介绍了无线Mesh网及其路由、网络的自由漫游、吉比特WLAN、认知无线电等前沿技术；信息来源，给出了相关的网址和术语表。

本书可供从事无线网络通信的工程师、科研和管理人员阅读，也可作为高等院校通信类、信息类、电子类等专业高年级本科生或低年级研究生的教材或参考书。

Wireless Networking Technology: From Principles to Successful Implementation
Steve Rackley
ISBN: 9780750667883
Copyright © 2007 Elsevier Ltd. All rights reserved.
Authorized Chinese translation published by Publishing House of Electronics Industry.
Copyright © 2018 Elsevier Ltd. and Publishing House of Electronics Industry. All rights reserved.
No part of this publication may be reproduced or transmitted in any form or by any means, electronic or mechanical, including photocopying, recording, or any information storage and retrieval system, without permission in writing from Elsevier (Singapore) Pte Ltd. Details on how to seek permission, further information about the Elsevier's permissions policies and arrangements with organizations such as the Copyright Clearance Center and the Copyright Licensing Agency, can be found at our website: www.elsevier.com/permissions.
This book and the individual contributions contained in it are protected under copyright by Elsevier Ltd. and Publishing House of Electronics Industry.
This edition of Wireless Networking Technology: From Principles to Successful Implementation is published by Publishing House of Electronics Industry under arrangement with ELSEVIER LTD.
This edition is authorized for sale in mainland China, excluding Hong Kong, Macau and Taiwan. Unauthorized export of this edition is a violation of the Copyright Act. Violation of this Law is subject to Civil and Criminal Penalties.

本版由ELSEVIER LTD. 授权电子工业出版社在中国大陆（不包括香港、澳门以及台湾地区）出版发行。
本版仅限在中国大陆（不包括香港、澳门以及台湾地区）出版及标价销售。未经许可之出口，视为违反著作权法，将受民事及刑事法律之制裁。
本书封底贴有Elsevier防伪标签，无标签者不得销售。

版权贸易合同登记号　图字：01-2007-3688

图书在版编目（CIP）数据

无线网络技术原理与应用 /（美）拉克利（Rackley, S.）著；吴怡等译. —北京：电子工业出版社，2012.3
书名原文：Wireless Networking Technology: From Principles to Successful Implementation
物联网工程与技术规划教材
ISBN 978-7-121-15868-1

Ⅰ.①无… Ⅱ.①拉… ②吴… Ⅲ.①无线网－高等学校－教材 Ⅳ.①TN92

中国版本图书馆CIP数据核字（2012）第021890号

策划编辑：马　岚
责任编辑：李秦华
印　　刷：三河市兴达印务有限公司
装　　订：三河市兴达印务有限公司
出版发行：电子工业出版社
　　　　　北京市海淀区万寿路173信箱　邮编：100036
开　　本：787×1092　1/16　印张：15.75　字数：403千字
版　　次：2012年3月第1版
印　　次：2018年12月第6次印刷
定　　价：35.00元

凡所购买电子工业出版社图书有缺损问题，请向购买书店调换。若书店售缺，请与本社发行部联系，联系及邮购电话：(010) 88254888, 88258888。
质量投诉请发邮件至zlts@phei.com.cn，盗版侵权举报请发邮件至dbqq@phei.com.cn。
本书咨询联系方式：classic-series-info@phei.com.cn。

再 版 序

Steve Rackley编写的 *Wireless Networking Technology: From Principles to Successful Implementation*（《无线网络技术原理与应用》）是一本论述高性能无线网络及其实现的教材。该书全面而又清晰地介绍了最新的无线网络技术，紧紧围绕无线局域网（WLAN）、无线个域网（WPAN）和无线城域网（WMAN，或称为无线广域网）而展开，颇为详细介绍有关标准，提纲挈领论述关键技术，精心挑选实际应用案例，高度概括理论基础和最新发展。全书体现出作者在所述领域有较深造诣，在内容的取舍和编排方面很有特色，为通信、电子、信息、计算机类本科生和研究生，以及通信工程师、网络工程师及其管理者，在设计、实现及操作高性能无线网络时提供了必备知识。

我们受电子工业出版社的委托对该书组织了翻译，译文于2008年7月出版发行。在3年多的时间里，很多兄弟院校选用本书作为相关课程的教材，受到广大读者欢迎，使本书得以多次印刷，这一方面得益于无线网络与国民经济发展和人们生活水平提高息息相关，另一方面也验证了本书的价值。这次电子工业出版社决定再版，作为本书译审者由衷地感到高兴，借此机会对原译文个别错误进行了修订，再次奉献给广大读者，以期对无线网络技术领域的课程建设和工程应用起到更加积极的作用。

由于译审者水平所限，这次再版的译文中仍然难免有不妥之处，殷切期望使用本书的同仁和广大读者不吝指正。

2012年2月
于东南大学移动通信国家重点实验室

目 录

第1章 无线网络概述 1
  1.1 无线网络的发展 1
  1.2 无线网络技术的多样性 2
  1.3 本书的组织结构 2

第一部分 无线网络结构

第2章 无线网络逻辑结构 6
  2.1 OSI 网络模型 6
  2.2 网络层技术 8
  2.3 数据链路层技术 12
  2.4 物理层技术 16
  2.5 操作系统的注意事项 22
  2.6 本章小结 22

第3章 无线网络物理结构 23
  3.1 有线网络拓扑结构的回顾 23
  3.2 无线网络拓扑结构 25
  3.3 WLAN 设备 28
  3.4 WPAN 设备 37
  3.5 WMAN 设备 39
  3.6 第一部分总结 41

第二部分 无线通信

第4章 无线通信基础 44
  4.1 RF 频谱 44
  4.2 扩频传输 47
  4.3 无线复用和多址接入技术 54
  4.4 数字调制技术 60
  4.5 RF 信号的发送与接收 66
  4.6 超宽带无线电 75
  4.7 MIMO 无线电 78
  4.8 近场通信 79

第5章 红外通信基础 ... 81
5.1 红外光谱 ... 81
5.2 红外传播与接收 ... 81
5.3 第二部分总结 ... 84

第三部分 无线局域网的实现

第6章 无线局域网标准 ... 86
6.1 IEEE 802.11 WLAN 标准 ... 86
6.2 IEEE 802.11 MAC 层 ... 89
6.3 IEEE 802.11 物理层 ... 92
6.4 IEEE 802.11 增强 ... 96
6.5 其他 WLAN 标准 ... 103
6.6 本章小结 ... 105

第7章 WLAN 的实现 ... 106
7.1 评估 WLAN 的需求 ... 106
7.2 规划和设计 WLAN ... 110
7.3 试验性测试 ... 114
7.4 安装与配置 ... 114
7.5 操作与支持 ... 117
7.6 案例学习：WLAN 上的语音服务 ... 119

第8章 无线局域网安全 ... 122
8.1 黑客威胁 ... 122
8.2 WLAN 安全 ... 124
8.3 有线等效加密 ... 124
8.4 Wi-Fi 保护接入 ... 126
8.5 IEEE 802.11i 和 WPA2 ... 130
8.6 WLAN 安全措施 ... 137
8.7 无线热点安全 ... 141
8.8 VoWLAN 和 VoIP 安全 ... 142
8.9 本章小结 ... 142

第9章 WLAN 故障排除 ... 143
9.1 分析 WLAN 问题 ... 143
9.2 使用 WLAN 分析器排除故障 ... 145
9.3 蓝牙和 IEEE 802.11WLAN 的共存 ... 146
9.4 第三部分总结 ... 148

第四部分　无线个域网的实现

第10章　WPAN标准 150
- 10.1　前言 150
- 10.2　蓝牙(IEEE 802.15.1) 151
- 10.3　无线USB 157
- 10.4　ZigBee(IEEE 802.15.4) 161
- 10.5　IrDA 166
- 10.6　近场通信 170
- 10.7　本章小结 173

第11章　无线个域网实现 175
- 11.1　无线PAN的技术选择 175
- 11.2　试验测试 177
- 11.3　无线PAN安全 177
- 11.4　第四部分总结 180

第五部分　无线城域网的实现

第12章　无线城域网标准 182
- 12.1　IEEE 802.16无线城域网标准 182
- 12.2　其他WMAN标准 188
- 12.3　城域网状网络 189
- 12.4　本章小结 189

第13章　无线城域网的实现 191
- 13.1　技术计划 191
- 13.2　商业计划 197
- 13.3　启动阶段 200
- 13.4　运营阶段 201
- 13.5　第五部分总结 202

第六部分　未来无线网络技术

第14章　主导边缘无线网络技术 204
- 14.1　无线网状网络路由 204
- 14.2　网络独立漫游 205
- 14.3　吉比特无线局域网 207
- 14.4　认知无线电 210
- 14.5　第六部分总结 212

第七部分　无线网络信息资源

第 15 章　更多信息资源 214
15.1　一般信息资源 214
15.2　无线 PAN 标准资源 215
15.3　无线 LAN 标准资源 218
15.4　无线 MAN 标准资源 219

第 16 章　术语表 221
16.1　网络和无线网络缩写词 221
16.2　网络及无线网络术语表 229

第1章 无线网络概述

1.1 无线网络的发展

无线网络占用频率资源，其起源可以追溯到20世纪70年代夏威夷大学的ALOHANET研究项目，然而真正促使其成为21世纪初发展最为迅速的技术之一，则是1997年IEEE 802.11标准的颁布、Wi-Fi联盟（以前称为无线网络标准化组织，Wireless Ethernet Compatibility Alliance, WECA)互操作性保证的发展等关键事件。

从20世纪70年代到90年代早期，人们对无线连接的需求日益增长，但这种需求只能通过一些少量的基于专利技术的昂贵硬件来实现，而且不同制造商的产品之间没有互操作性和安全机制，性能与当时标准的10 Mbps有线以太网相比还有很大差距。

IEEE 802.11标准是无线网络发展过程中的重要里程碑，同时也是Wi-Fi这一强大且公认的品牌发展的起点。IEEE 802.11系列标准为设备制造商和运营商提供了一个通用的标准，使他们更关注于无线网络产品及业务的开发，它对无线网络的贡献可以与一些最基本的支撑技术相媲美。

在过去的十年里，从IEEE 802.11标准的最初版本演变的各种各样的Wi-Fi标准得到了广泛的关注，与此同时，其他的无线网络技术也经历着相似的历程。1994年公布了第一个IrDA（Infrared Data Association，红外数据协会）标准，同一年Ericsson开始了移动电话及其附件之间互联的研究，这项研究使得蓝牙（Bluetooth）技术在1999年被IEEE 802.15.1工作组采纳。

在这一快速发展过程中，无线网络技术的种类已能满足各种数据速率（低速和高速）、各种工作距离（近和远）、各种功率消耗（低和极低）的所有要求，如图1.1所示。

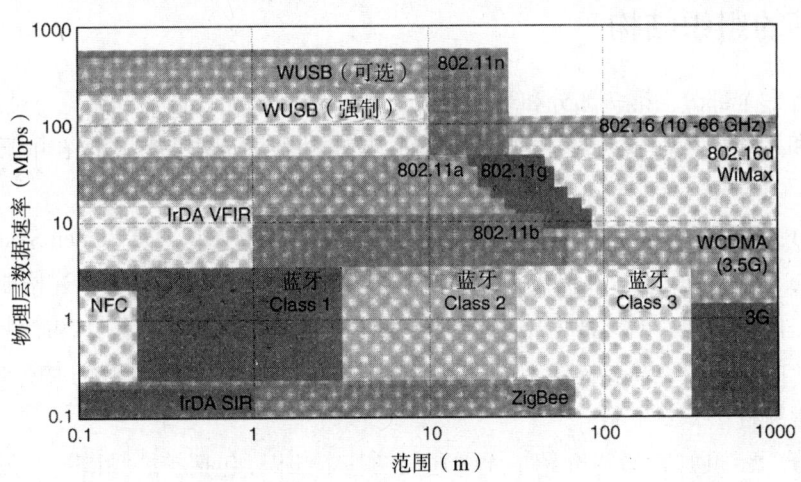

图1.1 无线网络技术总览（速率与范围）

1.2 无线网络技术的多样性

目前,无线网络传输的数据速率已超过四个数量级,从20 kbps的ZigBee到超过500 Mbps的无线超宽带(Ultra Wide Band, UWB);其传输距离则超过六个数量级,从5 cm的近场通信(Near Field Communication, NFC)到超过50 km的WiMAX,还有Wi-Fi。

为了拓展无线网络的能力,为无线网络发展做出贡献的许多企业、研究院所和工程师个人充分利用了包括跳频扩频和低密度奇偶校验码(Low Density Parity Check Codes, LDPC)等引人注目的技术。跳频扩频技术是在二战期间由一位女演员和一名作曲家发明的,是蓝牙射频传输的基础。低密度奇偶校验码是高效率数据传输方面的重大突破,它于1963年被发明,在尘封40年后,被证明是实现吉比特数量级无线网络的关键技术之一。

很多早就提出的技术与其他技术相结合得到了更好的发挥。例如OFDM(正交频分复用,Orthogonal Frequency Division Multiplexing)在20世纪80年代用于数字广播,现在的超宽带(UWB)无线电技术在超过7 GHz的无线电频谱上就是使用多带OFDM技术,其发射功率小于美国的FCC(Federal Communication Commission,联邦通信委员会)噪声限制。同时OFDM技术与多载波CDMA(Code Division Multiple Access,码分多址)技术的结合也是实现吉比特数量级无线网络的关键技术。

为了满足数据传输速率不断增长的要求,无线网络不得不摒弃那些相对简单的技术,而去寻求更能缩短每个比特的传输时间、同时使用载波的幅度和相位来传输数据、利用更宽无线电带宽(如UWB)、多次使用同一空间的多个路径进行同时传输的空间分集[已应用于多输入多输出(Multi-input Multi-output, MIMO)系统]等新技术。

写这本书的最初动机是缘于无线网络技术的不断发展,而其真正目的是力图使读者能够对无线网络技术的基础知识及多样性有足够的理解,因而没有过多描述技术细节。

为了让读者能更好地了解无线网络技术,本书把对无线网络技术原理的理解作为基础,并在此基础上对无线网络的实现进行了实际讨论。

1.3 本书的组织结构

本书含有七个部分。第一部分和第二部分是无线网络和无线通信的绪论,对无线局域网、无线个域网和无线城域网较为具体的基础知识、技术和实际应用的讨论放在第三部分至第五部分。

第一部分:无线网络结构,介绍无线网络的逻辑和物理结构。OSI(Open System Interconnect Reference Model,开放式系统互联参考模型)网络模型的七层协议为描述构成逻辑结构的协议和技术提供了框架;对无线网络的物理结构讨论集中在无线网络拓扑和硬件设备上。

在这部分的两章中也简要描述了有线网络技术的一些关键特性,目的是为说明无线技术所面对的特定挑战提供背景资料。

第二部分:无线通信。首先介绍了无线通信的基本知识,包括扩展频谱、信号编码与调制、复用与媒体访问方法及射频(Radio Frequency, RF)信号传播,其中RF信号传播中包含有链路预算这一重要话题；接着讨论超宽带、MIMO无线通信、近距离无线通信等一些新的或正在出现的无线电通信技术；最后以对红外通信的简要介绍作为结束。

第三部分：无线局域网(Wireless Local Area Network, WLAN)的实现。WLAN或许代表了最重要的无线网络，这部分将首先在第一部分一般性介绍的基础上，较为详细地讨论IEEE 802.11标准的整个系列及其增强型；然后从WLAN的具体实现角度，论述了用户需求、导频测试、安装、配置和技术支持等内容；用一章的篇幅介绍了WLAN的安全，涵盖标准增强和实际安全措施两者；最后介绍了WLAN的故障排除。

第四部分：无线个域网(Wireless Personal Area Network, WPAN)的实现。对个人区域规模的无线网络技术进行了具体的介绍，包括蓝牙、无线USB、ZigBee、IrDA以及各种近距离通信，其最后一章论述了无线PAN实现和安全。

第五部分：无线城域网(Wireless Metropolitan Area Network, WMAN)的实现。关注WMAN标准，特别是WiMax如何应对MAN在规模、灵活性以及服务质量(Quality of Service, QoS)方面的挑战，对非IEEE标准的MAN标准以及城域网状网络进行了简要介绍。

对WMAN具体实现进行了讨论，包括技术规划、商业规划以及一些需要在WMAN的开始和运行阶段解决的问题。

第六部分：无线网络技术的未来。关注四个新兴技术，分别是无线网状路由、网络无约束切换、吉比特WLAN以及认知无线电。这四项技术综合在一起，可以实现人们无论何时何地都能进行通信的夙愿，并且彻底解决不断出现的带宽、媒体访问、QoS与移动性等技术挑战。

第七部分：无线网络相关文献。给出关于无线网络的一些重要网站和相关参考文献以方便快速查找，提供一个涵盖全书所有关键技术术语且以第一个字母为序的详细缩略语表。

第一部分　无线网络结构

下面两章将介绍无线网络的逻辑结构和物理结构。逻辑结构将通过OSI七层网络模型和相关协议进行介绍，重点放在与无线网络关系最紧密的网络和数据链路部分，包括IP寻址、路由、链路控制和媒体访问。

第2章先对物理层技术进行简单介绍，在本书的后面部分将对其做更详细的论述；接着讨论无线网络的物理结构，重点是无线网络的拓扑结构和硬件设备。

在介绍上述内容时，还将涉及有线网络的一些主要特征，作为无线网络技术的基础，同时也为无线技术（如媒体接入控制技术）带来的特殊挑战提供背景资料。

在其后的第二部分中，将会介绍射频和红外线等无线通信方式的基本概念和技术。

第2章 无线网络逻辑结构

网络的逻辑结构指的是可以在物理设备或节点间建立连接并控制这些节点间路由和数据传输的标准和协议。

因为逻辑连接是建立在物理连接之上的,所以逻辑结构和物理结构相互依赖,但是两者同时具有高度的独立性,例如可以在不改变逻辑结构的情况下改变网络的物理结构;同样,同一物理网络在很多情况下可以支持不同的标准和协议。

本章将参考 OSI 模型对无线网络的逻辑结构进行描述。

2.1 OSI 网络模型

开放式系统互联(OSI)模型是由国际标准化组织制定的,用于为开发计算设备互联的标准提供指导。OSI 模型是一个用于开发这些标准的框架,其自身并不是一个标准。网络的任务是非常复杂的,并不是仅仅一个标准就能处理的。

OSI 模型将设备与设备之间的连接,或者更恰当地说是应用与应用间的连接用具有逻辑相关的七"层"进行分层描述(参见表2.1)。下面的例子将说明,这些分层如何联合起来完成由 Internet 连接的两个不同局域网中两台计算机之间发送和接收电子邮件(E-mail)的工作。

表 2.1 OSI 模型的七层结构

层	描述	标准和协议
第7层:应用层	定义各种应用服务的标准,例如检查资源可用性、认证用户等	HTTP, FTP, SNMP, POP3, SMTP
第6层:表示层	控制数据从一种表示格式到另一种表示格式转换的标准	SSL
第5层:会话层	管理发送和接收计算机的表示层间通信的标准,该通信由建立、管理和终止"会话"实现	ASAP, SMB
第4层:传输层	确保数据传输可靠完成的标准,包括错误恢复、数据流控制等,确认所有数据包已到达	TCP, UDP
第3层:网络层	定义网络连接管理的标准,包括网络中节点间的路由、中转及终止连接	IPv4, IPv6, ARP
第2层:数据链路层	指定设备访问和共享传输媒体方式[即媒体接入控制(Media Access Control, MAC)]并确保物理连接可靠性[即逻辑链路控制(Logical Link Control, LLC)]的标准	ARP Ethernet (IEEE 802.3) Wi-Fi (IEEE 802.11) Bluetooth (802.15.1)
第1层:物理层	控制在某一特定媒体上的数据流传输的标准,包括编码和调制方法、电压、信号持续时间和频率	Ethernet, Bluetooth, Wi-Fi, WiMAX

整个过程如图 2.1 所示。从发送者通过 PC 中的电子邮件应用程序撰写电子邮件开始,在用户选择"发送"后,操作系统将要传送的邮件消息和应用层(第7层)的指令相结合,最终会被接收计算机上相应的操作系统和应用程序读取。

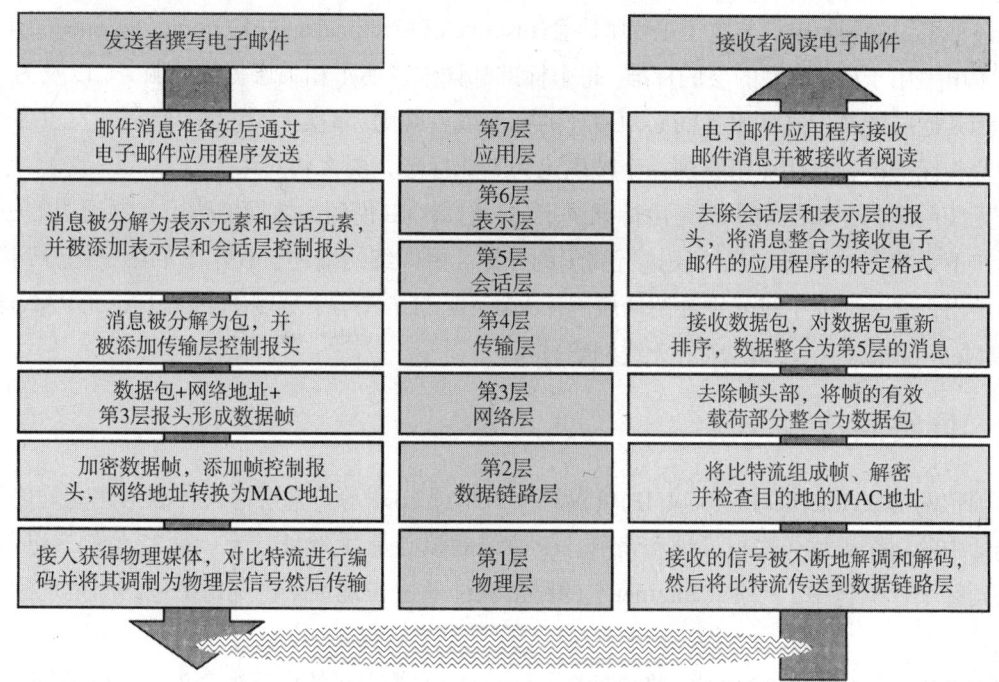

图 2.1 实际的 OSI 模型：一个电子邮件例子

消息加上第 7 层指令后通过发送端的操作系统部分进入第 6 层表示任务的处理，这包括应用层格式的数据转换以及一些信息安全类型，比如安全套接层(Secure Socket Layer, SSL)加密技术。该处理过程继续向下经过多个连续的软件层，并在每层加上附加的指令或控制元素。

在第 3 层（即网络层），消息将被分解为多个数据包，每个数据包都带有源端和目的端的 IP 地址。在数据链路层，该 IP 地址用来决定发送计算机将帧传送到的第一个设备的物理地址，称为媒体接入控制(MAC)地址。这个设备也许是个与发送计算机相连的交换机或者是连接发送计算机所在局域网与 Internet 的网关。在物理层(Physical Layer, PHY)，数据包被编码并调制到载波媒体上（例如有线网络中的双绞线或者无线网络中的波），通过第 2 层进行 MAC 地址解析后传送到相应的设备。

消息在 Internet 上的传输是通过多个设备之间的跳转实现的，包括链路中的每个路由和延时设备的物理层和数据链路层。在每一步，接收设备的数据链路层决定了下一个直接目的地的 MAC 地址，物理层则将数据包传输到具有该 MAC 地址的设备。

在消息到达接收计算机后，物理层把从传输媒体上得到的电压和频率信息进行解调和解码，然后将接收到的数据流传送到数据链路层。在数据链路层从数据流中提取并执行 MAC 和 LLC 元素，例如消息完整性校验，消息被附加上指令后送给协议栈。在第 4 层，传输控制协议(Transport Control Protocol, TCP)将会确保构成消息的所有数据帧都已经被接收并在某些帧丢失的情况下进行错误恢复。最后，电子邮件应用程序将会收到解码后的 ASCII 字符，并将其构成原始传送消息。

各种组织如国际电气与电子工程师协会(Institute of Electrical and Electronics Engineers, IEEE)制定了很多用于OSI模型的层的标准。每个标准都详细说明了相关层提供的服务，以及为了使设备和其他层能调用这些服务而必须遵守的标准或者规则。事实上，在每一层都开发了多个标准，这些标准要么互相竞争直到一个被确定为工业标准，要么共同存在。

无线网络的逻辑结构主要是由标准决定的，包括OSI模型的数据链路层和物理层的标准。本章接下来将对这些标准和协议进行初步的介绍，更详细的描述会在本书的第三部分到第五部分给出，这三部分中将分别介绍局域网(Local Area, LAN)、个域网(Personal Area, PAN)和城域网(Metropolitan Area, MAN)的无线网络技术。

2.2 网络层技术

因特网协议(Internet Protocol, IP)负责对在TCP或UDP等传输层协议控制下建立的连接或者会话中的每个数据包进行寻址和路由。IP协议的核心是IP地址，为一组32位的二进制数，附加到每个数据包中，网络或Internet上的路由软件通过IP地址来确定每个包的源地址和目的地址。

在网络层中定义的IP地址，将连接在Internet中的数十亿的设备组合为一个虚拟网络，设备间实际数据帧传输是依靠网卡(Network Interface Card, NIC)的MAC地址进行的，而不是依靠每个网卡的主机逻辑IP地址。第三层的IP地址和第二层的MAC地址间的转换由地址解析协议(Address Resolution Protocol, ARP)实现，这部分内容将在2.2.4节中详细介绍。

2.2.1 IP寻址

32位的IP地址通常由四个介于0~255之间的用点号分隔的十进制数表示，例如200.100.50.10。其扩展的完整二进制格式为11001000.01100100.00110010.00001010。

IP地址不仅可以标示计算机或者其他网络设备，还可以唯一标示该设备连接的网络。IP地址分为主机ID和网络ID两部分。网络ID很重要，因为它使传送数据包的设备知道在将该数据包送达到目的地的路径中第一个需要调用的端口。

如果一个设备判定出数据包的目的地的网络ID和其自身的网络ID是相同的，则这个包无须再进行额外的路由，比如通过网络的网关进入Internet等。这种目的设备和源发送设备在同一网络中，称为"本地"（参见表2.2）。另外，如果目的网络ID和其自身的网络ID不同，称之为远端IP地址，则数据包将会被路由至Internet或者通过其他的网桥到达目的端，其第一步是对网络网关读写数据包。

这个过程用到了另外两个32位的二进制数，即子网掩码和默认网关。发送设备将数据包目的地的IP地址和其子网掩码做"逻辑与"运算来获得数据包的网络ID，对其自身的IP地址和子网掩码做相同的运算得到其自身的网络ID。

表2.2 本地和远端IP地址

发送设备		
IP 地址	200.100.50.10	11001000.01100100.00110010.00001010
子网掩码	255.255.255.240	11111111.11111111.11111111.11110000
网络 ID	200.100.50.000	11001000.01100100.00110010.00000000
本地 IP 地址		
IP 地址	200.100.50.14	11001000.01100100.00110010.00001110
子网掩码	255.255.255.240	11111111.11111111.11111111.11110000
网络 ID	200.100.50.000	11001000.01100100.00110010.00000000
远端 IP 地址		
IP 地址	200.100.50.18	11001000.01100100.00110010.00010010
子网掩码	255.255.255.240	11111111.11111111.11111111.11110000
网络 ID	200.100.50.016	11001000.01100100.00110010.00010000

2.2.2 私有IP地址

1996年2月，网络工作组要求对RFC 1918进行行业说明，提议了三组所谓的私有IP地址（参见表2.3）用于无须接入Internet的网络。这些私有IP地址作为保留的IP地址空间，使一些不同的组织团体可以在他们的私有网络中使用这些相同的IP地址。在这种情况下，一台计算机只要不需要通过Internet进行通信，就不需要拥有一个世界上独一无二的IP地址。

表2.3 私有IP地址范围

类别	私有IP地址范围的起点	私有IP地址范围的终点
A	10.0.0.0	10.255.255.255
B	172.16.0.0	172.31.255.255
C	192.168.0.0	192.168.255.255

随后，国际因特网地址分配委员会(Internet Assigned Numbers Authority, IANA)将169.254.0.0至169.254.255.255地址段保留为自动专用IP地址(Automatic Private IP Address, APIPA)。如果一台计算机将其TCP/IP设置为自动从DHCP服务器获取IP地址，但是却不能找到DHCP服务器时，系统就会自动从这个地址段选定一个私有IP地址，从而使计算机可以在私有网络中进行通信。

2.2.3 IPv6

在32位的情况下，总共有2^{32}即42.9亿个IP地址是可用的，很多人会认为这些数目的计算机足以使得世界上所有人互相通信了。

1943年IBM主席Tom Watson也许并不正确的著名言论"世界需要计算机的数目不会超过五台"及DEC的创始者Ken Olsen在1977年的世界未来学会会议上所说的"没有必要每个人在家里都拥有一台计算机"，提醒我们预测计算机应用的增长和多样化是很困难的。

现在业界正致力于IPv6 (Internet Protocol version 6)。到2020年世界总人口将达到100亿，平均每人使用远远不止一台计算机，基于这些预测，IPv6给出了128位的IP地址。IPv6具有

3.4×10^{38} 个可用的 IP 地址——这意味着 100 亿人口每人可以有 3.4×10^{27} 个 IP 地址，或者说地球表面每平方米平均有 6.6×10^{23} 个 IP 地址，这为未来的发展提供了足够的空间。

以后是否会再发展 IPv7 似乎很值得怀疑，但是为了避免对计算机应用做出错误预言，最好不讨论此事。

2.2.4 地址解析协议

正如上面所提到的，每个物理层的数据传输都是寻址接收设备网卡的 MAC（第 2 层）地址，而不是其 IP（第 3 层）地址。为了对数据包寻址，发送设备首先要找到与目的端的 IP 地址相对应的 MAC 地址，然后用该 MAC 地址标记数据包。这项工作是由地址解析协议(Address Resolution Protocol, ARP)完成的。

发送设备将请求某个 IP 地址所对应的 MAC 地址的消息广播到网络上，目的端设备的 TCP/IP 软件回复所请求的地址信息，则数据包可被寻址，接着将其传送到发送端的数据链路层。

在实际中，发送设备保留有与其最近通信的设备的 MAC 地址，所以不需要每次都广播请求消息。当需要查找 MAC 地址时，先在 ARP 列表或者缓存中查找，如果目的端的 IP 地址不在其中，才广播请求消息。在很多情况下，计算机是将数据包发送到默认网关，默认网关的 MAC 地址可以在 ARP 列表中找到。

2.2.5 路由

路由是一种使数据包能够找到到达目的地路径的机制，不管目的地是隔壁房间里的设备还是在地球另一端的设备。

路由器将其接收到的每个数据包的目的地址与其存储空间里的地址表即路由表进行比较。如果发现有相匹配的，则将数据包发送到表中的相应栏标示的地址处，该地址可能是另一个网络的地址，也可能是"下一跳"的路由地址，数据包沿着这个路径到达最终的目的地。

如果路由器没有发现相匹配的地址，将再次遍历路由表，并只查看地址的网络 ID 部分（用前面提到的子网掩码进行提取）。如果发现有相匹配的，数据包就被发送到相应的地址。如果没有匹配，路由器将寻找一个默认的下一跳的地址，并将数据包发送到那里。作为最后的手段，如果没有设置默认的地址，路由器将向发送 IP 地址返回"主机不可达"或者"网络不可达"的消息。当收到这样的消息时，通常意味着线路中的某一个路由发生了故障。

当出现上述故障时会发生什么情况呢？这些数据包会在 Internet 上的路由器之间不断跳转但永远找不到它们的目的地吗？ IP 报头中的一个控制字段用来防止这种情况的发生。发送端将生存时间(Time-To-Live, TTL)字段初始化为某一特定值，通常是 64，每当数据包经过一个路由器，该值都会减 1。当 TTL 减至 0 时，该数据包将会被丢弃，同时，通过因特网控制消息协议(Internet Control Message Protocol, ICMP)向发送端报告"超时"消息。

2.2.5.1 建立路由表

路由器工作的智能部分是建立路由表。简单的网络可以通过一个起始文件设置静态路由表，但是更一般的是，路由器通过发送和接收广播消息建立动态路由表。

这些消息可以是ICMP路由请求和路由广告消息，它们可以使相邻的路由器询问"谁在那里？"并回应"我在这里"，或者使用更有效的路由信息协议(Router Information Protocol, RIP)消息，在此消息中，路由器周期性地向网络广播完整的路由表。

其他的RIP和ICMP消息允许路由器寻找达到某个地址的最近的路径，并在其他的路由器发现无效路由的情况下更新路由表，而且根据网络的可用性和流量情况定时更新路由表。

对路由的主要挑战是在网状网络或者移动自主网络(Mobile ad-hoc Network, MANET)中，因为这些网络的拓扑结构在不断变化。一种灵感来自蚂蚁行为的MANET路由方法，这将在14.1节中介绍。

2.2.6 网络地址转换

正如在2.2.2节中讨论的，RFC 1918定义了三组私有IP地址，可以在无须连接Internet的网络中使用。

然而随着互联网的成长和先前的私有网络中的计算机上网需求的增长，这种保留IP地址的解决方法的局限性变得愈加明显。怎样才能使一个具有私有IP地址的计算机，在其IP地址不能被Internet上的路由器识别为有效目的地址的情况下从Internet上获得响应？网络地址转换(Network Address Translation, NAT)提供了这个问题的解决方法。

当一台计算机发送数据包到一个私有网络之外的IP地址时，连接私有网络和Internet的网关会将私有IP源地址（192.168.0.1，参见表2.4）替换为一个公众IP地址（例如205.55.55.1）。接收服务器和Internet路由器会将其识别为一个有效的目的地址并正确地对数据包进行路由。当发送端的网关接收到返回的数据包时，用发送端计算机的初始私有IP地址来替换数据包的目的地址。这个在私有网络的Internet网关处完成的将私有IP地址转换为公共IP地址的过程称为网络地址转换。

表2.4 一个简单的静态NAT表

私有IP地址	公众IP地址
192.168.0.1	205.55.55.1
192.168.0.2	205.55.55.2
192.168.0.3	205.55.55.3
192.168.0.4	205.55.55.4

2.2.6.1 静态和动态NAT

实际中，与路由相似，NAT也可以是静态的或动态的。在静态NAT中，私有网络中的每台需要访问Internet的计算机都分配一个在指定NAT表中的公众IP地址。在动态NAT中，提供一个公众IP地址池，根据需要将其映射给私有地址。

毋庸置疑，动态NAT使用最普遍，因为是自动映射，无须人工参与和维护。

2.2.7 端口地址转换

如果私有网络的网关只有一个可以分配的公众IP地址，或者在私有网络中需要上网的计算机数目多于可以分配给网关的公共IP地址数，就会出现问题。这种情况通常是一个小团体只有一个连到 ISP 的 Internet 连接。这时，似乎私有网络中同时只能有一台计算机可以连到 Internet 中。端口地址转换(Port Address Translation, PAT)可以解决这一局限，PAT 可以将私有 IP 地址映射到单个公众 IP 地址的不同端口。

当私有网络中的计算机发送数据包并路由到 Internet 时，网关将其源地址替换为公众 IP 地址，并附加一个随机的从 1024 到 65 536 之间的端口号（参见图 2.2）。当该数据包带着目的地地址和端口号返回时，PAT 表（参见表 2.5）使网关将数据包路由至私有网络中的发送端计算机。

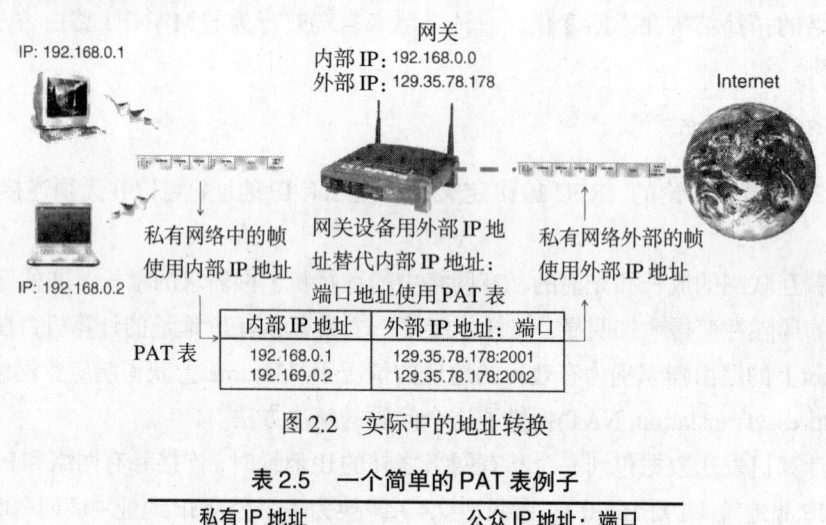

图 2.2 实际中的地址转换

表 2.5 一个简单的 PAT 表例子

私有 IP 地址	公众 IP 地址：端口
192.168.0.1	129.35.78.178:2001
192.168.0.2	129.35.78.178:2002
192.168.0.3	129.35.78.178:2003
192.168.0.4	129.35.78.178:2004

2.3 数据链路层技术

数据链路层分为两个子层：逻辑链路控制(LLC)和媒体接入控制(MAC)。从数据链路层往下，数据包采用 MAC 地址寻址来确定包的源和目的地的物理设备，而不是 IP 地址寻址，URL（Uniform Resource Locator，统一资源定位符）或者 OSI 高层采用的域名。

2.3.1 逻辑链路控制

逻辑链路控制是数据链路层中的第一个子层（参见图 2.3），通常由 IEEE 802.2 标准定义，为网络层能够与任意类型的媒体接入控制层工作提供接口。

由 LLC 产生并传输到 MAC 层的帧称为 LLC 协议数据单元（LLC Protocol Data Unit, LPDU），LLC 层管理源设备和目的设备的链路层服务接入点间的 LLC 协议数据单元的传输。链路层服务接入点(Service Access Point, SAP)是一个指向网络层协议的端口或者逻辑连接点，如图 2.4 所示。在一个支持多种网络层协议的网络中，每个协议有特定的源 SAP (Source SAP, SSAP)和目的 SAP (Destination SAP, DSAP)端口。LPDU 包括 8 位的 DSAP 和 SSAP 地址，以确保 LPDU 被正确的网络层协议传送。

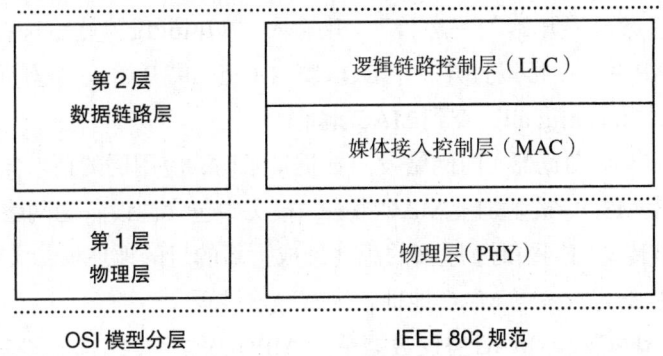

图 2.3　OSI 分层和 IEEE 802 规范

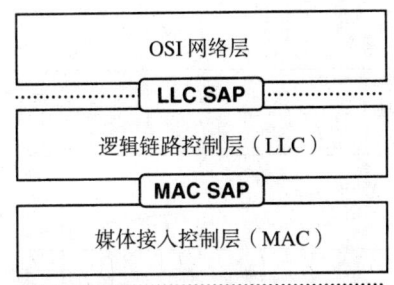

图 2.4　LLC 的逻辑定位和 MAC 服务接入点

LLC 层定义了无连接的和面向连接的通信服务。在面向连接的通信服务中，接收端的 LLC 层会追踪接收到 LPDU。如果某个 LPDU 在传送中丢失或者未被正确接收，目的地的 LLC 会请求源从上一次接收到的 LPDU 开始重新传输。

LLC 将 LPDU 通过逻辑连接点向下传输至 MAC 层，该逻辑连接点被称为 MAC 服务接入点(MAC Service Access Point, MAC SAP)，而 LPDU 被称为 MAC 服务数据单元(MAC Service Data Unit, MSDU)并成为 MAC 层的数据载荷。

2.3.2　媒体接入控制

数据链路层的第二个子层控制设备允许访问物理层传输数据的方式和时间，这就是媒体接入控制或者 MAC 层。

下面将首先介绍 MAC 层数据包的寻址。然后将简要讨论有线网络中的 MAC 方法，作为更复杂的无线网络中媒体接入控制解决方法的前言介绍。

2.3.2.1　MAC 地址

接收设备需要能够识别这些在网络媒体中传输的数据包，这是通过 MAC 地址实现的。每个网络适配器，无论是以太网、无线网还是其他网络技术的适配器，在制造时都被分配了一个独一无二的称为 MAC 地址的序列号。

以太网地址是 MAC 地址最一般的形式，包含有 6 个字节，通常用十六进制数表示，例如 00-D0-59-FE-CD-38。前面三个字节是制造商的编号（上例中的 00-D0-59 代表 Intel），剩余三个字节是该适配器独一无二的序列号。一台装有 Windows 95/98/Me 的 PC 的网络适配器的

MAC 地址可以通过点击"开始"、"运行",并输入"winipcfg"然后选择适配器获得。在 Windows NT/2000/XP 系统中可以打开一个 DOS 窗口(点击"开始"、"程序"、"附件"、"命令提示符")然后输入"ipconfig/all"查到 MAC 地址。

当某个应用(如网页浏览器)向网络发出数据请求时,应用层的请求向下传到 MAC SAP 成为一个 MSDU。该 MSDU 被附加上 MAC 报头,报头中包含源设备的网络适配器的 MAC 地址。当请求的数据被传送回网络时,原来的源地址成为新的目的地址,原来发出请求的设备的网络适配器检测数据包报头的 MAC 地址,完成这次往返。

IEEE 802.11 的 MAC 帧即 MAC 协议数据单元(MPDU)的完整结构如图 2.5 所示,MPDU 的元素如表 2.6 所示。

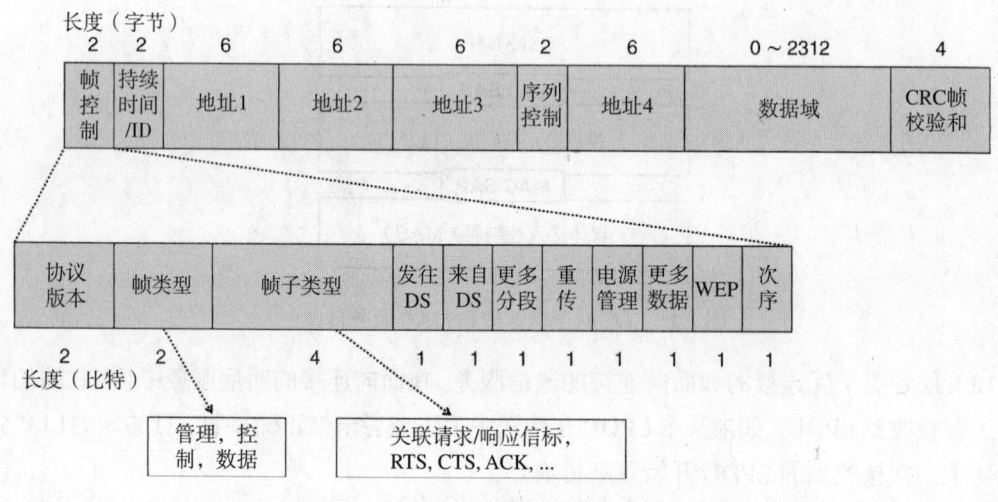

图 2.5 MAC 层的帧结构

表 2.6 802.11 MPDU 的帧结构元素

MPDU 元素	描述
帧控制	表示协议版本(802.11 a/b/g)、帧类型(管理、控制、数据)、子帧类型(如探测请求、认证、关联请求等)、分段、重试、加密等的标记序列
持续时间	传输的期望持续时间。等待站点用来估计何时媒体会再度空闲
地址1 到地址4	目的地地址、源地址以及在分布式系统中可选择的发往地址和来自地址
序列	标识帧的分段和副本的序号
数据域	作为 MSDU 向下传输的数据有效载荷
帧校验序列	能够检测传输错误的 CRC-32 循环校验

2.3.3 有线网络的媒体接入控制

如果两个设备同时在网络的共享媒体上传输,无论是有线还是无线,两个信号都会相互干扰导致两个设备的传输都无效。因此对共享媒体的访问需要有效的管理以确保在这种不断产生冲突的情况下不浪费可用带宽。这是 MAC 层的主要任务。

2.3.3.1 载波监听多路访问 / 冲突检测(CSMA/CD)

在以太网的 MAC 层中,用于控制设备传输的最常用方法是载波监听多路访问 / 冲突检测 (Carrier Sense Multiple Access/Collision Detection, CSMA/CD),如图 2.6 所示。当设备采用这种控制方法传输数据帧到网络时,首先检查物理媒体(载波侦听)以确定是否有其他设备正在传输。如果检测到其他正在传输的设备,就等待直到其传输结束。一旦载波空闲,则开始传输数据,同时继续监听其他传输。

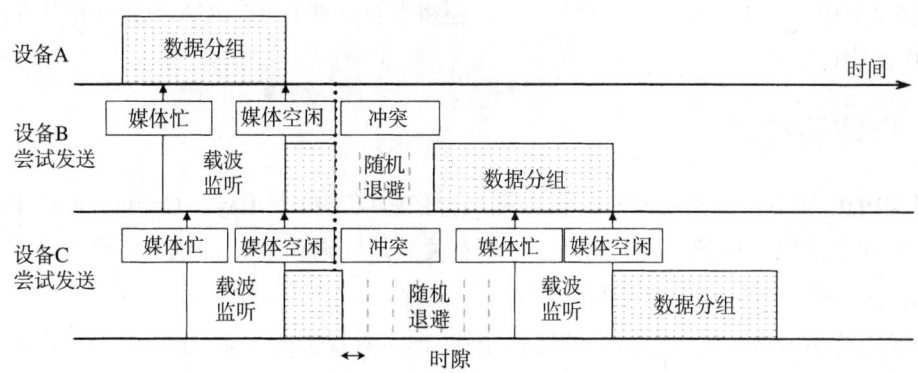

图 2.6 以太网 CSMA/CD 时序

如果设备监听到有其他设备同时也在传输(冲突检测),则停止传输并发送一个短的拥塞信号以告诉其他设备冲突产生。于是每个想要发送的设备都计算一个随机退避时间,该退避时间介于 0 到 t_{max} 之间,当退避时间结束后再次尝试传输。那个恰巧等待了最短时间的设备将会被准许访问媒体,而其余设备将监听该传输并回到载波监听模式。

媒体工作繁忙会导致设备不断地遭遇冲突。当冲突发生时,t_{max} 会在每次新的尝试时加倍,直到 10 次加倍,如果在 16 次尝试后发送仍然是失败的,设备将报告"过多冲突错误"。

2.3.3.2 其他的有线网络 MAC 方法

另外一种由 IEEE 802.5 标准定义的有线网络的媒体接入控制的常见形式,是在网络设备之间按照预先定义好的顺序传递一个电子"令牌"。这个令牌与接力比赛中的接力棒类似,只有拿到了令牌的设备才可以进行发送。

当设备不需要通过媒体发送数据时,立刻将令牌按顺序传给下一个设备。设备只能在一段特定的时间内拥有令牌并发送数据,然后必须按顺序将令牌传给下一个设备。

2.3.4 无线网络的媒体接入控制

只有物理层的收发机允许设备在发送期间同时监听媒体,CSMA/CD 的冲突检测才可实现。这在有线网络中是可行的,因为冲突产生的无效电压可以被检测到。但是对于无线电收发机来说是不可行的,因为在相同的时间里发射的信号会使接收过载。在无线网络中,如 IEEE 802.11,冲突检测是不现实的,这时要用到 CSMA/CD 的一种变体即 CSMA/CA,其中的 CA (Collision Avoidance) 代表冲突避免。

除了发送设备不能检测冲突外,CSMA/CA 与 CSMA/CD 有一些相似点。设备在发送前监听媒体,如果媒体忙则等待。发送帧的持续时间字段(参见表 2.6)使等待设备可以预测媒体忙的时间。

一旦媒体被监听到是空闲的，等待设备则计算一个称为竞争周期的随机时间周期，并在竞争周期结束后尝试发送。这与CSMA/CD中的退避是类似的，不同的是，CSMA/CA中发送站等待其他站发送帧的结束来避免设备间的冲突，而不是检测到冲突后再恢复。

在6.2节中将会进一步介绍CSMA/CA，还将涉及一些CSMA/CA的变体在其他类型无线网络中的应用。

2.4 物理层技术

当MPDU向下传至物理层后，被物理层会聚协议（PHY Layer Convergence Procedure, PLCP）处理并被加上与所使用的物理层类型有关的前导码和报头。PLCP前导码包含的一组比特可以让接收机用来同步解调器和收到的信号时序。

前导码的结束部分是一串特殊的比特序列，标志着报头的开始，报头中依次通知接收机调制的类型和编码的规则，以使其可以对收到的数据单元进行解码。

PLCP协议数据单元(PLCP Protocol Data Unit, PPDU)的集合被传送到物理媒体相关子层(Physical Medium Dependent, PMD)，通过物理媒体传送PPDU。物理媒体可以是双绞线、光纤、红外线或射频等。

物理层技术决定了网络可以达到的最大数据速率，因为该层定义了数据流被编码至物理传输媒体的方式。然而MAC和PLCP报头、前导码和错误检测以及与冲突避免或者退避有关的空闲周期，都意味着PMD层实际上传送的比特数远多于数据链路层传至MAC SAP的比特数。

下面介绍应用到有线网络的一些物理层技术以及无线网络物理层技术的主要特征。

2.4.1 有线网络物理层技术

大多数使用无线技术的网络都有一些相关的有线网络元素，比如以太网链接到无线接入点、设备间的火线(FireWire)接口或通用串行总线(Universal Serial Bus, USB)连接，或者基于ISDN的Internet连接。第三部分到第五部分将对无线局域网、无线个域网和无线城域网的物理层技术做更详细的讨论，这一节先介绍一些最常用的有线物理层技术。

2.4.1.1 以太网(IEEE 802.3)

以太网是首先由Xerox公司开发的，并由IEEE 802.3标准定义的数据链路层LAN技术。以太网使用前面讲到的载波监听多路访问/冲突检测(CSMA/CD)作为媒体接入控制方法。

以太网的类型一般都表示成"A Base-B"网络，其中的"A"代表以Mbps为单位的速率，"B"表示使用的物理媒体类型。10 Base-T是标准的以太网，速率是10 Mbps，使用非屏蔽双绞线(Unshielded Twisted-pair Copper Wire, UTP)，设备与最近的集线器或者中继器的最大距离是500 m。

确保了物理层上的无错传输。ITU-T Q.930和ITU-T Q.931定义了两种网络层协议来建立、维护和终止用户到用户的、电路交换和分组交换的网络连接。

以两者相兼容。100 Base-T 以太网中继器间的最大距离可达 205 m。快速以太网也可以使用其他类型的缆线，如较高标准的双绞线对 100 Base-TX，或多模光纤 100 Base-FX，可提供高达 1 Gbps 或者 10 Gbps 的更快速率。

以太网标准中的 PMD 子层被特别说明，而 UTP 缆线基于 ANSI X3T9.5 委员会开发的 TP-PMD(Twisted Pair-Physical Medium Dependent)物理媒体标准。

在 100 Base-T 中采用和 10 Base-T 以太网中相同的帧结构和 CSMA/CD 技术，但其时钟速率从 10 MHz 提高到 125 MHz，传输帧之间的间隔(Inter-Packet Gap, IPG)从 9.6 μs 缩短到 0.96 μs，速度提高了 10 倍。从下面即将介绍的 4B/5B 编码可以得到，传送 100 Mbps 的有效数据需要 125 MHz 的时钟速率。

为了克服 UTP 物理媒体固有的低通特性，也为了确保高于 30 MHz 的 RF 发射遵守 FCC 规则，100 Base-T 数据编码方案将数据传输的峰值功率降低到 31.25 MHz 频段（接近 FCC 极限），并降低了 62.5 MHz, 125 MHz 及其以上谐波的功率。

4B/5B 是该编码方案的第一步（参见图 2.7）。每半字节 4 位输入数据都被加上第 5 位，以确保在传输的比特流中有足够的转换空间，使接收机用来同步从而实现可靠解码。第二步中一个 11 位的反馈移位寄存器(Feedback Shift Register, FSR)产生一个重复的伪随机序列，与 4B/5B 的输出数据流进行异或运算。该伪随机序列的作用是使最终要发送的数据信号的高频谐波最小。在接收端，相同的伪随机序列通过第二次异或运算恢复出输入数据。

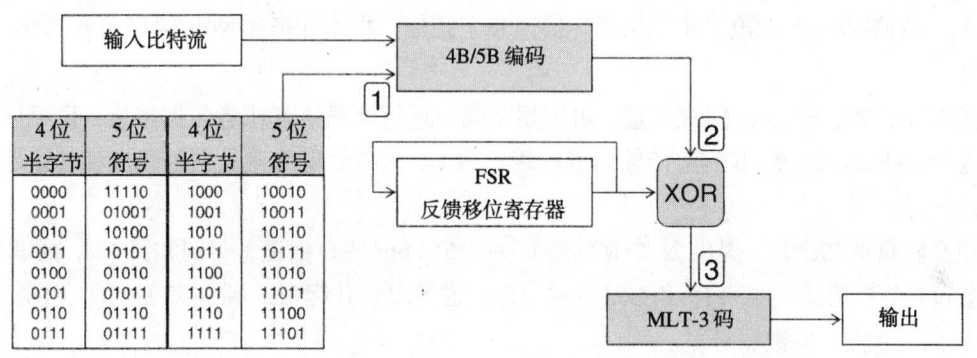

图 2.7　100 Base-T 以太网数据编码方案

最后一步是使用 MLT-3(Multi-Level Translition 3)编码方法对发送波形进行整形，将信号的中心频率从 125 MHz 降低至 31.25 MHz。

MLT-3 基于重复的 1, 0, −1, 0 模式。如图 2.8 所示，当输入比特为 1 时输出依 1, 0, −1, 0 模式顺序发生转换（图 2.8 中是下降沿触发）；输入比特为 0 则不进行转换，即输出保持不变。与 10 Base-T 中使用的曼彻斯特相位编码(Manchester Phase Encoding, MPE)方案进行比较，输出信号峰值频率仅为 31.25 MHz 而不是 125 MHz，即输出信号的速率缩减了 4 倍。在物理 UTP 媒体上，1, 0 和 −1 分别用 +0.85 V, 0.0 V 和 −0.85 V 的线段电压来表示。

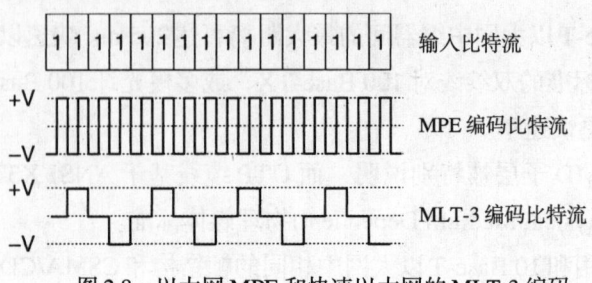

图 2.8 以太网 MPE 和快速以太网的 MLT-3 编码

2.4.1.2 ISDN

综合业务数字网(Integrated Services Digital Network, ISDN)允许声音和数据在一对电话线上同时传输。早期的模拟电话网络效率不高，而且通过媒体长距离传输数据容易出错，因而从1960年开始已经逐步被基于分组的数字交换系统替代。

国际电信联盟(International Telecommunications Union, ITU)的前身即国际电话电报咨询委员会(The International Telephone and Telegraph Consultative Committee, CCITT)，于1984年在CCITT I.120建议中为实现ISDN制定了最初的指导思想。然而直到20世纪90年代早期，美国工业界同意创立 National ISDN 1 标准(NI-1)后，才明确大力推行ISDN。这个后来被NI-2取代的标准，确保了终端用户和交换设备的互操作性。

标准中定义了两种基本的ISDN业务：基本速率接口(Basic Rate Interface, BRI)和基群速率接口(Primary Rate Interface, PRI)。ISDN 的语音和用户数据在"承载"信道 B 上传输，一般占据 64 kbps 的带宽，控制数据在"请求"信道 D 上传输，根据业务类型占据 16 kbps 或 64 kbps 的带宽。

BRI 提供两个 64 kbps 的 B 信道，可以用来同时进行两路语音或者数据连接，也可以合并为一路 128 kbps 的连接。B 信道传输语音和用户数据，而 D 信道传输数据链路层和网络层的控制信息。

更高容量的 PRI 业务提供 23 个 B 信道和一个 64 kbps 的 D 信道（美国和日本），或者 30 个 B 信道和 1 个 D 信道（欧洲）。和 BRI 一样，B 信道可以合并起来达到 1472 kbps（美国）或者 1920 kbps（欧洲）的数据带宽。

正如前面提到的，电话线并不是理想的数字通信媒体。ISDN 的物理层采用脉冲幅度调制（Pulse Amplitude Modulation, PAM）技术（参见 4.4.6 节）来限制线路衰落效应、近端及远端串扰和噪声，以获得高速的数据速率，同时又降低了线路上的传输速率。

这是通过将多个（通常两个或四个）二进制比特转换为一个多级传输的符号来实现的。美国使用的 2B1Q 方法是将两个二进制比特(2B)转换为一个输出符号(1Q)，该符号可以有四种取值，如图 2.9 和表 2.7 所示。这种方法可以有效地使线路上的传输速率减半，64 kbps 的数据速率可以用 32 kbps 的符号速率传输，因而在电话系统的有限带宽上实现了更高的数据传输速率。

ISDN 不仅定义了一个特定的物理层，还规定了数据链路层和网络层的操作。由 ITU-T Q.920/921 定义的数据链路协议 LAP-D（Link Access Protocol D-channel，链路接入协议 D 信道）确保了物理层上的无错传输。ITU-T Q.930 和 ITU-T Q.931 定义了两种网络层协议来建立、维护和终止用户到用户的、电路交换和分组交换的网络连接。

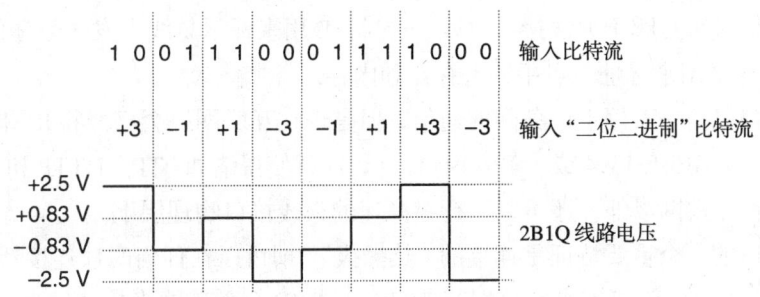

图 2.9　ISDN 的 2B1Q 的线路编码

表 2.7　ISDN 的 2B1Q 的线路编码

输入"二位二进制"	输出"四进制"	线路电压
10	+3	+2.5
11	+1	+0.833
00	−1	−0.833
01	−3	−2.5

2.4.1.3　火线接口

火线接口也称为 IEEE 1394 口或 i.Link 口，是在 20 世纪 90 年代中期由 Apple 公司发布的一种局域网技术，当时可以提供 100 Mbps 的数据速率，远高于通用串行总线(USB)的 12 Mbps，该技术很快就被很多公司用于连接存储器和光驱。

由于可以在一根长达 4.5 m 的电缆上可靠、廉价、高速地传输数字视频数据，火线接口现在已经被很多电子和计算机公司接纳为 IEEE 1394 标准。其标准数据速率是 400 Mbps，但是更高速的版本已经可以传输 800 Mbps，而且正计划高达 3.2 Gbps 的速率。利用 16 路菊花链式的信号中继器，传送范围可以扩展到 72 m。现在还出现了用光纤代替铜线电缆的连接光纤收发器的火线接口，其传送范围可以扩展到 40 km。火线接口常用的拓扑结构如图 2.10 所示。

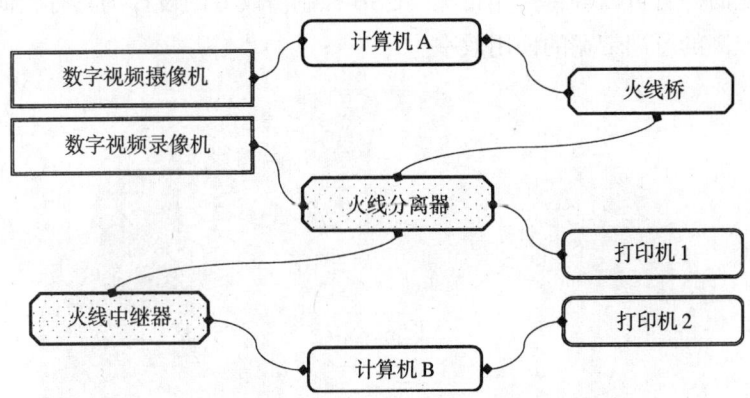

图 2.10　火线接口网络拓扑：菊花链和树状结构

火线接口标准定义了串行输入/输出端口和总线、可以传送数据和功率的 4 或 6 线的双屏蔽电缆，以及相关的数据链路层、网络层及传输层的协议。火线基于控制和状态寄存器(Control and Status Register, CSR)管理结构，这意味着所有相互连接的设备可以视为一个高达 256 万亿字节（256×10^{12} 字节）的存储空间。每个发送的数据包括三个部分：10 比特总线 ID 用来标示数据包来自哪个火线接口总线，6比特ID用来标示总线上发送数据包的设备或节点，48比特的偏移量用来寻址节点中的寄存器和内存。

火线接口以前一直用于设备间的通信，但是现在互联网协会已经将IP和火线接口标准绑定形成了IP over IEEE 1394或者IP 1394标准，这就使得诸如FTP、HTTP和TCP/IP之类的业务除了运行在以太网以外，还可以运行在高速的火线接口物理层上。

火线接口的一个重要特征是连接的"热插拔"，即可以在任何时候连接新设备或者取消已经存在的设备连接。设备被自动分配节点ID，这些ID会随着网络拓扑的改变而改变。将火线接口的节点ID的可变性和IP对连接设备的IP地址的静态要求结合起来，会产生将IP连接建立在火线接口上的问题。该问题可以用特殊的地址解析协议1394 ARP来解决。

为了唯一地标示网络中的设备，1394 ARP在设备生产时使用了一个独一无二的64比特的号码，即64位扩展唯一标示(64-bit Extended Unique Identifier, EUI-64)，来对其进行标示。这其实是2.3.2节中介绍的MAC地址的扩展版本，MAC地址用来寻址设备而不是网络接口。48位的MAC地址加上两个十六进制数的"FF-FF"前缀即可转化为64位的EUI-64。

2.4.1.4 通用串行总线

通用串行总线（USB）是20世纪90年代中期出现的，通过提供一个热插拔的"即插即用"接口来取代操纵杆、扫描仪、键盘和打印机等设备的不同类型的外设接口[并口、串口、PS/2、MIDI（Musical Instrument Digital Interface，乐器数字接口）等]。USB 1.0的最大传输速率是12 Mbps，与火线接口相匹配的USB 2.0，传输速率已经达到480 Mbps。

USB使用主机为中心的结构，由一个主机控制器来处理设备的识别和配置，设备可以直接与主机相连也可以与中间集线器相连，如图2.11所示。USB规范在同一个连接中同时支持同步和异步传输类型。同步传输用在需要保证带宽和低时延的应用中，比如电话及流媒体传输。异步传输允许延时并且可以等待可用带宽。USB控制协议专门设计为具有较低的协议管理开销，从而得到较高的可用带宽的使用效率。

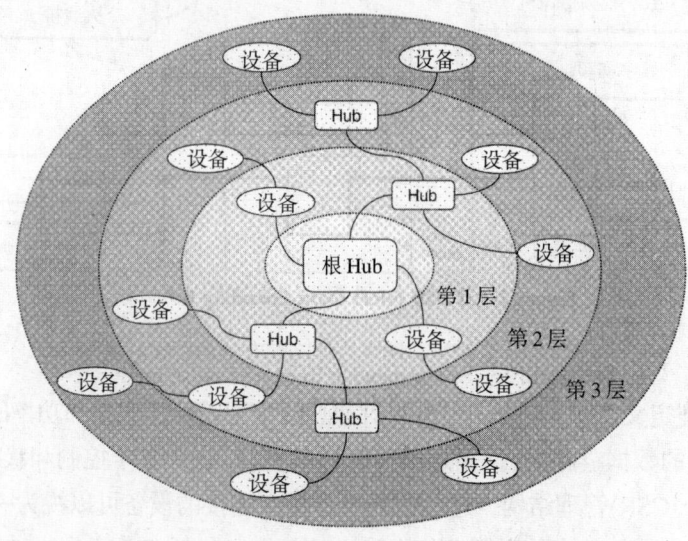

图2.11　USB网络拓扑：菊花链和树状结构

可用带宽由所有的连接设备共享，并使用"管道"进行分配，每个"管道"代表主机和一个设备的连接。每个管线的带宽在其建立时就已经分配好了，而且可以同时支持很大范围内的不同设备的比特率和设备类型。例如，数字电话设备的范围可以是从 1B + 1D 信道（64 kbps，参见上文提到的 ISDN）到 T1 容量(1.544 Mbps)。

USB 使用非归零反相(Non Return to Zero Inverted, NRZI)作为数据编码方案。在 NRZI 编码方案中，1 表示输出电压不变，0 表示输出电压变化，如图 2.12 所示。因此一连串 0 会使 NRZI 编码输出在每个比特周期发生状态翻转，而一连串的 1 使输出无变化。

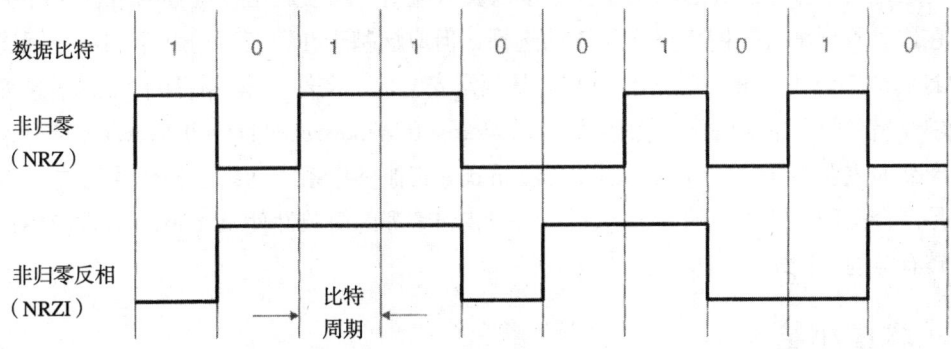

图 2.12　USB NRZI 数据编码方案

NRZI 是通过比较输入数据流相邻的比特值得到输出电压的，其优点是可以在一定程度上抑制噪声。

2.4.2　无线网络的物理层技术

第三部分、第四部分和第五部分将进一步介绍为无线网络提供了第一层基础的物理层技术，而且将比较详细地阐述 LAN、PAN 和 MAN 技术以及它们的实现。

从蓝牙到 ZigBee，每种无线物理层技术都可以通过一些主要的技术要点进行描述，如表 2.8 所示。

表 2.8　物理层和数据链路层的无线技术概况

技术要点	问题和注意事项
频谱	使用电磁波频谱的哪一部分？可用带宽是多大？信道如何分段？用什么样的机制来控制使用的带宽以确保与同一频段的其他用户共存？
传播	管理机构允许在频段中使用的功率等级是多少？采用什么机制来控制发送功率和传播方式，使其对共存信道中其他用户的干扰最小、有效范围最大或者利用空间分集来增加吞吐量？
调制	怎样把编码后的数据承载到物理媒体上？比如采用单载波或多载波相位调制还是幅度调制？是采用脉冲幅度调制还是脉冲位置调制？
数据编码	怎样把数据帧的原始比特编码为符号进行传输？这些编码机制有什么功能？比如是可以提高抗噪声性能还是可以提高可用带宽的有效利用率？
媒体接入	怎样接入受控的传输媒体使数据传输的可用带宽最大并解决用户间的竞争？可以用什么机制来区分不同业务需求的用户媒体接入？

上述问题的答案将根据所采用的技术类型（红外线、射频、近场）和应用场合（PAN、LAN 和 WAN）的不同而不同。

2.5 操作系统的注意事项

为了支持网络，操作系统至少需要支持如TCP/IP等网络协议及网络设备的驱动。早期的PC操作系统，包括Windows 95之前的Windows版本，都是不支持网络的。然而随着Internet和其他网络技术的发展，现在所有的操作系统都满足网络操作系统(Network Operating System, NOS)的要求。

个人网络操作系统还具有其他的网络特征，比如防火墙、简化的设置、诊断工具、远程访问、与运行其他操作系统的网络相互连接以及为组用户加强通用设置等网络管理任务。

在这里不详细说明网络操作系统的选择，但应该基于在第三部分和第四部分阐述的选择WLAN和WPAN技术的一些相似过程。从判定安全性、文件共享、打印和发送消息等网络业务需求开始。两个主要的网络操作系统是Microsoft Windows和Novell NetWare产品系列。这两种产品的主要不同是对包含有UNIX或Linux等其他操作系统网络互操作性的支持。NetWare通常是混合操作系统网络的首选NOS，而安装和管理的简单性使Windows通常应用在技术支持比较有限的小网络中。

2.6 本章小结

OSI网络模型提供了一个可以描述所有网络类型的逻辑操作的概念性框架，从手机和耳机间的无线PAN连接，到全球性的Internet。

区分不同网络技术特别是有线或无线的主要特征是在数据链路层（LLC和MAC）和物理层(PHY)定义的。这些特征揭示了不同技术的不同之处，正是这些技术将无线网络带入人们的日常生活。在第三部分到第五部分将详细描述。

第3章 无线网络物理结构

3.1 有线网络拓扑结构的回顾

有线网络的拓扑结构指的是网络设备或节点之间连接的物理配置，这里的节点可以是一台计算机，也可以是打印机、扫描仪等终端用户设备，或者是集线器、交换机、路由器之类的网络硬件。

构成不同拓扑结构的基本元素是简单的点到点的有线连接，如图3.1所示。这些基本元素的重复可以得到有线网络的两种最简单的拓扑结构——总线拓扑结构和环形拓扑结构。

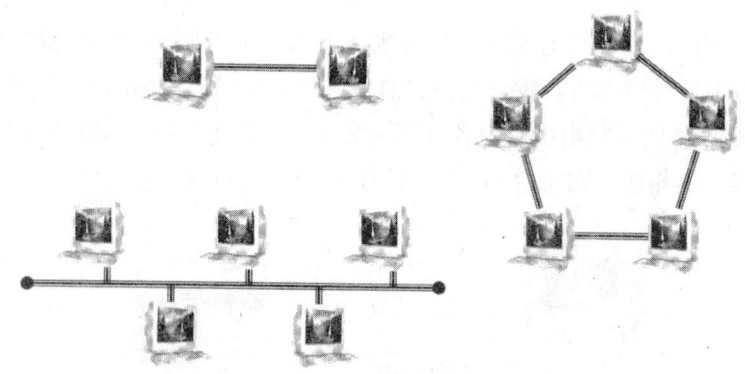

图3.1 点到点、总线和环形拓扑结构

根据节点间的连接是单向的还是双向的，环形拓扑结构可以分为两种。在单向环形拓扑结构中，相连的节点一端是发送机，另一端是接收机，消息在环内单向传播。而在双向环形拓扑结构中，每个相连的节点既是发送机也是接收机（亦称为收发信机），消息可以在两个方向上传播。

总线和环形拓扑都易于受到单点错误的影响，单个连接故障会使总线网络的部分节点与网络隔断，或者使环形网络的所有通信中断。

解决上述问题的办法是引入一些特殊的网络硬件节点，这些网络硬件设计旨在控制其他网络设备间的数据流。其中最简单的一种是无源集线器，它是星形和树形拓扑结构的LAN线路中的中心连接点，如图3.2所示。有源集线器即中继器是无源集线器的一种变型，它可以放大数据信号以改善较长距离网络连接时信号强度的衰减。

对于一些PAN技术，例如USB，不需要特殊的硬件就可以建立星形和树形拓扑结构。主要是由于这些个人设备所具有的菊花链能力（参见图2.11）。

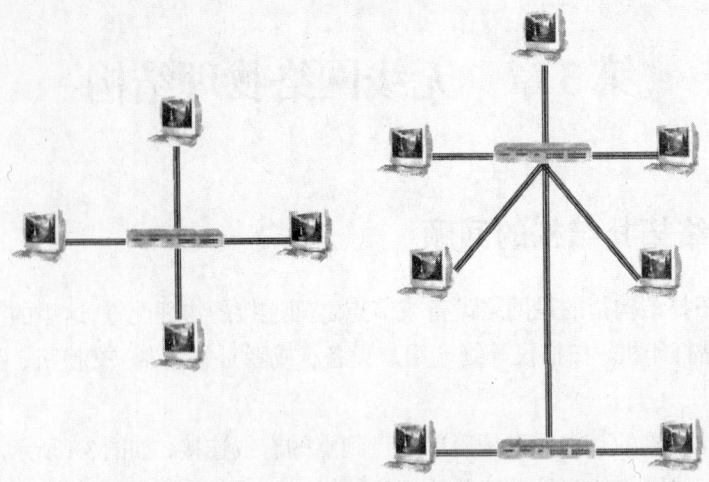

图 3.2 星形和树形拓扑结构

在星形拓扑结构的 LAN 中，有源或无源集线器(Hub)将每个接收到的数据包发送给每个与其相连的设备。每个设备检查所有收到的包并对包进行解码，数据包由设备的 MAC 地址标示。这种方式的缺点是网络的带宽由所有设备分享，如图 3.3 所示。例如，如果两台 PC 通过一个 10 Mbps 的无源集线器相连，则每台 PC 平均只有 5 Mbps 的可用带宽。

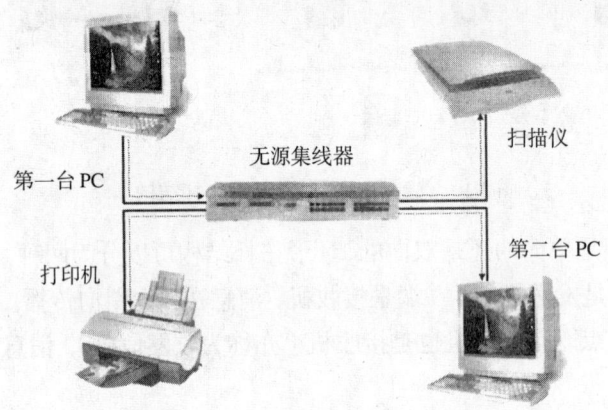

图 3.3 实际星形网络中的无源集线器

如果第一台 PC 在发送数据，集线器将数据包转发给网络中的所有其他设备，网络中的其他设备都不得不等待，直到轮到它们发送数据。

交换式集线器（或简称为交换机）将数据包只发送给指定地址的设备，克服了共享带宽的局限性。与非交换式集线器相比，交换式集线器需要增加存储器和处理能力，但却使网络容量明显提高。

如图 3.4 所示，第一台 PC 正在发送数据流 A 到打印机，交换机直接把这些数据包传给指定地址的设备；同时，扫描仪发送数据流 B 到第二台 PC，交换机可以同时处理这些数据流，因此提供给每个设备全部的网络带宽。

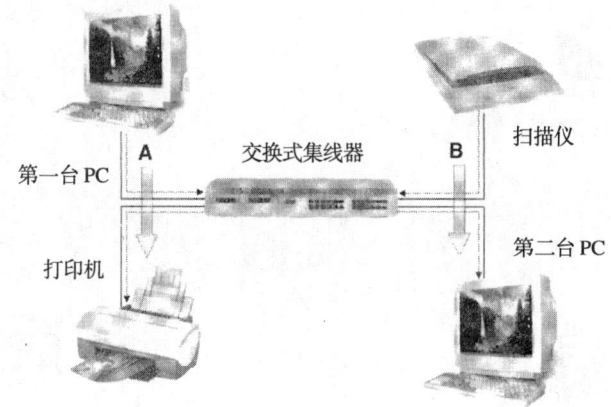

图 3.4　实际星形网络中的交换式集线器

3.2　无线网络拓扑结构

3.2.1　点到点连接

与有线网络相比，图 3.1 所示的简单点到点连接在无线网络中更为常见，在很多无线情况都会见到，例如：

- 端到端(P2P, Peer-to-Peer)或者 ad-hoc Wi-Fi 连接
- 无线 MAN 回程装置
- LAN 无线网桥
- 蓝牙
- IrDA

3.2.2　无线网络的星形拓扑结构

无线网络星形拓扑的中心节点，可以是 WiMAX 基站、Wi-Fi 接入点、蓝牙主设备或者 ZigBee PAN 协调器，如图 3.5 所示，其作用类似于有线网络中的集线器。如第三部分到第五部分所述，不同的无线网络技术，要求并使得中心控制节点执行很多不同的功能。

无线媒体本质上的不同意味着，交换式和非交换式集线器的差别对无线网络中的控制节点来说并没有太大影响，因为并没有相应的无线媒体能够替代连接到每个设备的单独缆线。无线 LAN 交换机或控制器是一种有线网络设备，用来将数据交换到接入点(Access Point, AP)，接入点负责为每个数据包寻址目的站，如图 3.6 所示，将在 3.3.3 节进一步讨论。

这种通用规则的例外情况是，基站或接入点设备能够将单独的站点或者一组使用扇形或阵列天线的站点在空间上分开的情况。图 3.7 给出了一个 MAN 的例子，其中一个交换机服务于 4 个分别具有 90° 扇形天线的基站发射器。

使用这种配置，整个无线 MAN 的吞吐量随着发射机数目的增加而成倍增加，这与图 3.4 所示的有线交换式集线器的例子类似。

图 3.5 无线网络的星形拓扑结构

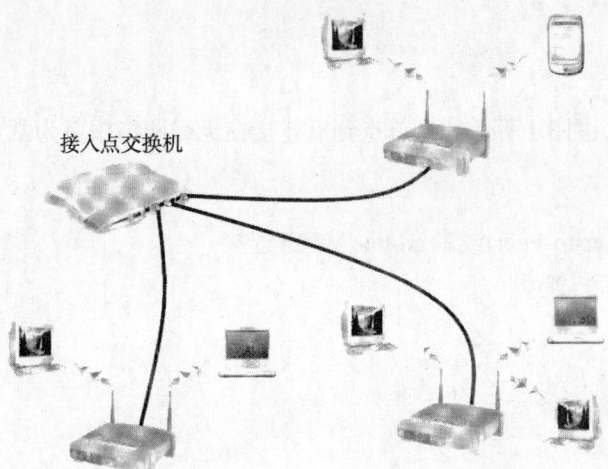

图 3.6 使用无线接入点交换的树形拓扑结构

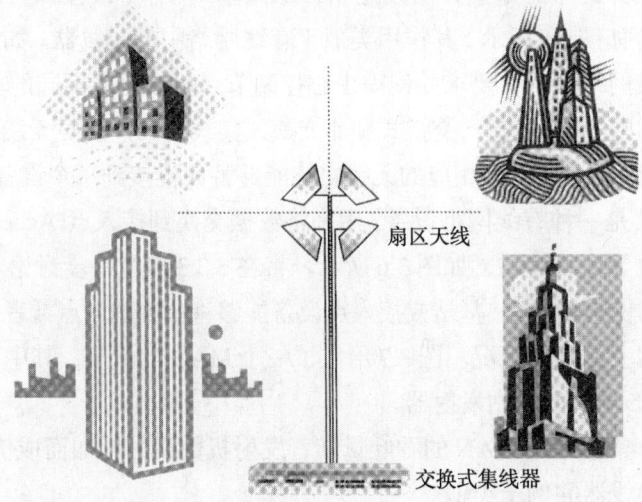

图 3.7 可交换星形无线 MAN 拓扑结构

在无线 LAN 的情况下，可以使用一种新型的称为接入点阵列的设备来实现类似的空间分割。该设备将无线 LAN 控制器和扇形天线阵列相结合使网络容量加倍，3.3.4 节中将介绍该设备。通过空间上分离的区域或传播路径来进行传输，使网络吞吐量加倍的技术称为空分复用（参见 4.3.5 节），主要应用于 MIMO 无线通信中（参见 4.7 节）。

3.2.3 无线网状网络

无线网状网络，也称为移动 ad-hoc 网络(MANET)，是局域网或者城域网的一种，网络中的节点是移动的，而且可以直接与相邻节点通信而不需要中心控制设备。由于节点可以进入或离开网络，因此无线网状网络的拓扑结构不断变化，如图 3.8 所示。数据包从一个节点到另一个节点直至目的地的过程称为"跳"。

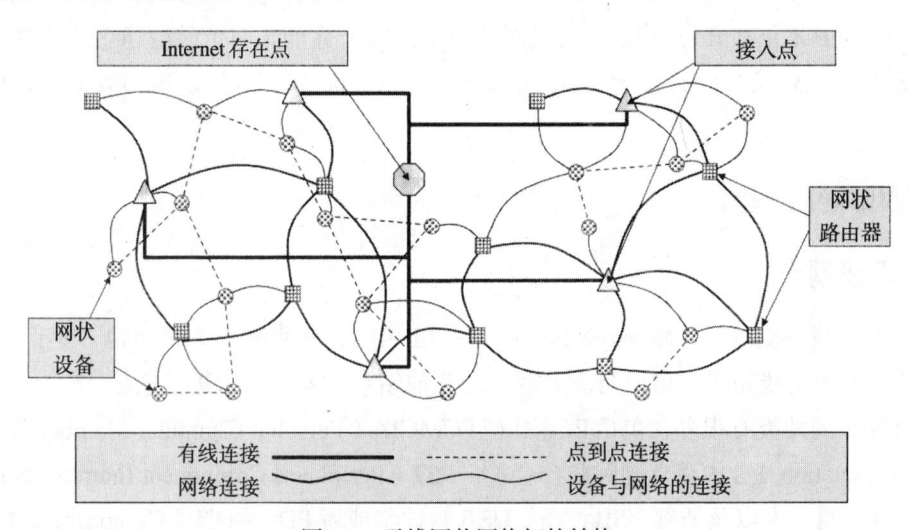

图 3.8 无线网状网络拓扑结构

数据路由功能分布到整个网状网络，而不是由一个或多个专门的设备控制。这与数据在 Internet 上传送的方式类似，包从一个设备跳到另外一个设备直到目的地，然而在网状网络中路由功能包含在每个节点中而不是由专门的路由器实现。

动态路由功能要求每个设备向与其相连接的所有设备通告其路由信息，并且在节点移动、进入和离开网状网络时更新这些信息。

分布式控制和不断的重新配置使得在超负荷、不可靠或者路径故障时能够快速重新找到路由。如果节点的密度足够高可以选择其他路径时，无线网状网络可以自我修复而且非常可靠。设计这种路由协议的主要难题是，要实现不断地重构路由需要比较大的管理开销，或者说数据带宽有可能都被这些路由消息给占据了。解决该问题的一种方法是灵感来自于生物学的 AntHocNet，将在 14.1 节中进行详细介绍。

与图 3.4 中有线网络路由和图 3.7 中的扇形化无线网络的例子中体现的多重路径相比，无线网状网络中的多重路径对整个网络的吞吐量也有类似的影响。无线网状网络的容量将随着节点数目的增加而增加，而且可用的选择路径的数目也会增加，所以容量的增加可以通过简单地向无线网状网络中增加更多的节点来实现。

除了有效收集和更新路由信息外，无线网状网络还面临其他的技术挑战：

- 无线链路的可靠性——数据包的错误率在集线器的一跳内还可容忍，但星形网络配置会将其迅速扩展到多跳上，从而限制了网状网络能够扩大和保持有效性的规模。
- 无缝漫游——大多数无线网络都不要求移动节点的无缝连接和再连接，但是 IEEE 802.11 工作组 TGr 和 TGs 却对此提出了要求。
- 安全性——如何在一个没有稳定的基础架构的网络中执行用户认证？

从实际的角度看，无线网状网络的自我配置、自我优化和自我恢复的特点，省去了许多与大规模无线网络配置有关的管理和维护任务。

将在 10.4 节中介绍的 ZigBee IEEE 802.15.4 是一个明确支持无线网状网络的标准，IEEE 802.11 工作组 TGs 正在开发 WLAN 无线网状网络的地址标准。两个已经建立的行业团体 Wi-Mesh 联盟和 SEEMesh(SEE, Simple, Efficient and Extensible)也在推进 IEEE 802.11s 无线网状网络提案。

3.3 WLAN 设备

3.3.1 无线网卡

装有无线网络接口卡（Network Interface Card, NIC，简称网卡）的 PDA、笔记本电脑或台式电脑可作为无线站点，可以与对等网中的其他站点或者接入点进行通信。

无线 NIC 的种类有很多，包括 PC [II 型 PCMCIA（Personal Computer Memory Card International Association, PC 内存卡国际联合会）]、PCI（Peripheral Component Interconnection，外设组件互联标准）卡以及外部 USB 设备、USB 软件狗或者 PDA 的 CF（Compact Flash，闪存）卡，如图 3.9 所示。大多数 NIC 具有集成天线，但是有些制造商提供外接天线或者可拆卸的集成天线，使其在接近无线工作范围边界时可以使用高增益天线。

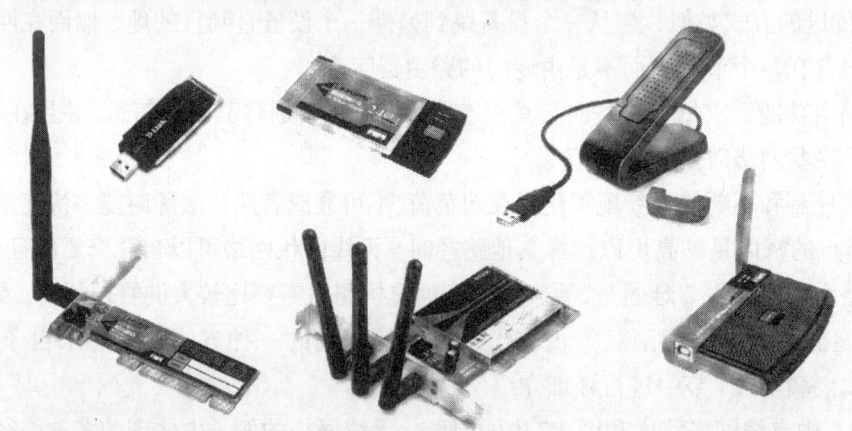

图 3.9　各种各样的无线 NIC [Belkin 公司和 D-Link（欧洲）公司以及 Linksys（Cisco 子公司）提供]

各种无线 NIC 之间几乎没有什么差别。本地规范的要求限制其最大发射功率，而且对于基于标准的设备，相关机构的合格证（例如 IEEE 802.11 对 Wi-Fi 的合格证）用来保证不同厂商设备的互操作性，但私用范围内的设备或者在标准出台前发布的设备例外，比如在 IEEE 802.11n 标准出台前一些厂商发布的"pre-n"硬件。

越来越多的高端移动产品特别是笔记本电脑装配了集成的无线NIC，而且伴随着Intel迅驰技术的发展，无线 LAN 接口成为核心芯片组的一部分。

3.3.2 接入点

接入点(AP)是无线局域网(WLAN)的中心设备，可以是集线器，用来与网络中的其他站点进行无线通信。接入点通常也与有线网络相连，作为有线和无线设备之间的网桥。

第一代接入点被称为"胖"接入点，出现在 1999 年 IEEE 802.11b 标准出台后，在每个单元内提供了全范围的处理和控制功能，包括：

- 安全特性，比如认证和加密支持
- 基于列表或者过滤器的访问控制
- 简单网络管理协议(Simple Network Management Protocol, SNMP)配置能力

接入点要求的用户配置参数，如发射功率设定、RF信道选择、安全加密和其他配置参数，通常通过 Web 界面进行设置。

除了提供这些基本功能外，为家庭或者小型办公室的无线网络设计的接入点通常包括很多其他的网络特性，参见表 3.1。

表 3.1 接入点可选功能

特性	描述
Internet 网关	支持许多功能，如路由、网络地址转换、为客户站提供动态 IP 地址的动态主机分配协议(Dynamic Host Configuration Protocol, DHCP)服务器、虚拟专用网(Virtual Private Network, VPN)等
交换式集线器	可以包含多个有线以太网端口，为一些以太网设备提供交换式集线器功能
无线网桥或中继器	接入点可以作为中继站来扩展另一个接入点的工作范围，或者作为两个网络之间的点对点的无线网桥
网络存储服务器	接有外部存储器的 Internet 硬盘驱动器或端口，为无线站点提供集中的文件存储或备份

图 3.10 展示了多个类型的接入点，包括用在户外可以防风雨的设备。

图 3.10　第一代无线接入点［Belkin 公司和 D-Link（欧洲）公司以及 Linksys（Cisco 子公司）提供］

与上面讲述的第一代"胖"接入点相比,瘦身后的"瘦"接入点仅保留了接入点基本的射频通信功能,而依赖无线 LAN 交换机的集中式控制功能。

3.3.3 无线 LAN 交换机或控制器

在大规模无线网络中,例如拥有几十甚至几百个接入点的集团环境中,需要对每个接入点单独配置,这就使 WLAN 的管理非常复杂。WLAN 交换机简化了大型 WLAN 的配置和管理。WLAN 交换机(也称为 WLAN 控制器或接入路由器)是一种网络基础设备,该设备设计用来代表依赖型或者"瘦"接入点执行各种功能,如图 3.11 所示。

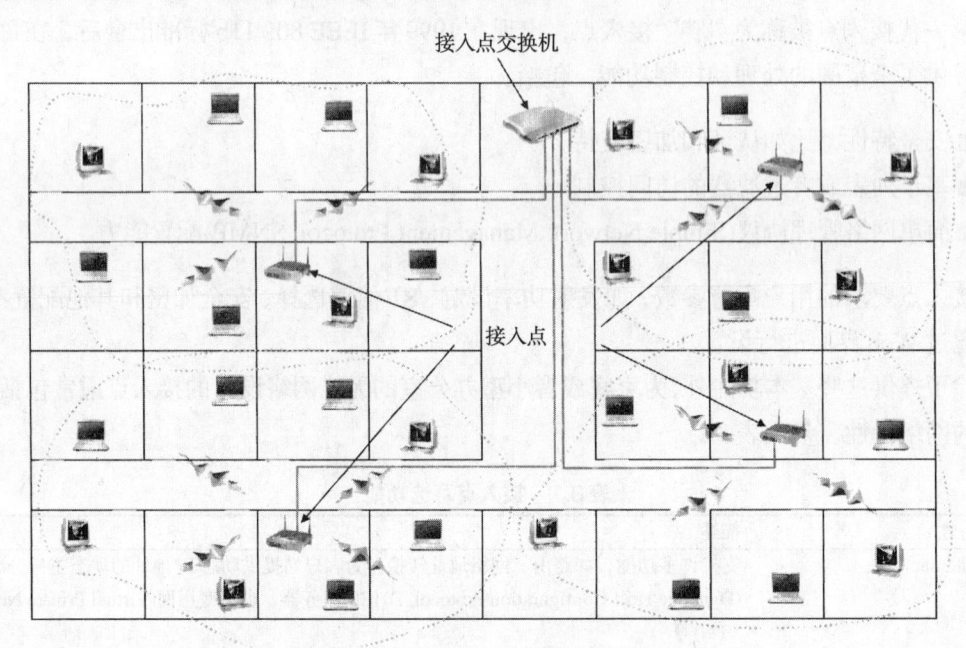

图 3.11 采用无线交换机的 WLAN 拓扑结构

"瘦"接入点为大规模 WLAN 应用提供了很多有利条件,特别是支持语音服务,如表 3.2 所示。

表 3.2 "瘦"接入点的优点

优点	描述
低成本	"瘦"接入点经过优化,只高效地完成无线通信功能,降低了最初的硬件成本以及未来的维护和升级成本
简化的接入点管理	接入点配置,包括安全功能都采用集中式,简化了网络管理任务
改善漫游性能	比传统接入点的漫游切换速度要快得多,改善了语音服务性能
简化网络升级	集中式的命令和控制能力使得为适应 WLAN 标准而对网络进行的升级变得更加简单,因为升级只需在交换层次上进行,而不是在每个接入点上

无线网络变得越来越复杂和耗时的网络配置和管理工作成为无线交换机发展的动力,由无线交换机集中控制诸如配置、安全、性能监控和故障检测等,在企业级的无线网络中非常重要。

以安全为例，一个大型WLAN配置中可能同时用到有线等效协议(Wired Equivalent Privacy, WEP)、Wi-Fi安全存取(Wi-Fi Protected Access, WPA)和IEEE 802.11i，如果安全配置需要对每个接入点进行，那么对每个接入点的密钥路由管理以及安全标准的周期性升级将很快变得非常复杂而无法控制，而无线交换机具有集中式安全架构，这些管理工作只需一次就可完成。

WLAN交换机还提供了第一代接入点不具备的一些其他特性，如表3.3所示。

表3.3 无线LAN交换机特性

特性	描述
布局规划	自动站点测量工具，允许导入组网规划和结构特点，用来确定最佳接入点位置
RF管理	分析收到的来自所有接入点的管理帧，调整一个或多个接入点的发射功率或信道设置来诊断并自动纠正与RF信号相关的问题
自动配置	无线交换机通过为每个接入点确定最佳的RF信道和发射功率设置实现自动配置
负载平衡	通过多个接入点的用户间的自动负载平衡来最大化网络容量
基于策略的接入控制	接入策略可以基于接入点分组和客户端列表，指定哪些接入点或组或特殊的客户站点允许接入
指令检测	通过连续扫描或者预定的站点勘探，检测和定位恶意接入点、未认证的用户或ad-hoc网络

3.3.3.1 轻量级接入点协议(Lightweight Access Point Protocol, LWAPP)

WLAN交换设备的集中式命令和控制需要引入交换机和依赖型接入点间的通信协议，而且为满足互操作性要求，协议应基于工业标准。

轻量级接入点协议将交换机或其他集线器设备与接入点间的通信标准化，最早由互联网工程任务组(Internet Engineering Task Force, IETF)开发。

IETF规范描述了LWAPP协议的如下目标：

- 减少接入点执行的协议代码数量从而可以有效地利用接入点的计算能力，是通过将接入点的计算能力用在无线通信而不是桥接、转发或者其他功能上实现的。
- 采用集中式网络计算能力执行WLAN的桥接、转发、认证、加密和策略执行功能。
- 提供一个在集线器设备和接入点之间传输帧的通用封装和传输机制，保证多厂商产品的通用性并使得LWAPP可以应用于未来的其他访问协议中。

表3.4总结了LWAPP实现的主要通信和控制功能。

表3.4 LWAPP功能

LWAPP功能	描述
接入点设备的发现及信息交换	接入点发送"发现请求"帧，所有接收到的接入路由器响应"发现应答"帧。接入点选择一个响应的接入路由并通过交换"加入请求"和"加入应答"帧与其发生关联
接入点验证、配置、规定和软件控制	关联后，接入路由为接入点提供一些规定，包括服务设置标识符(Service Set Identifier, SSID)、安全参数、工作信道和数据速率。接入路由器还可以配置MAC操作参数（例如帧的尝试发送次数）、发送功率、直接序列扩频(Direct Sequence Spread Spectrum, DSSS)或OFDM参数和接入点的天线配置。在规定和配置后，接入点就可以进行工作了
数据和管理帧的封装、分段和格式	LWAPP为接入点和接入路由间的传输封装数据和管理帧。如果封装的数据或管理帧超过了接入点和接入路由之间支持的最大传输单元(Maximum Transmission Unit, MTU)，将对帧进行分段和重组
接入点和关联设备间的通信控制与管理	LWAPP使接入路由向其接入点请求统计报告，包括与接入点及其关联设备的通信有关的数据（例如重试次数和RTS/ACK失败次数）

LWAPP的初始草案规范已于2004年3月终止,IETF又建立了新的称为无线接入点的控制和配置(Control and Provisioning of Wireless Access Points, CAPWAP)工作组。工作组的大多数成员继续在其他几个候选协议中推行LWAPP,例如安全轻量级接入点协议(Secure Light Access Point Protocol, SLAPP)、无线LAN控制协议(Wireless LAN Control Protocol, WICOP)和CAPWAP隧道协议(CAPWAP Tunnelling Protocol, CTP)。LWAPP似乎将会成为最终的CAPWAP协议的基本内容。

3.3.4 WLAN 阵列

用于部署WLAN的第三代结构使用了一个称为接入点阵列的设备,该设备与图3.7所示的分扇区的WMAN基站功能相似。

单个接入点阵列包含一个WLAN控制器,同时有4、8或者16个接入点。这些接入点可能同时具有IEEE 802.11a及IEEE 802.11b/g无线接口。比较典型的例子是使用4个接入点进行IEEE 802.11a/g覆盖,其相邻天线间隔为90°、扇区为180°,或者使用12个接入点进行IEEE 802.11a覆盖,其相邻天线间隔为30°、扇区为60°,如图3.12所示。

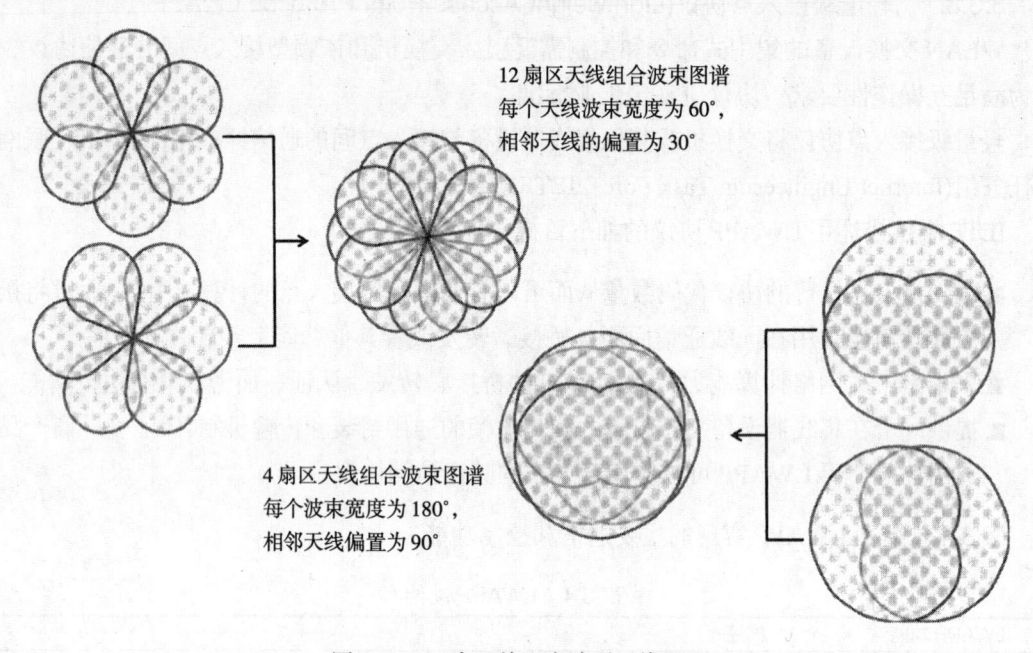

图 3.12 16扇区接入点阵列天线配置

这种具有16个接入点、工作在IEEE 802.11a/g网络的设备,每个接入点的最高数据速率为54 Mbps,可提供总的WLAN传输能力为864 Mbps。扇区天线提高了增益,也意味着接入点阵列的工作范围比采用全向天线的单个接入点的工作范围加倍或者增加很多。

为了在更大的工作区域得到更高的传输能力,可以使用由两级WLAN控制器控制的多接入点阵列,将生成一个树状拓扑,如图3.13所示,该WLAN的总传输能力可达数Gb。

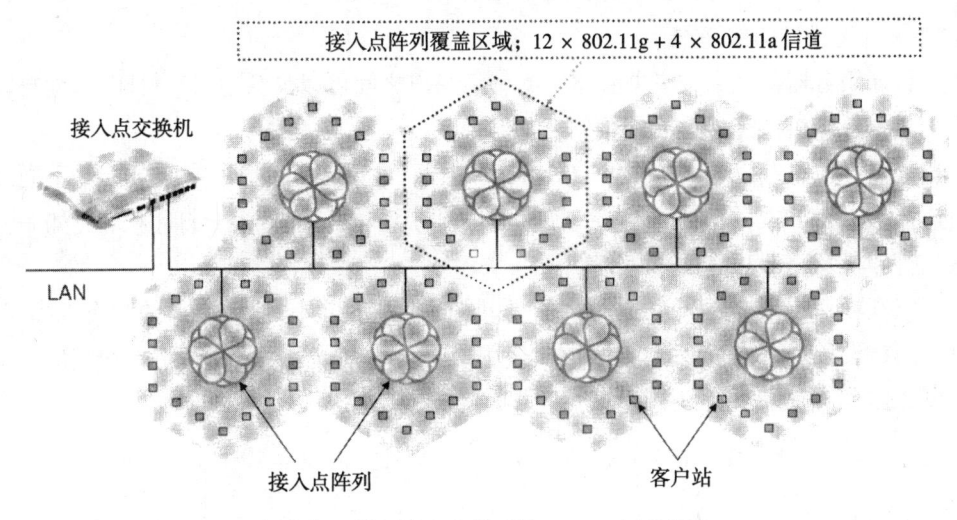

图 3.13 使用接入点阵列的 WLAN 树状拓扑

3.3.5 其他 WLAN 硬件

3.3.5.1 无线网桥

许多制造商生产了能够提供点到点 WLAN 或者 WMAN 连接的无线桥接设备,这些设备具有适合户外使用的保护封装,如图 3.14 所示。例如 D-Link DWL 1800,将 16 dBi 平板天线与 2.4 GHz 无线电封装在一起,提供 24 dBm(FCC 标准)或者 14 dBm [ETSI(European Telecommunication Standards Institute,欧洲电信标准协会)标准] 的发送功率,传输距离为 25 km(FCC 标准)或者 10 km(ETSI 标准)。

图 3.14 户外无线网桥 [D-Link(欧洲)公司及 Linksys(Cisco 子公司)提供]

许多简单的 WLAN 接入点也支持网络桥接功能,或者可以通过固件升级程序升级后实现桥接功能。这些设备的配置只需简单地将其他端设备的 MAC 地址输入到每个站点的接入控制列表,使每个站点可以解码由桥接器传来的其他端设备的数据包。

3.3.5.2 无线打印服务器

无线打印服务器使家庭或者办公室内的一组用户之间可以灵活地共享打印机，而打印机不必宿主于某台计算机或连接到有线网络。

一般来说，与有线以太网以及WLAN接口一样，该设备可能含有一个或多个不同类型的打印机连接（如USB或并行打印机接口），也可能采用多端口连接多个打印机，比如一台高速黑白激光打印机及一台独立的彩色打印机。

用于家庭或者小型办公室无线网络的打印服务器也可以和一个四端口的交换机绑定，使其他的有线网络设备能够共享该打印机，同时使用该无线站点作为到无线网络上的其他设备的桥接器。图3.15给出了一些无线打印机服务器的实例。

图3.15 无线打印服务器 [Belkin公司、D-Link（欧洲）公司及Linksys（Cisco子公司）提供]

3.3.6 WLAN天线

3.3.6.1 传统的固定增益天线

工作在2.4 GHz ISM频段（Industrial Scientific Medical Band，工业、科学、医用频段）的IEEE 802.11b及802.11g网络的天线有许多种覆盖类型。在特定应用场合下，选择天线的关键因素是天线增益（用dBi表示）和波束角（用度表示）。

最常见的WLAN天线是全向天线。全向天线是所有的NIC以及大多数接入点的标准天线，其增益为0~7 dBi，波束角垂直于天线轴方向，为全向360°。图3.16给出了一些WLAN天线的示例，其典型参数如表3.5所示。

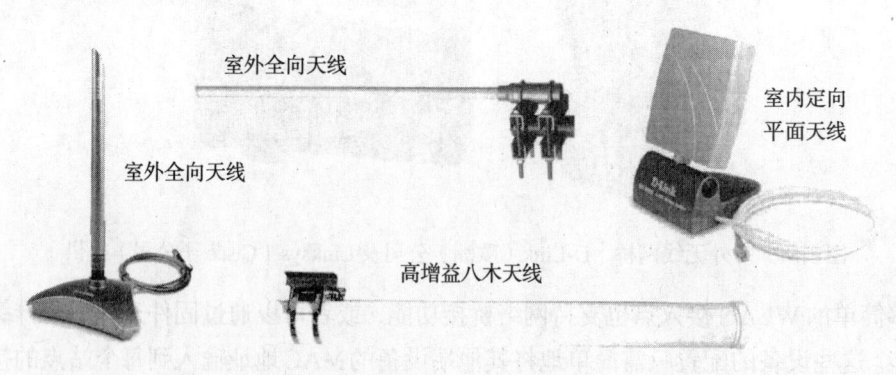

图3.16 WLAN天线类型 [D-Link（欧洲）公司提供]

表 3.5 2.4 GHz 无线 LAN 典型参数

天线类型	子类型	波束宽度(°)	增益(dBi)
全向天线		360	0 ~ 15
贴片天线/平面天线		15 ~ 70	8 ~ 20
扇区天线		180	8 ~ 15
		120	9 ~ 20
		90	9 ~ 20
		60	10 ~ 17
定向天线	八木天线	10 ~ 30	8 ~ 20
	抛物面反射天线	5 ~ 25	14 ~ 30

对于指定水平波束的扇区天线，高增益的代价是较窄的垂直波束。较窄的垂直波束会导致指定距离内较小的覆盖区域，同时也需要更精确的校准。

天线的另一个更重要特性是极化方向，是指天线发射的电磁波的电场方向。大多数常见天线，包括上表中所列的天线，产生线性极化波，电场的方向是水平的或者垂直的，因此称为水平极化或者垂直极化。也有产生圆形极化的 WLAN 天线，但是不常见。

发送天线和接收天线的类型匹配很重要，因为垂直极化的接收天线不能够接收水平极化的发送天线发送的信号，反之亦然。天线的正确安装也同样非常重要，因为如果沿着传播方向将天线旋转 90°会导致极化方向也改变 90°（例如由水平方向转为垂直方向）。

尽管最近对 5 GHz 频段 WLAN 的研究比 2.4 GHz 的频段多，但是天线的选择方法对于高频段是类似的，很多种双频全向天线和平面天线都可以工作在这两个 WLAN 频段上。

3.3.6.2 智能天线

使用上述传统天线类型的无线网络的数据吞吐量是有限的，因为在网络中同一时间只能有一个节点利用传输媒体传输数据包（其他的所谓多址接入技术将在 4.3 节中讨论）。智能天线允许多个节点同时传输数据，大大提高了网络的吞吐量，从而克服了这一限制。有两种类型的智能天线：交换波束与自适应阵列。

交换波束天线由一组天线元构成，天线元预先定义成含有一个窄的主瓣和一些小旁瓣的波束图，如图 3.17 所示。波束之间的交换意味着在目标节点方向上选择了一个提供最佳增益的阵列元，或者是选择了一个对干扰源具有最小增益的阵列元。

交换波束天线最简单的形式是分集接收天线对，通常用在 WLAN 的接入点来降低室内环境中的多径效应。接收机检测出两个天线中哪个天线的信号更强，切换至该天线。

自适应的波束或者波束成型天线由一个阵列内的两个或者多个天线元组成，由波束成型算法为每个天线元所发送的或接收的信号分配特定的增益和相位偏移，结果得到一个可调整的方向性图，该图可以用来将波束的主瓣引导到期望的最大增益方向上。图 3.18 给出了产生同相波束的两天线间的相移。

自适应波束天线可以将波束图集中于某个特定的节点，也可以在干扰源的方向上放置"空"或者零增益点。由于每个阵列元的增益和相位偏移都在实时软件控制下，天线可以动态地调整波束图来补偿多径、其他干扰源及噪声的影响，如图 3.19 所示。

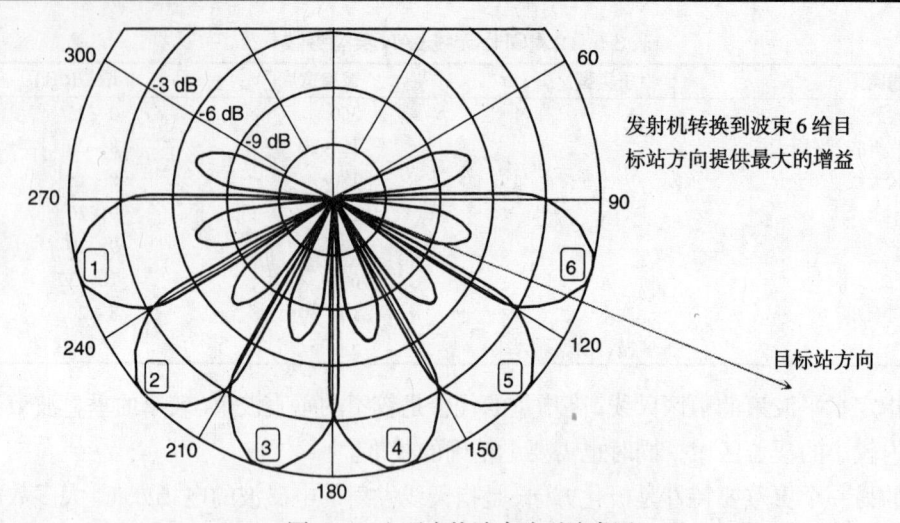

图 3.17 六元交换波束阵列波束图

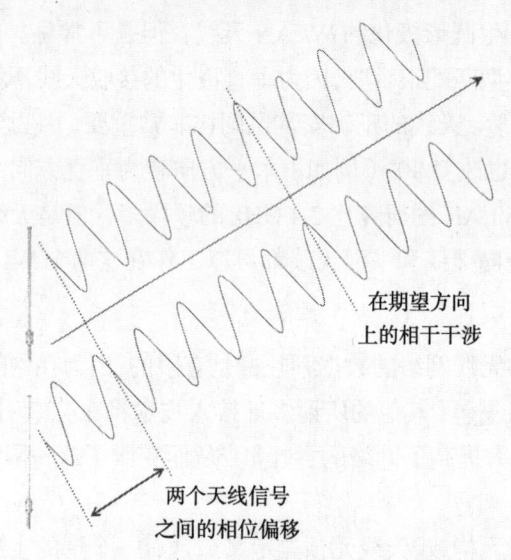

图 3.18 产生同相波束的两天线间的相移

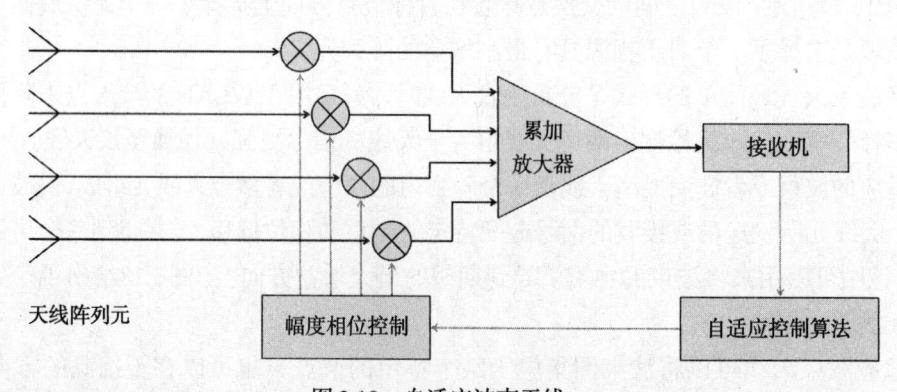

图 3.19 自适应波束天线

与自适应波束阵列一样，MIMO 无线通信（将在 4.7 节中介绍）同样使用多个天线来增加网络容量。这两种技术之间的主要区别是 MIMO 无线通信利用的是单个发送者和接收者之间的多径传播，而自适应波束阵列是使用多天线集中于一个空间信道。两者之间的其他区别如表 3.6 所示。

表 3.6 自适应波束阵列与 MIMO 无线通信的比较

	自适应波束阵列	MIMO 无线通信
目标	将传播集中在单个期望的空间方向上，以便能够允许多址接入，降低干扰或者增加传输范围	利用多径传播增加数据容量，采用通过多个空间信道复用数据流的方式
天线配置	接收端及/或发射端有两个或者多个天线元，接收端和发射端天线独立配置	一般是 2×2 或 4×4（发射端×接收端），接收端及发射端通过数字信号处理算法连接
空间分集	接收端和发射端之间集中使用单个空间信道	多个空间信道，利用多径传播
数据复用	对所有发射天线进行单个比特流编码	数据流通过空间信道复用
信号处理	为每个天线进行简单的相位和增益调整	使用复杂的处理技术来对通过多个空间信道的信号进行解码
应用举例	第三代 WLAN 接入点，参见 3.3.4 节	IEEE 802.11n 标准的物理层，参见 6.4.4 节

另外一种称为等离子天线的新型交换波束 WLAN 天线也在研究之中。等离子天线使用固态等离子作为反射体对发射的 RF 波束进行集中和定向，能将波束宽度大约为 10° 的中等增益 (10~15 dBi) 的波束切换到 360° 完全覆盖的 36 个方向中的一个方向上，切换时间小于两个传输帧之间的间隔。

3.4 WPAN 设备

3.4.1 WPAN 硬件设备

3.4.1.1 蓝牙设备

在第四部分中将对从蓝牙到 ZigBee 的大多数 PAN 技术进行讨论，其中蓝牙就是通常意义上的 WPAN，而 ZigBee 是刚出现的主要应用于家庭以及工业控制设备的网络。

实际上，第一类高功率蓝牙射频的传输距离几乎等同于 Wi-Fi（Wireless Fidelity，无线保真）设备的传输距离，这样，PAN 和 LAN 的区分界限就变得模糊了。在可实现的数据速率内，3.3 节中所描述的 WLAN 设备也可以同样通过蓝牙技术来实现。

最常见的蓝牙设备的类型及其主要特性如图 3.20 及表 3.7 所示。

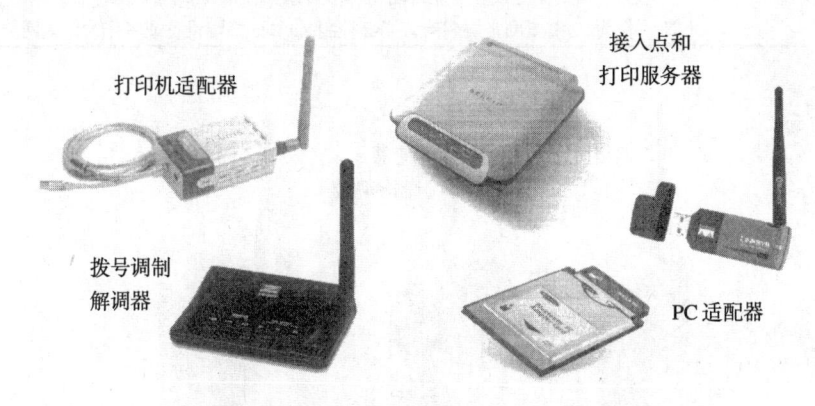

图 3.20 各种各样的蓝牙设备 [Belkin 公司、D-Link（欧洲）公司、Linksys（Cisco 子公司）和 Zoom 公司提供]

表3.7 蓝牙设备及其特性

蓝牙设备	主要特性
移动电话	与蓝牙无线耳麦的交互；与PDA或者PC连接用以传输或者备份文件；与其他蓝牙设备交换合同（商务卡）、日历表、照片等
PDA	与PC连接用来传输或者备份文件；通过蓝牙接入点访问Internet；与其他蓝牙设备交换合同（商务卡）、日历表、照片等
耳机或耳麦	无须手持的移动电话；来自于PC, TV, MP3播放器或高保真(hi-fi)的音频数据流等
音频收发器	从PC或者hi-fi系统传至蓝牙耳机的音频数据流
接入点	将LAN扩展到包括可以使用蓝牙的设备；为蓝牙设备提供Internet连接
蓝牙适配器	使笔记本电脑或PDA等很多设备可以使用蓝牙；WLAN NIC,有很多可用形式,最流行的是USB软件狗(Dongle)；为任何RS-232串口设备提供即插即用串口适配器
打印机适配器	打印来自于蓝牙设备的文件或图片
PC输入设备	为PC的键盘、鼠标提供无线连接
GPS接收机	为安装了指定的导航软件的蓝牙设备提供卫星导航能力
拨号适配器	为PC和拨号调制解调器之间提供无线连接

随着无线USB等WPAN技术的逐渐成熟，大量的支持这些网络的设备将被开发出来。这些新技术带来的创新能力，将促进能够提供新服务的新设备的不断开发，例如多带OFDM无线通信具有的空间定位无线USB站点的能力，使基于位置服务的设备出现成为可能。

3.4.1.2 ZigBee设备

ZigBee是出现不久的一种低数据速率、极低功率的无线网络技术。ZigBee技术将在10.4节中介绍。ZigBee最初只是用于家庭自动化，但是很可能在很大范围内得到应用，例如在不需要高数据速率的场合替代蓝牙，就是一种很廉价的方案。

现在已具有的及预期的ZigBee设备的主要特性总结于表3.8，其中的一些设备如图3.21所示。

表3.8 ZigBee设备与特性

ZigBee设备	主要特性
PC输入设备	为PC鼠标或键盘提供无线连接
自动化设备	用于家庭以及工业自动化功能的无线控制设备，例如加热、照明、安全
无线遥控	取代现有用于电视等设备的红外遥控器，消除了视距和对准的限制
传感器调制解调器	为现有的家庭或者工业自动化环形传感器提供无线网络接口
以太网网关	作为ZigBee网络协调器，能够控制ZigBee终端设备或者作为以太网路由器

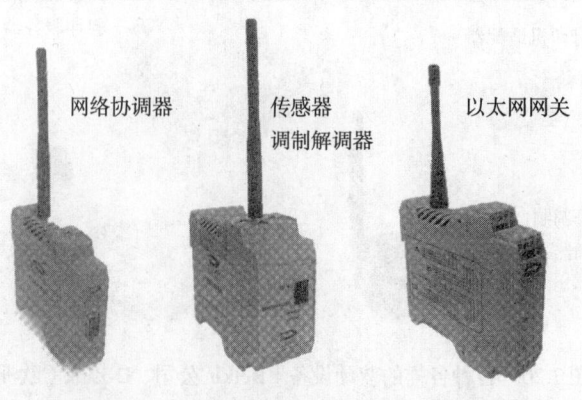

图3.21 ZigBee设备举例（Cirronet公司提供）

3.4.2 WPAN 天线

实际使用中，由于 WPAN 使用距离一般小于 10 m，因此蓝牙设备或者其他的 PAN 设备一般使用简单的集成式全向天线，但是对于和 IEEE 802.11 b/g WLAN 共享 2.4 GHz ISM 频段的蓝牙等 PAN，前面所述的外接 WLAN 天线可使 PAN 设备的使用范围更大。

3.5 WMAN 设备

WLAN 和 WPAN 有很多种拓扑结构和设备类型，但是到目前为止 WMAN 却只有固定的点到点及点到多点拓扑结构，实际上只要求两种设备类型：基站与客户站。

然而，在 IEEE 802.16e 标准通过以后，宽带 Internet 接入会很快扩展到为很多移动设备所用，一些新的移动 WMAN 设备会出现，将促使移动电话和 PDA 融合。

3.5.1 固定 WMAN 设备

用于固定 WMAN，尤其是用于最后 1000 m 宽带接入的 WMAN 无线网络设备分为两类：基站设备与用户终端设备(Customer Premises Equipment, CPE)。

一些支持不同规模的 WMAN 基站设备如图 3.22 所示。其中大型的基站设备可以在市区人口集中区的节点部署，能支持几千个用户。小型的基站设备可以用在郊区人口分散区，支持较少数量的用户。表 3.9 给出了一些基站以及 CPE 硬件类型以及主要特点，图 3.23 给出了一些不同类型的 WMAN CPE 设备。

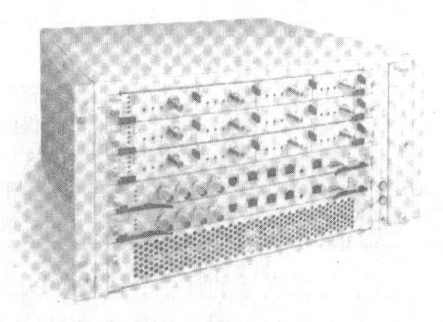

图 3.22 小型与大型 WMAN 基站设备（Aperto 公司提供）

表 3.9 WMAN 设备与特点

WMAN 设备	主要特点
基本的自动安装室内 CPE	与客户端 PC 或网络的基本 WMAN 连接；使用多分集或自适应阵列天线改善非视距接收
室外 CPE	外部天线与射频部分；提供更高的天线增益和更远的传输距离
基站设备	标准组件及规模化建设；大型或小型配置分别适应人口稠密的市区或人口稀疏的郊区；灵活的 RF 信道使用：从多个天线扇区上的一个信道到每个天线扇区上的多信道
集成网络网关	MAN 接口具有网络网关功能（路由、NAT 以及防火墙功能）；可选的集成 WLAN 接入点；集成的 CPU 支持如 VoIP 等附加 WISP 业务

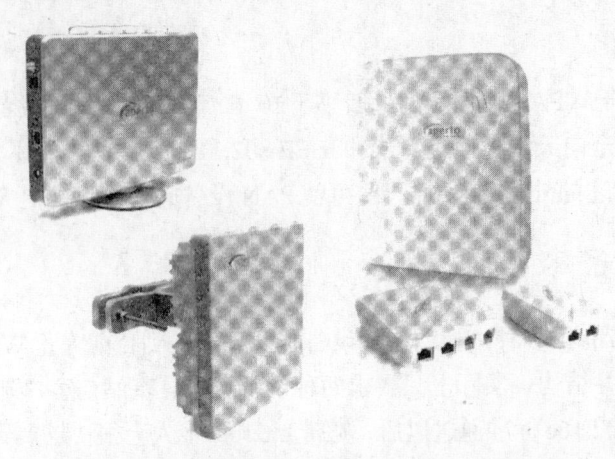

图 3.23 固定 WLAN CPE 设备（Aperto 公司提供）

3.5.2 固定 WMAN 天线

固定 WMAN 的天线可以简单地分为两类：基站和 CPE。如果有合适的用于室外环境的机架且安装时考虑刮风及结冰等天气条件，则表 3.5 所总结的用于 LAN 的天线同样可以用于 MAN。决定选择何种天线的要素总结于表 3.10。

表 3.10 决定选择 WMAN 天线的要素

位置	天线类型	应用
CPE	全向天线	低增益要求，用于距离基站比较近的用户
	贴片天线	中等增益、中等距离用户，对多数用户都适用
	定向天线（八木天线或抛物面反射天线）	高增益、高成本的装备可以使在工作范围边界处的数据传输速率最大化
基站	扇区天线、中等增益	在基站附近较广的覆盖范围，要求较广的垂直波束宽度给基站附近的用户提供覆盖
	扇区天线、高增益	在离基站较远处较广的覆盖范围，采用较窄的垂直波束宽度及高增益扩大工作范围
	定向天线	高增益天线用于点到点的应用，例如回程、基站之间的桥接等

根据对目标区域的评估，基站可以由两套扇区天线组成，如图 3.24 所示。一套是中等增益天线，具有较高的垂直波束宽度，提供短距离至中距离的覆盖，另外一套是高增益低垂直波束宽度提供远距离的覆盖。

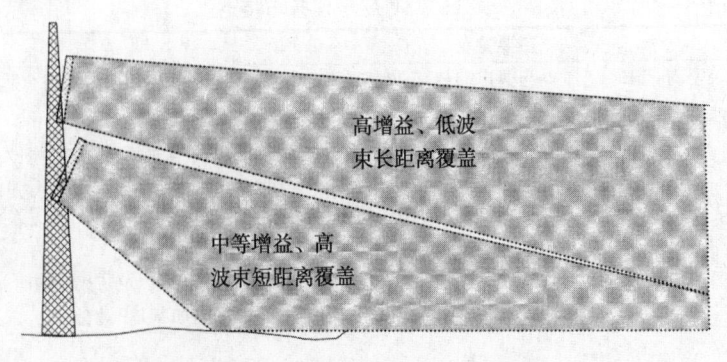

图 3.24 WMAN 基站扇区天线配置

3.5.3 移动 WMAN 设备

受 WiBro（Wireless Broadband，无线宽带）标准（IEEE 802.16e 标准的子部分，将在 12.2.2 节中介绍）快速发展的驱动，移动 WMAN 服务和设备的首次实现是为移动用户提供宽带 Internet 接入，出现在韩国市场。移动 WMAN 频谱的授权以及 2005 年给三家电信公司的发证推动了其商业化进程。

为了满足为设备提供移动 Internet 服务的要求，需要将电话和 PDA 能力结合在一起，将有更大的屏幕以及"查询"输入功能，从而克服 WAP（Wireless Application Protocol，无线应用协议）电话的缺点。图 3.25 给出了两款三星公司早期开发的 WiBro 电话。

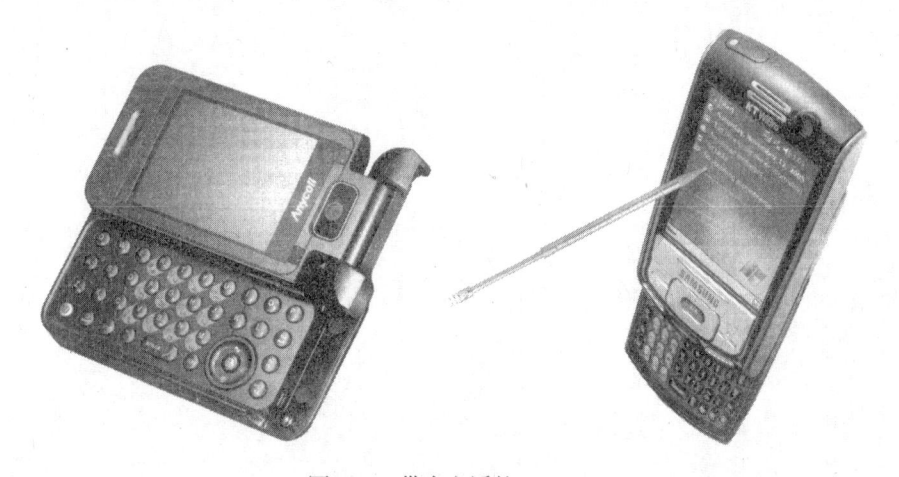

图 3.25 带有电话的 WMAN

3.6 第一部分总结

第 2 章、第 3 章介绍了无线网络的基本逻辑结构和物理结构，以及所有构成无线网络的软件及硬件元素。

尽管所有的网络都需要 OSI 模型中各层的协议和标准，但是能将无线网络与有线网络区分开来的，主要是数据链路层和物理层的协议和机制，这些特殊设计的协议和机制主要用来应对通过无线媒体进行数据传输的挑战，在第三部分至第五部分中将进行更加详细的介绍，还将讨论主要的无线网络标准，如 IEEE 802.11(WLAN)、IEEE 802.15(WPAN) 以及 IEEE 802.16(WMAN)。

第 3 章对应用在三种工作规模（个域、局域以及城域）的无线网络各种不同类型的设备进行了总体介绍。设备融合是个域与局域、局域与城域接口的共同特点，具有多模无线通信功能的设备已经越来越多，这使得单个设备可以用在多个不同的无线网络中。

第二部分 无线通信

OSI网络模型说明了数据和协议消息如何从应用级通过逻辑分层逐层下传，最终生成一系列在实际网络媒体中传输的数据帧。

在无线网络中，射频(RF)或红外(Infrared, Ir)通信提供了物理层功能。第二部分中将介绍这些无线通信方法的基本概念。

第4章首先从RF频谱谈起，简要介绍频谱使用规划，然后介绍扩频技术。扩频技术是提高高速数据链路可靠性的关键技术，它使得射频通信受干扰的影响较小。多址接入方法使多个用户可以同时使用同一通信信道。信号的编码和调制是用已编码的数据流去改变RF载波或脉冲序列参数的重要步骤，将会介绍应用于无线网络的编码及调制技术，从最简单的到最复杂的。

第4章中还将讨论影响RF信号传播的各种因素，并给出链路预算的计算方法，链路预算是用来克服系统和传播损耗的功率平衡办法，可使发射信号到达接收机时具有足够的功率及较低的接收错误率。链路预算计算是无线网络设计者在为某个网络安装时，用来确定网络基本功率要求的必备工具之一。通常也需要如站点勘测等实际技术的支持，这部分内容将在第三部分和第五部分介绍。

超宽带无线电是短距离无线网络应用中的关键技术，第4章将介绍应用在无线USB、无线火线接口及ZigBee中的超宽带无线技术。

第5章用类似的方法对用在IrDA连接中的红外通信的相关问题做了全面的分析，包括红外频谱、红外传播和接收以及红外链路计算。

第4章 无线通信基础

4.1 RF 频谱

无线电频率,简称射频(RF)。无线通信是绝大部分无线网络的核心,其原理类似于熟知的电台广播和电视广播。RF 频段是指 9 kHz ~ 300 GHz 之间的电磁频谱,如表 4.1 所示,不同的频段用来传输不同的业务。

电磁辐射的波长和频率是通过光速联系在一起的,波长(λ) = 光速(c)/ 频率(f),或者波长(m) = 300/ 频率(MHz)。

表 4.1　无线电频谱的划分

传输类型	频率	波长
甚低频(VLF)	9 ~ 30 kHz	33 ~ 10 km
低频(LF)	30 ~ 300 kHz	10 ~ 1 km
中频(MF)	300 ~ 3000 kHz	1000 ~ 100 m
高频(HF)	3 ~ 30 MHz	100 ~ 10 m
甚高频(VHF)	30 ~ 300 MHz	10 ~ 1 m
特高频(UHF)	300 ~ 3000 MHz	1000 ~ 100 mm
超高频(SHF)	3 ~ 30 GHz	100 ~ 10 mm
极高频(EHF)	30 ~ 300 GHz	10 ~ 1 mm

超过无线电频谱中极高频(Extremely High Frequency, EHF)限的是红外区域,波长约在数十微米范围内,频率在 30 THz(30 000 GHz)频段。

事实上 RF 频谱的每一赫兹都分配给了各种应用,如图 4.1 所示,包括无线电天文观测、森林保护等,也有一些无线频段指派给了非授权的传输。

绝大部分无线网络使用的 RF 频段是未授权的 ISM 频段,它们对应三个最重要频率,分别是 915 MHz(欧洲使用 868 MHz)、2.4 GHz 和 5.8 GHz(参见表 4.2)。还有一些窄带应用,例如一些新的网络标准,如 ZigBee(参见 10.4 节),也将使用 FCC 分配给超宽带无线电(UWB)的频谱资源(参见 4.6 节),允许以非常低的功率在 3.1 ~ 10.6 GHz 的宽频带上传输信息。

4.1.1 无线电频谱管理条例

在无线电频谱的使用中,频段分配给不同的授权和非授权业务,不同信号格式所允许使用的传输功率大小由不同国家和地区的管理机构控制(参见表 4.3)。

在国际电信联盟(ITU)世界无线电通信会议的促使下,尽管当前不同国家和地区间的频谱管理协调化趋势在不断增长,但在频谱分配和其他方面还存在着相当多的不同,例如允许的发射机功率不同,这对无线网络的硬件设计和互操作性有着很大的影响。

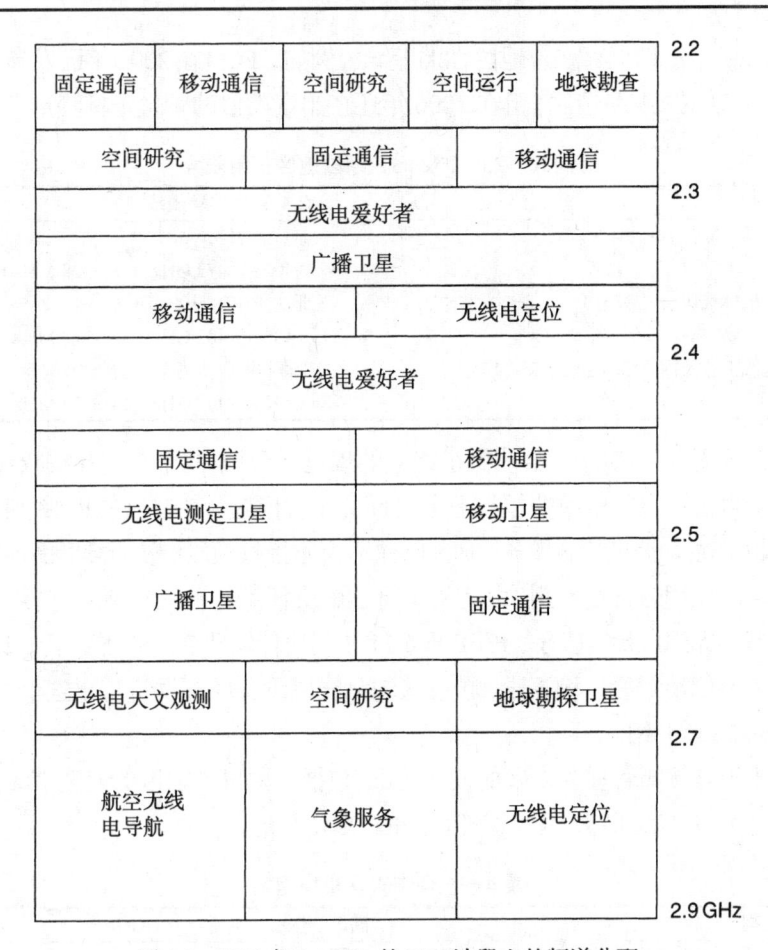

				2.2
固定通信	移动通信	空间研究	空间运行	地球勘查
空间研究		固定通信	移动通信	
无线电爱好者				2.3
广播卫星				
移动通信			无线电定位	
无线电爱好者				2.4
固定通信			移动通信	
无线电测定卫星			移动卫星	
				2.5
广播卫星			固定通信	
无线电天文观测		空间研究	地球勘探卫星	
				2.7
航空无线电导航		气象服务	无线电定位	
				2.9 GHz

图 4.1　FCC 在 2.4 GHz 的 ISM 波段上的频谱分配

表 4.2　无线网络使用的无线电频段

RF 频段	无线网络规范
915/868 MHz ISM	ZigBee
2.4 GHz ISM	IEEE 802.11b/g，蓝牙，ZigBee
5.8 GHz	IEEE 802.11a

表 4.3　无线电频谱管理机构

国家/地区		管理机构
美国	FCC	美国联邦通信委员会
加拿大	IC	加拿大工业部
欧洲	ETSI	欧洲电信标准协会
日本	ARIB	日本无线工业及商贸联合会

例如，在 5.8 GHz 的 ISM 频段上运行的 IEEE 802.11a 网络，美国的 FCC 规定最大的发射功率是 1 W，而在欧洲电信标准协会(ETSI)允许的最大等效全向辐射功率(Equivalent Isotropic Radiated Power, EIRP)只有 100 mW EIRP，或者 10 mW/MHz 带宽，与其他国家又有差异。表 4.4 列出了在 2.4 GHz ISM 频段上 IEEE 802.b/g 网络的一些不同规定。

管理制度更新的进程也存在着地区性的差异。例如，FCC在2002年已发布超宽带无线电的管理条例，而ETSI的第31工作组在2006年还在制定类似的管理条例。

表4.4 2.4 GHz ISM频段地区管制差异

管理机构	2.4 GHz ISM规范
（美国）联邦通信委员会（FCC）	最大发射功率：1 W
	2.402～2.472 GHz，11×22 MHz信道
欧洲电信标准协会（ETSI）	最大EIRP：100 mW
	2.402～2.483 GHz，13×22 MHz信道
日本无线工业及商贸联合会（ARIB）	100 mW最大等效同向辐射功率
	2.402～2.497 GHz，14×22 MHz信道

虽然管理当局对非授权的RF通信做了相应的规范，但是不同于它们在授权频谱中的作用，管理机构不负责也没有兴趣解决非授权业务之间的干扰问题。在授权的RF频段中，FCC和类似的机构会承担解决干扰问题的任务，但它们并不为非授权频段解决此类问题。非授权意味着该频段可以为所有使用者自由使用，由使用者自己解决任何的干扰问题。一些观察家因此而预测由于过度拥挤的无绳电话、蓝牙、IEEE 802.11和其他传输业务带来的杂音，2.4 GHz的ISM频段最终将成为不能使用的垃圾频段，频谱认知无线电设备的开发将防止这个"公共悲剧"的发生，这将在第14章介绍。

更多的关于现有频谱管理和未来的发展情况，包括美国以外地区的超宽带无线电规则的进一步发展情况，可以在表4.5所示的管理当局的URL上找到。

表4.5 频谱管理机构网站

管理机构	国家/地区	URL
（美国）联邦通信委员会（FCC）	美国	www.fcc.gov
加拿大工业部	加拿大	www.ic.gc.ca
欧洲电信标准协会（ETSI）	欧洲	www.etsi.org
日本无线工业及商贸联合会（ARIB）	日本	www.arib.or.jp/english

4.1.2 作为网络媒体的射频传输

与传统双绞线电缆相比，使用射频传输作为物理网络媒体带来了很多挑战，如表4.6所示。安全性已经成为一个重要的考虑，因为射频传输远比电缆传输更容易被截取。在本书第8章和第11章将详细讨论安全性的问题。

表4.6 无线射频网络的挑战

挑战	考虑因素和解决方案
链路可靠性	信号传播、干扰、设备选址、链路预算
媒体接入	感知其他用户（隐藏站点和暴露站点问题）、服务质量要求
安全性	WEP、WPA、EEE 802.11i、定向天线

数据链路的可靠性、干扰带来的比特传输错误以及其他信号传播问题，可以说是无线网络的第二重要的挑战，在下一节中将介绍可以解决上述问题的一种突破技术（扩频通信）。

控制多个用户设备或站点对数据传输媒体的接入,也是无线媒体的另一个挑战,与有线网络不同,无线网络不能同时收发信息。两个可能导致网络性能恶化的关键情形就是所谓的隐藏站点和暴露站点的问题。

隐藏站点问题出现在当两个站点 A 和 C 都试图向中间站点 B 传输信息时,A 和 C 在对方的传输范围以外,所以一方不能感知到另一方也在传输,如图 4.2 所示。暴露站点问题出现的场景是,正在发送信息的站点 C 阻止邻近的站点 B 发送信息,尽管 B 要发送的目的站点 A 不在站点 C 的传输范围之内。

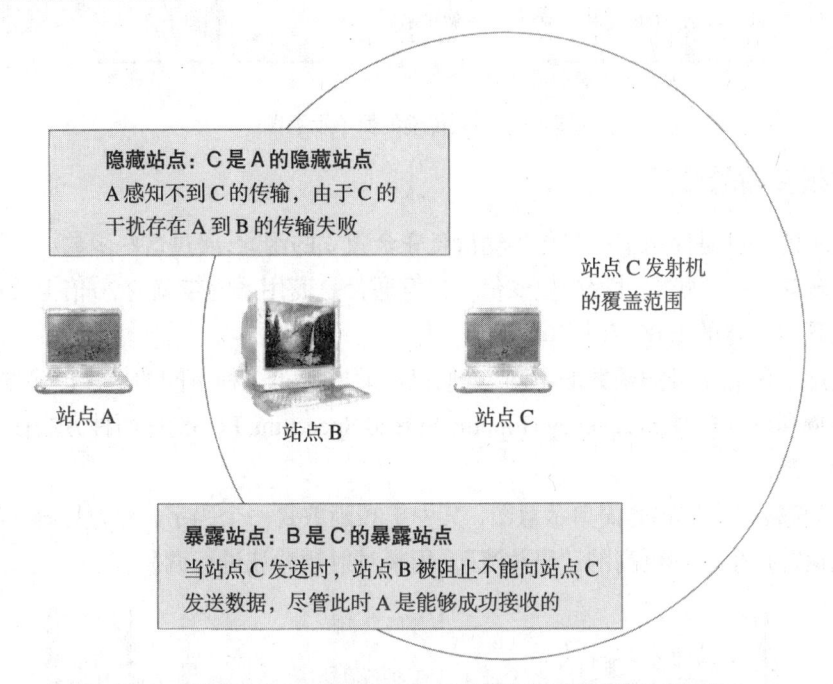

图 4.2 隐藏站点和暴露站点给无线媒体接入控制带来的挑战

在本章后面的部分将介绍数字调制技术、影响射频传播和接收的各种因素以及在无线网络实现中对这些因素的实际考虑。

4.2 扩频传输

扩展频谱是一种无线电传输技术,简称扩频,最初在第二次世界大战的军事应用中提出,目的是使无线传输更加安全,不易截取和阻塞。这些技术在 20 世纪 80 年代早期开始进入商用领域。与我们更为熟悉的调幅或调频无线电传输相比,扩频最主要的优点是在同样的频带内可以减少甚至消除与窄带传输之间的干扰,因此可以显著提高射频数据链路的可靠性。

不同于简单的调幅或调频无线电,扩频信号使用的带宽远大于简单传输相同信息所占的带宽。如图 4.3 所示,窄带干扰(图中的信号 I)在对接收到的信号"解扩"时被消除。扩频信号具有类似噪声的特性,这使得它很难被窃听。

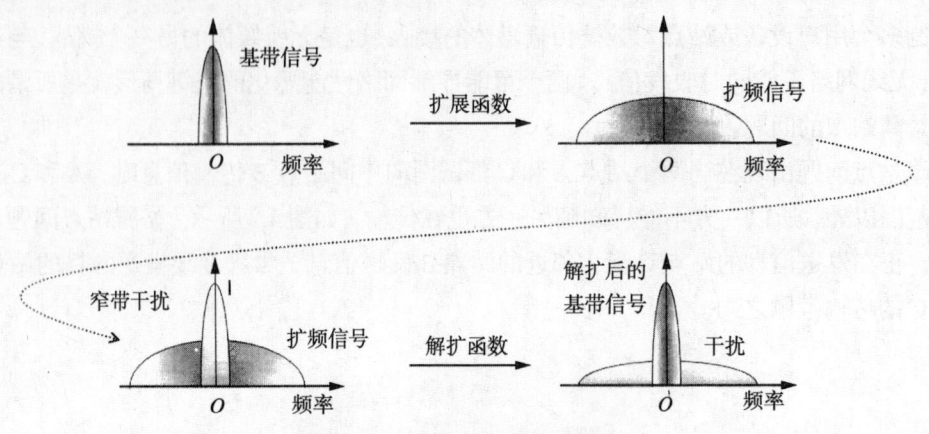

图4.3 扩频传输的简单示意图

4.2.1 扩频传输的分类

扩频技术的关键是使用了一些与传输信息完全独立的函数,通过这些函数可以把信号扩展到很宽的传输频带上。扩频过程产生的信号带宽通常是商用系统带宽的20倍至几百倍,也差不多是军用系统带宽的1000倍至100万倍。

根据应用于消息信号的函数的不同,人们已经研究出了多种不同的扩频传输方式。直接序列扩频(DSSS)和跳频扩频(Frequency Hopping Spread Spectrum, FHSS)这两种方法在无线网络中的应用最为广泛。

图4.4是直接序列扩频的简单示意图,其中扩频函数是一个码字,称为片码,与输入比特流进行异或运算产生速率更高的"码片流",用来对射频载波进行调制。

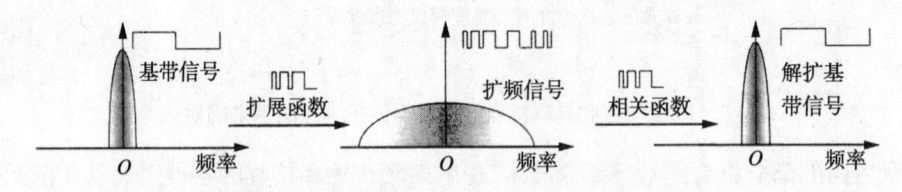

图4.4 直接序列扩频(DSSS)的简单示意图

图4.5是跳频扩频(FHSS)的简单示意图。在FHSS中,直接用输入数据流调制射频载波,扩频函数用来在一定的频隙范围内控制载波的特定频隙,从而扩展了传输频带的宽度。

图4.6是跳时扩频(Time Hopping Spread Spectrum, THSS)的简单示意图,它是另一种直接用输入数据流调制射频载波的技术,载波通过脉冲传输,扩频函数控制每个数据脉冲的传输时间。例如,脉冲无线电使用非常短的脉冲,通常在1 ns以内,因此信号的频谱非常宽,符合超宽带(UWB)系统的定义。使用窄的传输脉冲可以有效地扩展频谱,在跳时扩频中每一个用户或节点都被指派了唯一的一种跳跃模式,这种脉冲无线电的简单技术可以实现多用户接入(参见4.6.2节)。

另两种使用较少的技术是脉冲调频系统和混合系统,如图4.7所示。在脉冲调频系统中,输入数据流直接调制射频载波,采用调频脉冲进行传输,扩频函数控制调频模式,例如频率扫描下降或上升的线性扫频(chirp)信号。

第 4 章 无线通信基础

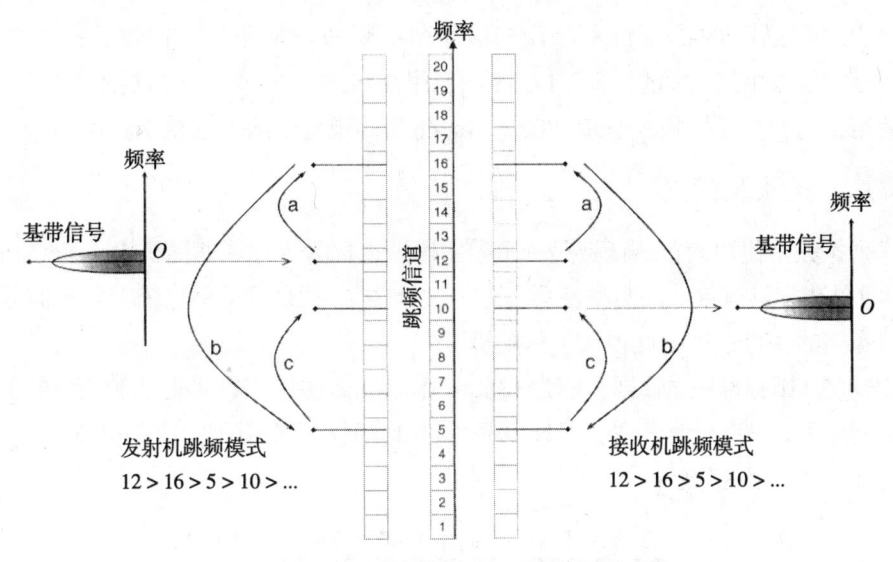

图 4.5 跳频扩频(FHSS)的简单示意图

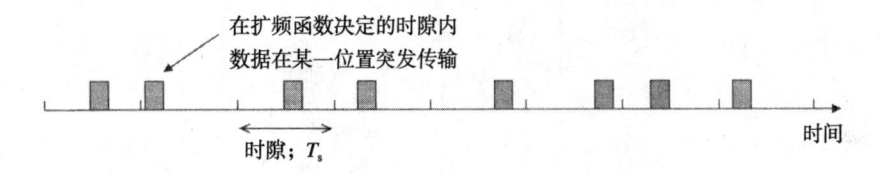

图 4.6 跳时扩频(THSS)的简单示意图

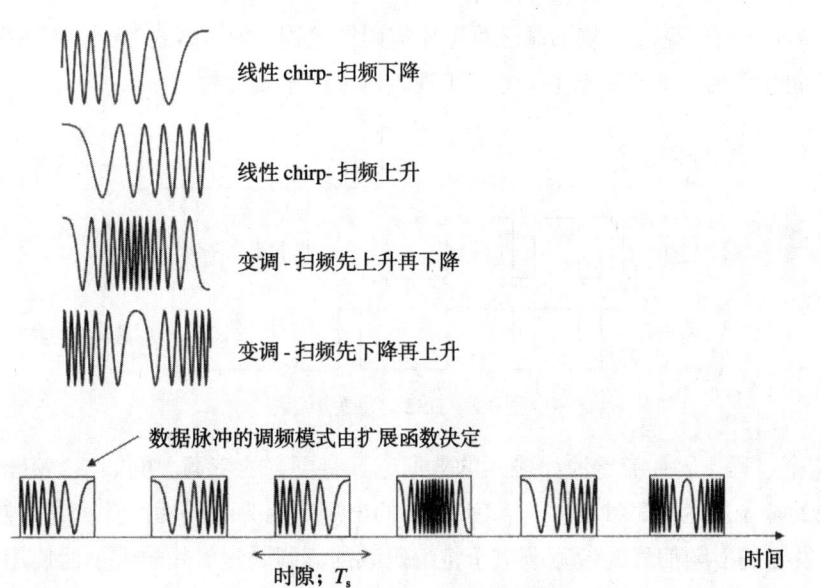

图 4.7 脉冲调频系统的简单示意图

混合系统将几种扩频技术相组合,在设计中充分发挥每个单一系统的特点优势。例如,跳频扩频 FHSS 和跳时扩频 THSS 相结合,形成混合频分/时分多址接入(FDMA/TDMA)技术(参见 4.3 节)。

在以上几种可选择的扩频技术中，直接序列扩频 DSSS 和跳频扩频 FHSS 都列入了 IEEE 802.11 无线局域网 LAN 的标准，DSSS 在商用 IEEE 802.11 设备中应用最为广泛。FHSS 在蓝牙中使用，它和扫频扩频是 IEEE 802.15.4a(ZigBee)规范中的可选技术。

4.2.2 码片、扩频及相关

直接序列扩频中使用的扩频函数是一个数字码，也称为码片或伪随机(Pseudo-Noise, PN)码，它们经过挑选并具有特殊的数学性质。其中一个性质，就是信号对广播频段的偶然接收者表现出随机噪声的特点，也由此得名"伪随机"。

在 IEEE 802.11b 标准中，数据速率为 1 Mbps 和 2 Mbps 的伪随机码是 11 比特的巴克码。巴克码是二进制序列，具有低自相关性，即该序列与自身时移后的序列不具有相关性。表 4.7 介绍了长度为 2～13 的巴克码。

表 4.7 长度为 2～13 的巴克码

长度	编码
2	10 和 11
3	110
4	1011 和 1000
5	11101
7	1110010
11	11100010010
13	1111001110 01

图 4.8 说明了用巴克码对数据流进行直接编码的过程。为了区别数据比特和码比特，编码后的序列中每个符号（每个 1 或者 0）都被视为码片而不是比特。

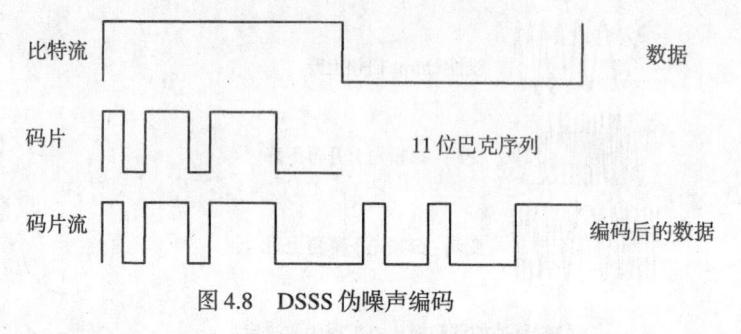

图 4.8 DSSS 伪噪声编码

经过这个过程，码片流比原始输入的数据流具有更宽的带宽。例如，2 Mbps 的输入数据编码后是 22 Mcps（兆片每秒）序列，因子 11 的出现是因为编码后的序列每个数据比特具有 11 个码片。发射的射频信号的带宽取决于将编码数据流调制到射频载波上所使用的技术。比如二进制移相键控(Binary Phase-Shift Keying, BPSK)这种简单的调制技术，会使调制载波的带宽等于输入比特速率（或本例中码片速率）的两倍，在 4.4 节将会讨论。

当编码后的信号被接收时，接收机的码产生器产生出相同的伪随机码，用来解码原始的消息信号，这个过程称为相关或者解扩。由于相关器只提取经过相同伪随机序列编码的信号，所以接收机不会被相同射频波段的窄带信号干扰,即使这些信号比要提取的信号的功率谱密度(单位为 W/Hz)更高。

4.2.3 片码

伪随机码的一个突出的数学特性是,它可以使接收机的随机码产生器非常迅速地与接收信号的伪随机码同步。同步是解扩过程的第一步。快速同步要求在接收信号中码字的位置能够被迅速识别,这一点可以借助于巴克码的低自相关性实现。低自相关性的另一个好处是接收机可以拒收时延超过一个码片周期的信号,这有助于提高数据链路的鲁棒性,抵抗多径干扰,这将在 4.5.4 节中介绍。

片码的另一个重要性质是低互相关性,这在移动电话等必须避免多发射机间干扰的应用中非常重要。低互相关性减少了相关器被不同伪随机码编码的信号干扰的机会(例如,相关器会错误地解码采用不同片码的干扰信号)。理想情况下,在多址接入应用中的这种码字具有零互相关,这也是码分多址 CDMA(参见 4.3.6 节)中正交信号所具有的性质。

无线网络的应用并不要求多址接入控制时的码具有正交性,如 IEEE 802.11 网络,因为这些网络的协议使用了效果相同的其他方法避免多用户交叠传输信号产生的冲突,将在 4.3 节中介绍。

4.2.4 补码键控

除了使用单个片码对输入数据流的每个比特进行扩展外,还可以使用一组扩码,并依据输入数据比特组的数值从这组扩码中选择一个码。这种机制称为补码键控(Complementary Code Keying, CCK)。

CCK 是由朗讯科技和 Harris 半导体(现并入 Intersil 集团)公司在 1998 年向国际电气与电子工程师协会(IEEE)提出的,目的在于将 IEEE 802.11b 的数据率提高至 11 Mbps。他们提出使用基于沃尔什/阿达马变换的补码序列来代替巴克码(参见 4.3.6 节)。

在 CCK 中,片码从一组 64 个码字的集合中选取,选取时依据每 6 比特输入数据的数值大小。编码数据序列由一系列码字组成,可以用各种不同的调制技术将这个码片序列调制到射频载波上,关于调制技术将在 4.4 节中介绍。

CCK 调制的最大优势是可以有效地利用频谱,因为每个传输的码字都代表 6 比特输入数据,而不是巴克码的 1 比特。CCK 可以用 22 MHz 带宽达到 11 Mbps 的传输率,而同样带宽的巴克码只能达到 1 Mbps 速率。然而,高数据速率的代价是带来了复杂性。采用巴克码的接收机只需要一个相关器来提取片码,而 CCK 系统需要 64 个相关器来找出其在 64 个码字中所对应的码。

4.2.5 2.4 GHz ISM 频段的直接序列扩频

如前文所述,在直接序列扩频中,数据信号和码字结合,片码和数据信号的组合信号用来调制射频载波,从而使发射信号扩展到很宽的频带。例如,在 2.4 GHz ISM 波段,22 MHz 的扩频带宽用于 IEEE 802.11 网络,如图 4.9 所示。

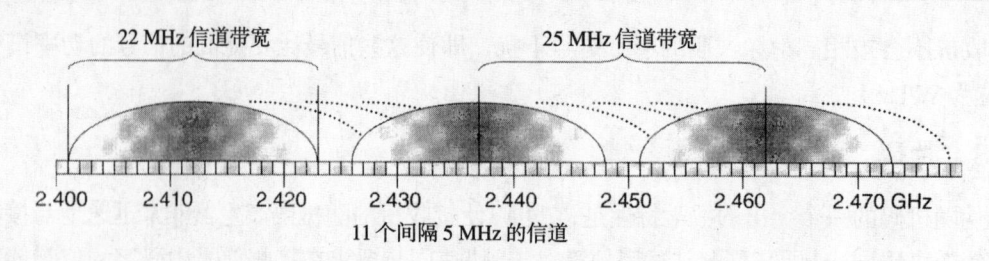

图 4.9　IEEE 802.11 DSSS 信道

2.4 GHz ISM 频段允许的最大带宽是 83.5 MHz，它被分成了许多信道（例如，美国是 11 个信道，欧洲是 13 个信道，日本是 14 个信道），信道之间的步进是 5 MHz。在 83.5 MHz 中划分 11 个或者更多个 22 MHz 带宽的信道会带来相当大的信道间重叠（参见图 4.10），这导致相邻信道信号间存在潜在干扰。最多有 3 个非重叠信道允许 3 个 DSSS 网络在同一物理区域无干扰地工作。

直接序列扩频技术在 IEEE 802.11 网络中的使用将在第 6 章中有更详细的介绍。

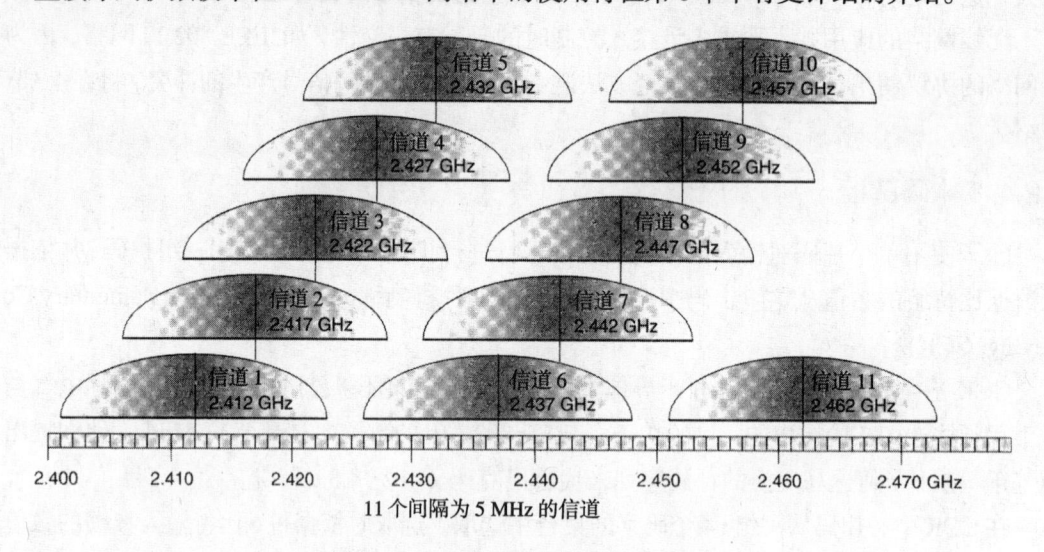

图 4.10　2.4 GHz ISM 波段 DSSS 信道

4.2.6　2.4 GHz ISM 频段的跳频扩频

在跳频扩频传输中，数据直接调制到单个载频上，然而载波频率在射频频段内多个信道之间以伪随机跳跃的模式进行跳变。以 2.4 GHz ISM 频段为例，FHSS 系统规定最大的信道带宽是 1 MHz，有 79 个可用信道。发射机每秒在这些信道中切换很多次，经过预定的时间依据顺序跳至下一个信道，这个预定的时间称为"驻留时间"。

IEEE 802.11b 标准规定跳至新信道至少要与原信道相隔 6 MHz，而且至少每秒跳跃 2.5 次（参见图 4.11）。频谱管制机构规定了各种传输参数的允许极值（例如最大驻留时间等），以及要在这些规范条件下运行的各种标准（例如 IEEE 802.11）。

在接收机中，伪随机产生器重新生成同样的跳跃模式，使接收机可以和发射机进行同样的信道跳跃，因此可以解码出数据信号。

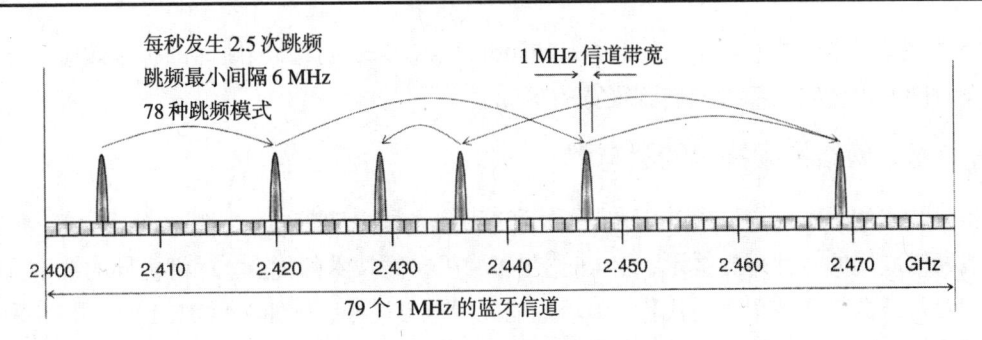

图 4.11 2.4 GHz ISM 频段的 FHSS 信道

由于两个网络在同一时刻选择相同信道的概率很小，因此 FHSS 网络在物理上无干扰地重叠使用的数目比同样情况下 DSSS 网络的数目多许多。

在 2.4 GHz ISM 频段，FHSS 和 DSSS 都作为 IEEE 802.11b 标准中的可选功能，FHSS 也用在蓝牙网络中。

蓝牙通常使用全部 79 个可用信道，但在法国特别规定了一种可以使用 23 个信道(2.454 ~ 2.476 GHz)的跳频序列替代方案。跳频发生在每个数据包传送以后，时间间隔是时隙期间的 1 倍、3 倍或 5 倍，时隙期间为 625 ms，因此每秒可完成 320 ~ 1600 次跳频。跳频模式由每个蓝牙微微网中主设备唯一的 48 比特设备识别码(Identification, ID)决定，与跳频模式相对应的同步是在新设备加入微微网时发现和识别设备过程的一部分。FHSS 在蓝牙中的使用在第 10 章中有更为详细的说明。

4.2.7 跳时扩频

在跳时扩频系统中，时间被分成很多帧，每一帧又被分为多个传输时隙。每一帧之内，数据只在每一个时隙内传输，每个帧中所用的具体时隙由伪随机码确定。图 4.12 显示了两用户的 THSS 系统，两个用户使用不同的跳跃码字。

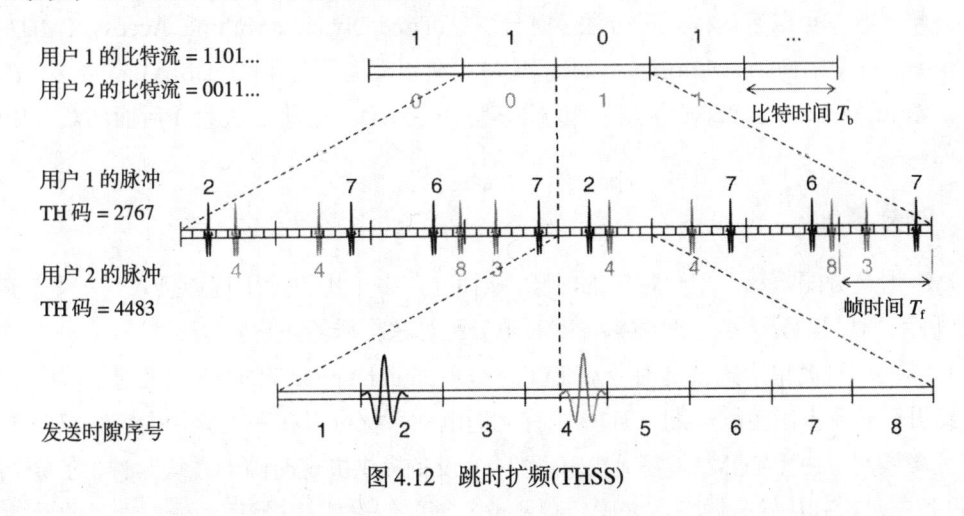

图 4.12 跳时扩频(THSS)

脉冲无线电是作为 IEEE 802.15.4a(ZigBee)物理层规范候选方案的超宽带传输技术。这种跳时扩频技术在传输时隙内传输非常短的脉冲。信息通过脉冲位置调制(Plus Position Modulation,

PPM)或脉冲幅度调制(Plus Amplitude Modulation, PAM)来进行编码,跳时的扩展效应和脉冲的短持续时间使得传输的信号扩展到很宽的频带上。

4.2.8 无线网络扩频技术的利与弊

扩频技术的一些优点,例如可防止干扰和窃听、在同一频带内可容纳多个用户等,使其成为无线网络应用的一种理想技术,表4.8给出了常见扩频技术的优点。尽管优异的抗干扰性能要以相对较低的带宽利用率为代价,但可用的无线电频谱中,例如2.4 GHz ISM频段,采用扩频技术的数据率仍可达到11 Mbps。

表 4.8 常见扩频技术的优点

跳频扩频	直接序列扩频
设计和制作简单	高数据速率
实现成本低	范围增大
网络重叠使用的密度高	吞吐量允许门限值内的干扰
在干扰情况下吞吐量逐渐恶化	

传输速度和传输范围是无线网络应用中的重要因素,由于容易实现和成本较低,DSSS在这两种技术中应用更广泛;FHSS则用在更低数据速率、更近距离的系统中,如蓝牙和现在已经很少使用的家用射频(HomeRF)。

4.3 无线复用和多址接入技术

4.3.1 简介

复用技术的目的是在单一媒体上传输多路信号或多路数据流来提高传输效率。这样增加的容量可以为一个用户提供更高的数据传输速率,也可以使多个用户能够同时无干扰地接入传输媒体。

用户接入媒体可以有这样几种方法:时分多址(Time Division Multiple Access, TMDA),频分多址(Frequency Division Multiple Access, FDMA)或正交频分复用(OFDMA),空分多址(Space Division Multiple Access, SDMA),以及码分多址(CDMA)。这些方法会在后面的章节中依次讨论。

4.3.2 时分多址

TDMA通过分配给每个用户特定的时隙,从而允许多个用户无干扰地接入到一个信道。如图4.13所示,时间轴分为多个时隙,按照时隙分配算法指派给用户。

TDMA的一种简单形式就是时分双工(Time Division Duplex, TDD),双工通信系统中的上下行链路可以轮流占用传输周期。TDD用在无绳电话系统可以在一个频带内容纳双向通信。

蓝牙微微网也使用TDMA(参见第10章)。主设备提供决定时隙的系统时钟,在每个时隙内,主设备先对所有从设备做轮询来确定哪些设备需要传输信息,然后给做好准备的设备分配传输时隙。

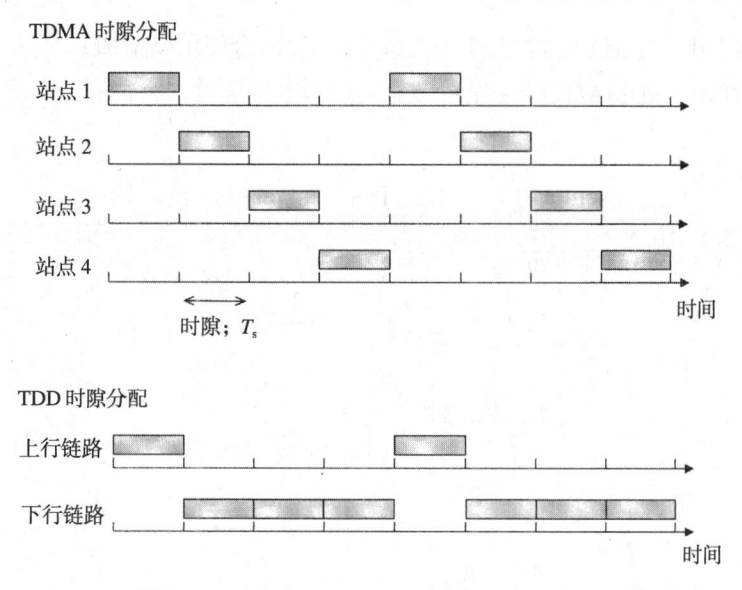

图 4.13　时分多址(TDMA)和时分双工(TDD)

4.3.3　频分多址

与 TDMA 不同，FDMA 提供给每个用户一个连续信道，信道带宽是总带宽的一部分。将可用带宽划分成多个信道然后分配给每个用户，如图 4.14 所示。

频分双工(Frequency Division Duplex, FDD)是 FDMA 的一种简单形式，它将可用带宽分成两个信道来提供连续的全双工通信。蜂窝电话系统，如 GSM(Global System for Mobile Communications，全球移动通信系统，即第 2 代移动通信)和 UMTS(Universal Mobile Telecommunications System，通用移动通信系统，即第 3 代移动通信)使用 FDD 来分隔上下行信道，第一代蜂窝电话系统使用 FDMA 来分配带宽给多个用户。

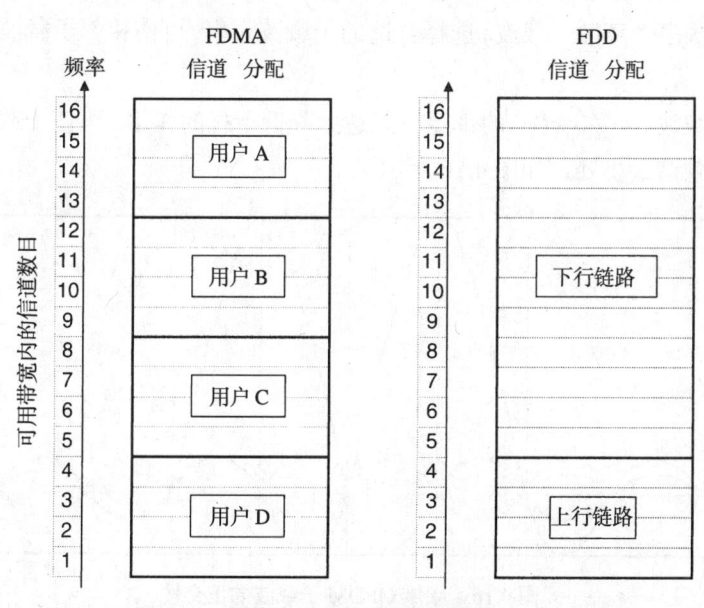

图 4.14　频分多址(FDMA)和频分双工(FDD)

在实际情况中，FDMA 经常与 TDMA 或 CDMA 结合使用以增加 FDMA 系统单信道的容量。如图 4.15 所示，FDMA/TDMA 先将带宽划分为多个信道，然后将每个信道分成不同时隙分配给每个用户。

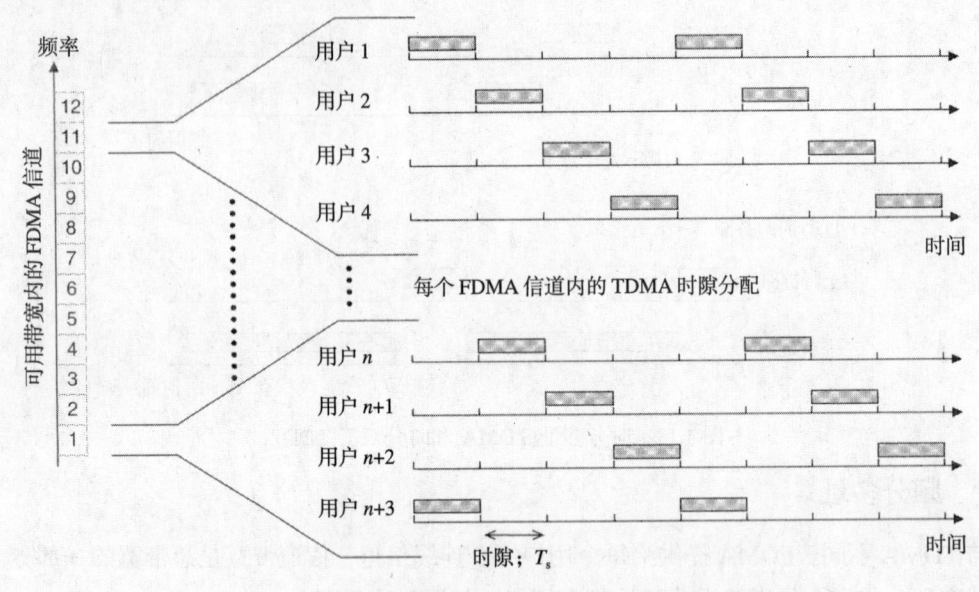

图 4.15 GSM 蜂窝电话中的 FDMA/TDMA 接入系统

FDMA/TDMA 用在 GSM 蜂窝电话中，每 200 kHz 为一个无线信道，每一个无线信道分 8 个时隙。

4.3.4 正交频分复用

正交频分复用(OFDM)是频分复用(Frequency Division Multiplexing, FDM)的一种形式，它在一个频带内传输多个离散子载波，选择合适的子载波频率，可使相邻子载波之间的干扰降至最小。

控制每个子载波（也称单音）的带宽可以达到降低干扰的作用，可使子载波的频率正好是其相邻子载波的频谱最小处，如图 4.16 所示。

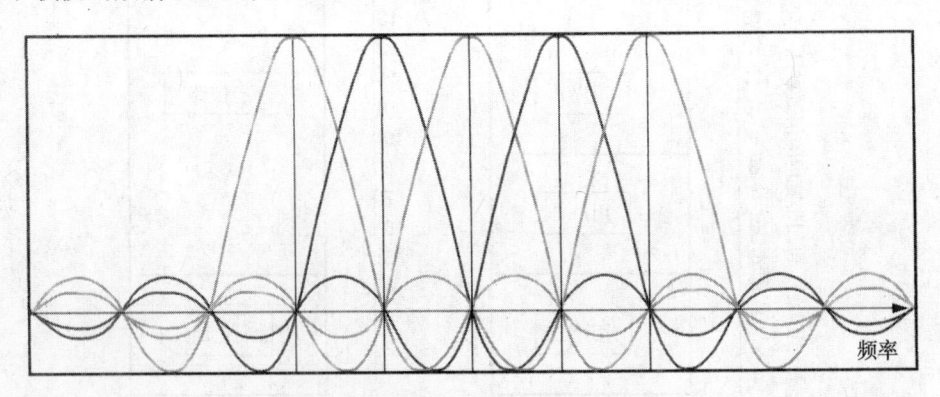

图 4.16 频域 OFDM 子载波的正交性

在时域中，OFDM载波之间的正交性意味着在符号传输周期内子载波的周期数是整数，如图 4.17 所示。可以表示为

$$T_s = n_i/v_i \text{ 或 } v_i = n_i/T_s$$

式中：T_s 表示符号传输周期，v_i 表示第 i 个子载波的频率。因此这些子载波在频率上存在着间隔，频率间隔是符号周期的倒数。

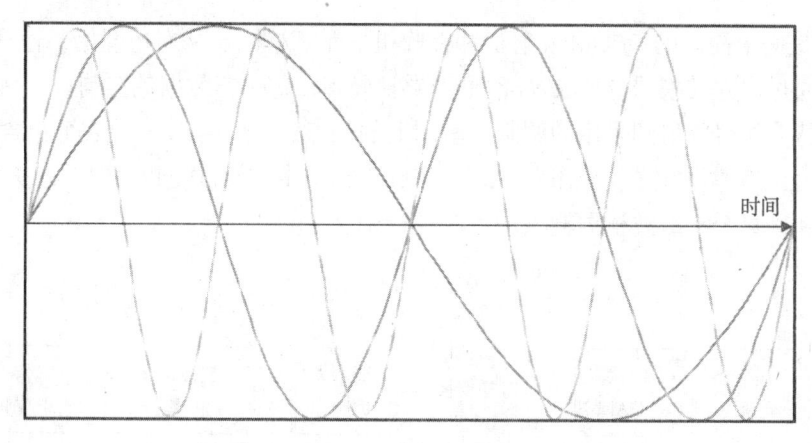

图 4.17　时域 OFDM 系统子载波的正交性

OFDM 的多载波可以应用在很多方面：

- OFDM可以作为多址接入技术(OFDM Access, OFDMA)，根据每个用户的带宽要求为其分配单个子载波或一组子载波。
- 将一路串行比特流可以分成多路并行比特流，每一路用一个单独的子载波编码。一个用户使用多路子载波可以获得高的数据吞吐量。
- 比特流可以采用片码扩展，每个码片可以通过单独的子载波并行传输。由于代码允许多用户接入，因此这样的系统被称为多载波CDMA(Multi-Carrier, MC-CDMA)。WIGWAM (Wireless Gigabit With Advanced Multimedia Support，具有高级多媒体支持的无线吉比特)工程正考虑在 1 Gbps 无线局域网中使用MC-CDMA（参见 14.3 节）。

OFDM 的一个显著优点是，用多载波方式传输的符号速率比单载波传输的符号速率低很多，这样无线链路就不容易受到符号间干扰(Inter-Symbol Interference, ISI)的影响。ISI是由多径传播造成的，两个不同时间发射的符号经过不同的传播路径后同时到达接收天线，如图4.18所示。尽管OFDM本身不容易被ISI影响，但绝大部分OFDM系统还是在符号间引入了保护间隔来进一步减小 ISI。

OFDM无线通信也使用多个子载波，称为导频，来收集信道质量的信息以帮助进行解调判决。这些子载波和每个要发送的数据包与开始处的已知训练数据一起被调制。对已知数据的解码可以使接收机确定及自适应纠正发射机与接收机的基准振荡器之间的频率偏移、相位噪声及传播衰落。

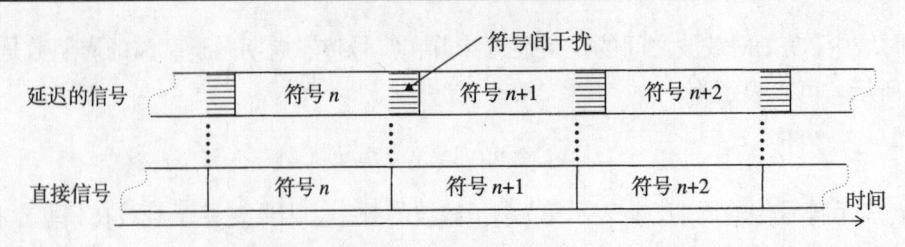

图 4.18 符号间干扰(ISI)

图 4.19 是一个简单的 OFDM 发射机和接收机的示意框图。从左边开始,速率为 R bps 的输入比特流通过串并转换器分成 R/N bps 的 N 路比特流。每一路数据流控制一个调制器,调制器把每个比特或符号映射到采用的调制星座图上的一点(参见 4.4 节)。这 N 个包含幅度和相位信息的点作为快速傅里叶逆变换(Inverse Fast Fourier Transform, IFFT)的输入,IFFT 的输出是各子载波的和,每个子载波根据输入比特流进行调制。

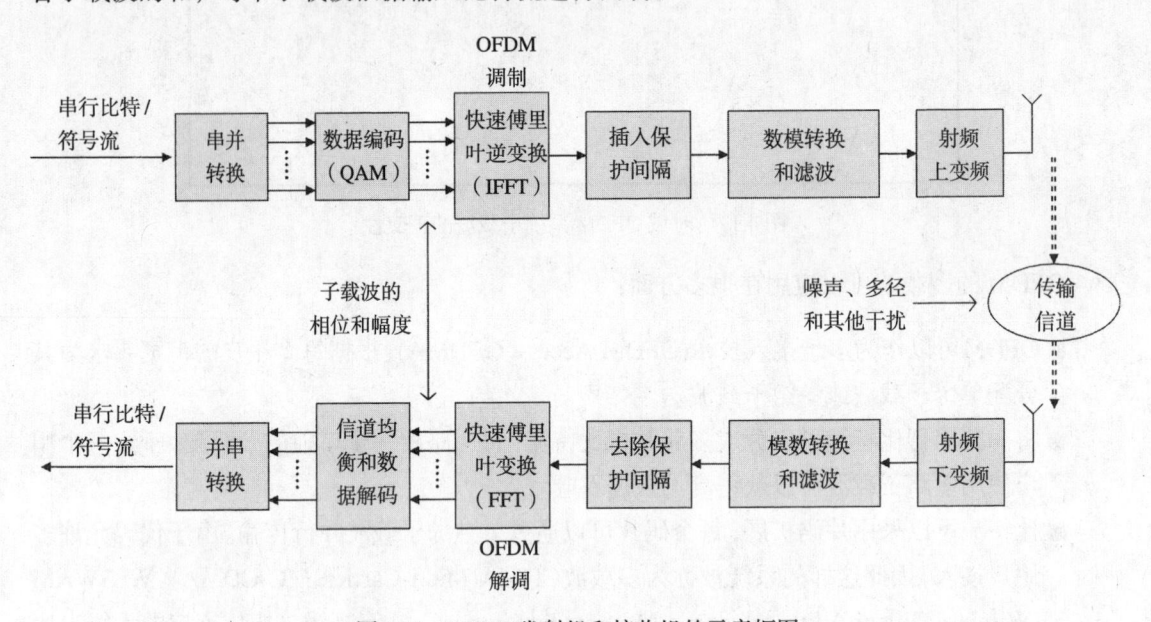

图 4.19 OFDM 发射机和接收机的示意框图

在接收端,去除保护间隔后,可由快速傅里叶变换(Fast Fourier Transform, FFT)来确定接收信号中每个子载波的幅度和相位。利用从导频中收集的信息对子载波的幅度和相位进行校正。然后把幅度和相位映射到调制星座图上进行解调判决,可恢复输入数据。N 路 R/N bps 的比特流再通过并串转换得到原始的 R bps 数据流。

IEEE 802.11a/g 标准在非授权的 2.4 GHz 和 5 GHz ISM 频段使用 OFDM 技术,可以提供高达 54 Mbps 的数据速率。

该系统使用 52 个子载波,其中 48 个用来传送数据且采用二进制/四进制相移键控(BPSK/QPSK)、十六进制正交幅度调制(Quadrature Amplitude Modulation, QAM)或者 64-QAM。剩余的 4 个子载波用做导频。

4.3.5 空分多址

空分多址(SDMA)将空间位置作为参数，控制用户对传输媒体的接入，从而提高无线网络数据吞吐量。举个简单的例子，如果基站配备成具有30°水平波束宽度的扇形天线，它可以根据用户围绕基站的位置划分12个空间区域或信道（图3.17描述的波束模式就是一个基站具有6个信道）。采用这种配置，网络的数据容量与使用全向天线基站的容量相比，可以提高12倍。

和简单扇形天线一样，正在发展中的智能天线技术将数字信号处理能力与天线阵列相结合，以达到对信号传输和接收的空间控制。智能天线系统可以根据信号环境和系统要求来调整方向性的特征参数，为 SDMA 提供了基础。

通常情况下，其他的多址接入技术，如 TDMA 或 CDMA，可与 SDMA 结合以允许单个空间区域内多用户接入。

空分复用(Space Division Multiplexing, SDM)，与 SDMA 相对应，利用多个传播路径，在相同射频频谱中同时传输多个数据信道。这就是在 IEEE 802.11n 协议中规范的 MIMO 无线通信的基础（参见4.7节）。

4.3.6 码分多址

CDMA 与 DSSS 密切相关，采用伪随机码将数据信号扩展到很宽的频带上来提高抗干扰能力。如前文所述，如果两个或多个发射机在 DSSS 中使用不同的正交伪随机(PN)码，它们就可以在相同物理区域使用同样的频段而互不干扰。这是由于使用伪随机码的相关器不能检测由另一正交码编码的信号，而正交码的定义决定它们互不相关。

沃尔什就是正交码集的一个例子，沃尔什码可以通过哈达马变换非常方便地得到。在图4.20中从左往右看，三个浅色的矩阵都与它们左边的整个矩阵相同，而深色的矩阵的数值正好与它左边整个矩阵的数值相反。沃尔什码可以从矩阵的每一行很容易地读出，所以长度为4的沃尔什码组是 0000, 0101, 0011 和 0110。

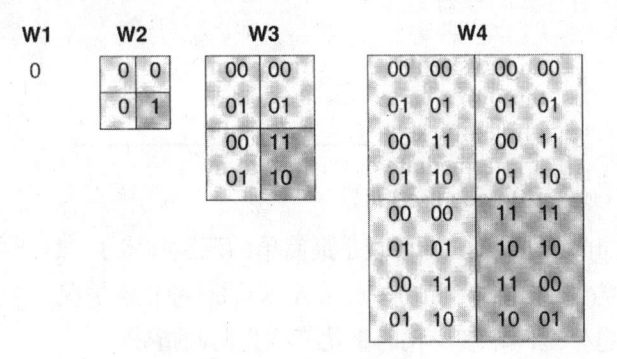

图 4.20 沃尔什码的构造

正交性是 CDMA 的基础，它应用在第三代(Third Generation, 3G)移动电话业务中，用来保证多个用户中每个用户都被指派一个唯一的正交接入码字，可以在一个蜂窝网中无干扰地发送和接收信息。

4.4 数字调制技术

4.4.1 简介

调制是数字信号处理的一个步骤,它将数据流转换并编码到射频或红外发射信号上。扩频技术和多址接入技术将比特流转换为码片流,用来调制单个或多个载波频率,或者调制射频或红外发射脉冲的位置或形状。

在无线网络中应用了很多种不同的调制技术,从在IrDA低数据传输速率中使用的简单归零翻转(Return to Zero Inverted, RZI)调制,到各种各样较复杂的相移和码键控方法(如IEEE 802.11b中采用的中等传输速率的BPSK和CCK),直至更复杂的方法[如IrDA中使用的高数据速率HHH(1, 13)码]。

为某个具体应用选择最佳数字调制技术,需要遵循一系列规范,以下是其中最重要的几项:

- 频谱效率:在可用的带宽内达到要求的数据速率,如表4.9所示。
- 误比特率(Bit Error Rate, BER)性能:在具体应用中,在考虑了诸多可能的影响因素(如干扰、多径衰落等)情况下,系统要达到的误比特率。
- 功率效率:这在移动应用中尤其重要,电池寿命是用户非常看中的因素。
- 频谱效率(表示为每赫兹带宽的数据速率)高的调制模式要求高的信号强度来实现无差错检测。
- 实现的复杂度:实现某个特定技术与硬件成本直接相关。可以在某些方面用软件来实现调制的复杂性,减少对终端用户成本的影响。

表 4.9 几种典型调制技术的频谱效率

调制技术	频谱效率(b/Hz)
BPSK	0.5
QPSK	1.0
16-QAM	2.0
128-QAM	3.5
256-QAM	4.0

4.4.2 简单调制技术

通/断键控(On/Off Keying, OOK)可能是最简单的调制技术了,载波在0时切断,在1时接通。OOK是幅移键控(Amplitude Shift Keying, ASK)的一种特殊情况,它用两个幅度电平分别表示0和1。这两个电平之间幅度变化的量化值称为调制指数。

归零翻转(RZI)调制是在传输速率为1.152 Mbps的红外数据传输中使用的调制技术。它是不归零(Non-Return to Zero, NRZ)调制的一种变换形式,NRZ用在通用异步接收/发送装置(Universal Asynchronous Receiver/Transmitter, UART)的数据传输中,如图4.21所示,用1表示高电平,用0表示低电平,只有在1后跟着0时,才会从高电平转到低电平。

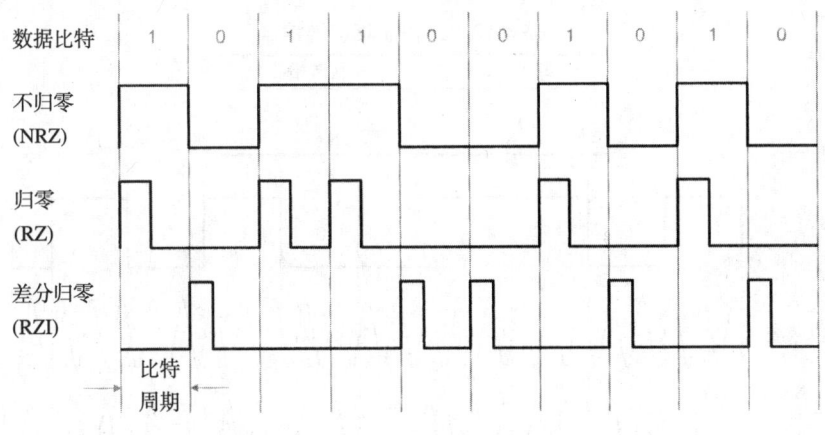

图 4.21　NRZ、RZ 和 RZI 调制技术

归零(Return to Zero, RZ)传输在每个比特期间用低–高–低脉冲表示 1，与此相反，RZI 用这样的脉冲表示 0。

当 RZI 调制信号被接收时，每个收到的脉冲触发一次从高电平到低电平的跃变，可以恢复出比特流，如图 4.22 所示。在每个比特周期结束时刻，解码信号如果是低电平则下个周期被置为高电平，如果是高电平则保持不变，但如果收到了另一个脉冲则要发生电平翻转。

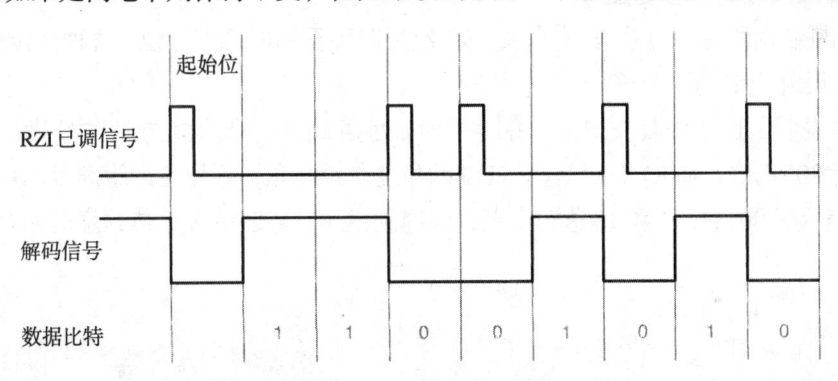

图 4.22　RZI 比特流解码

在红外传输中使用 RZI 模式的好处是它可以让发光二极管(Light Emitting Diode, LED)在大部分比特期间处于切断状态，以节省电源电量。

4.4.3　相移键控

相移键控(Phase Shift Keying, PSK)是由输入比特流或码片流来确定载波相位的调制技术。有许多种相移键控调制技术，包括二进制相移键控(BPSK)和四进制相移键控(Quadrature Phase Shift Keying, QPSK)。

4.4.3.1　二进制相移键控

BPSK 是这类技术中最简单的，载波相位总是如表 4.10 中所示两种状态中的一种。0 输入符号（比特或者码片）对应载波零相位，1 输入符号对应 180° 移相的载波，产生的输出波形如图 4.23 所示。

表 4.10　二进制相移键控

符号	载波相位
0	0°
1	180°

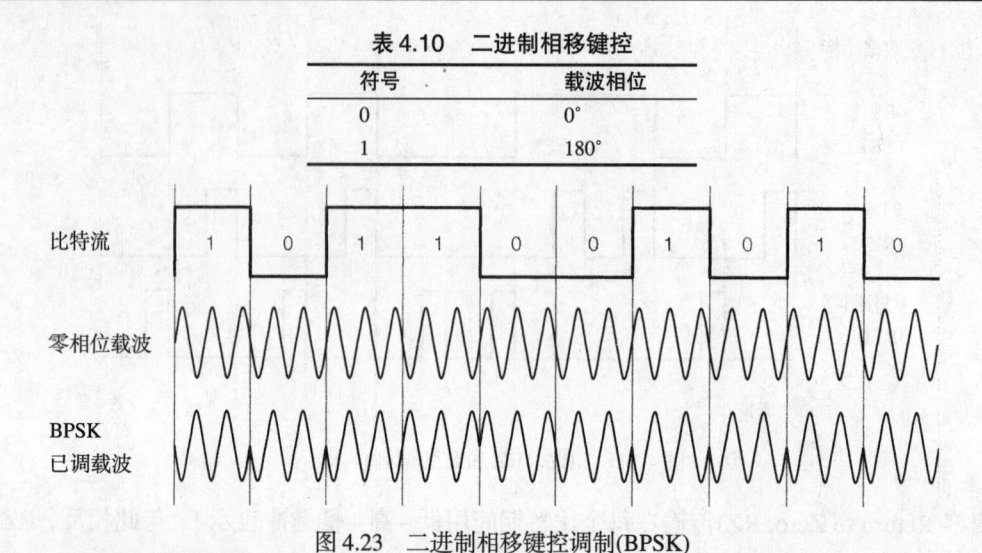

图 4.23　二进制相移键控调制(BPSK)

IEEE 802.11b 中采用 BPSK 调制的数据速率为 1 Mbps，在 IEEE 802.11a 中与 OFDM 结合达到 6~9 Mbps 的数据速率。

4.4.3.2　四进制相移键控

与 BPSK 使用两种相位状态不同，QPSK 使用四种不同的载波相位，每种相位用来编码由两个比特或码片组成的一个符号。

图 4.24 说明了这四种载波相位，用 IQ 平面表示了载波信号的相位，其中 I 代表同向，Q 代表正交或者 90°相位。在 IQ 平面上点与 I 轴的角度表示相角，到原点的距离表示信号的幅度。表 4.11 中表示了 00,01,11 和 10 这四个点，即调制星座，它表示了单位幅度的四个载波相位。

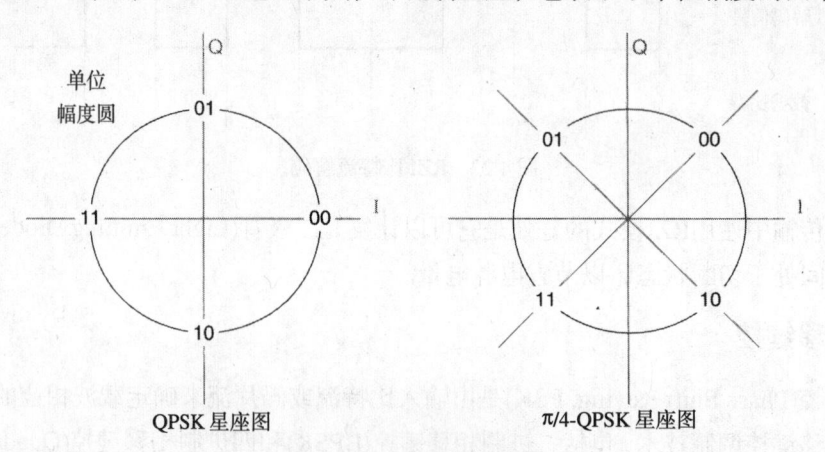

图 4.24　QPSK 相位星座

表 4.11　正交相移键控

符号	载波相位
00	0°
01	90°
11	180°
10	270°

在 IEEE 802.11b 中采用 QPSK 调制的传输速率为 2 Mbps，在 IEEE 802.11a 中，QPSK 和 OFDM 相结合达到 12 Mbps 和 18 Mbps 的传输速率。π/4-QPSK 是 QPSK 的变换形式，如图 4.24 所示，它使用偏移量为 45°的载波相位（例如 45°,135°,225°和 315°）。

偏移 QPSK(Offset QPSK, O-QPSK)是 QPSK 的另一种变换形式，它将正交相位信号相对于同相相位信号延迟半个符号周期再传输，其载波相位的变化不超过 90°。这与 QPSK 不同，因此载波相位和幅度都不会过零点。这种方法的优点是所需的频谱宽度较窄，这在需要消除邻道干扰的应用中很重要。

O-QPSK 是 ZigBee 使用的 IEEE 802.15.4 无线通信规范的一部分，ZigBee 使用 2.4 GHz ISM 频段，有 16 个信道，每个信道带宽为 5 MHz，可以同时安置 16 个网络。使用 O-QPSK 可以减少间隔很小的信道之间的干扰。

4.4.3.3 差分相移键控

差分相移键控(Differential Phase Shift Keying, DPSK)是 BPSK 和 QPSK 的变换形式，输入符号用来控制相位的差分变化，而不是用来定义载波的绝对相位。在 BPSK 中，0 对应零相位载波周期，而在 DBPSK 中，0 符号表示载波相位相对于前一个比特流周期没有变化。

类似地，在 DQPSK 中，每个符号被表示为相位的变化而不是载波的绝对相位，如表 4.12 所示。

表 4.12 差分正交相移键控

符号	相位变化
00	0°
01	90°
11	180°
10	270°

尽管 BPSK 和 QPSK 在概念上相对简单，但差分相移键控，无论是 DBPSK 还是 DQPSK，都有一个实际的优点，就是接收机只需要检测出载波相位的相对变化，而 BPSK 或 QPSK 的接收机时刻都需要知道载波的绝对参考相位，而参考相位是很难保持的，例如，多径干扰会引起接收信号的相位变化。

其他的一些 PSK 和 DPSK 的变换形式，包括 8-DPSK，扩展了 DQPSK 的键控表，采用 45°而不是 90°的相位变化来编码 8 个数据符号，由 π/4-QPSK 类推，π/4-DQPSK 使用与表 4.12 相似的相位变化只不过其偏移量是 45°（例如 45°,135°,225°和 315°）。π/4-DQPSK 和 8-DPSK 应用在增强数据速率(Enhanced Data Rate, EDR)蓝牙 2.0 无线通信上，传输速率分别为 2 Mbps 和 3 Mbps。

4.4.3.4 频移键控

频移键控(Frequency Shift Keying, FSK)是简单的频率调制方式，数据符号对应不同的载波频率。表 4.13 给出的是二进制移频键控(Binary Frequency Shift Keying, BFSK)的情况。

简单 FSK 载波波形发生的突然变化会产生较多的带外频率，而且，从频谱利用方面来看，FSK 的频谱效率较低。要想提高频谱效率，可以将输入比特流经过滤波器处理，使其频率变化具有连续性。高斯滤波器是具有特殊数学形式的一种滤波器,用它做预调制滤波器,可实现高斯频移键控(Gaussian Frequency Shift Keying, GFSK)。

表 4.13 二进制频移键控

符号	载波频率
0	$f_0 - f_1$
1	$f_0 + f_1$

在蓝牙无线通信中,GFSK 用做标准数据速率传输,载波频率 f_0 在 2.40～2.48 GHz 之间,频移 f_1 在 145～175 kHz 之间。频谱效率非常重要,因为 FHSS 跳频信道的间隔只有 1 MHz。

4.4.4 正交幅度调制

正交幅度调制(QAM)是将相位调制和幅度调制相结合的合成调制技术。

如前文所述,在 BPSK 或 QPSK 中,用恒定的载波幅度和 2 个或 4 个不同的相位来表示输入数据符号。QAM 定义了 16、64 或更多点的星座而不是 2 点或 4 点,每一个点都有特定的相位和幅度代表 4 或 6 比特(或码片)的数据符号。

16-QAM 和 64-QAM 调制技术应用在 IEEE 802.11a 和 IEEE 802.11g 规范中,与 OFDM 相结合,可以达到 24～54 Mbps 的数据率。图 4.25 所示的 16-QAM 星座(即 IQ 平面上有 16 个点)可用来实现 24 Mbps 和 36 Mbps 数据速率。

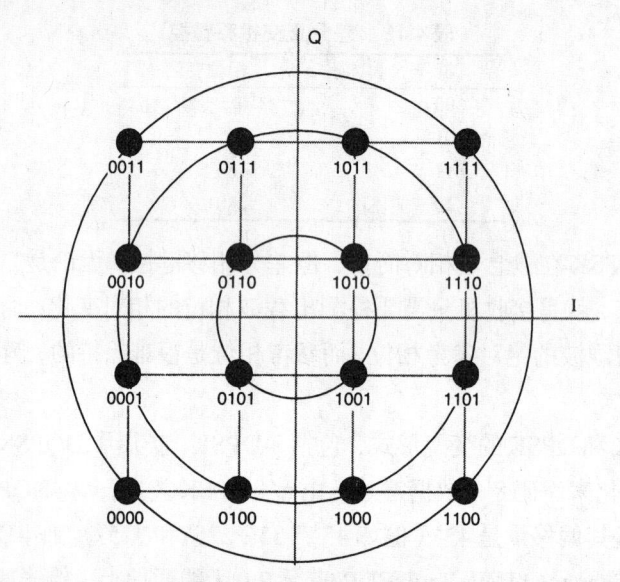

图 4.25 16-QAM 星座图

16-QAM 星座图上的点也可以选用格雷码编码方式,格雷码可使相邻点之间只有 1 位不同,如图 4.26 所示。使用这种编码方法可以减少在接收机中出现两位错误的概率,因为如果某个点被错误地判定为相邻的点,则只会发生一位错误,这易于采用纠错技术恢复出错的位。

下一步将考虑采用 256-QAM 调制模式,256-QAM 可以在不增加带宽的前提下进一步提高数据速率,但是产生和处理 256-QAM 调制信号对目前的硬件性能和成本是很大的挑战。

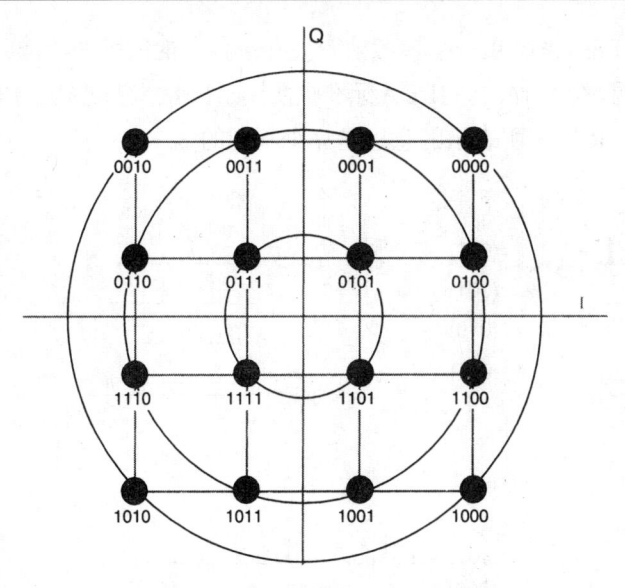

图 4.26　格雷编码的 16-QAM 星座图

4.4.5　双载波调制

双载波调制是用在多载波系统中的技术，如OFDM，可以对抗多径环境中对单载波信号的破坏性干扰或衰落带来的数据损耗（参见4.5.4.3节）。将数据调制到两个载波而不是一个载波上，尽管增加了带宽，但传输的鲁棒性更高。

在多带 OFDM(Multi-band OFDM)（参见 4.6.4 节）中，4 比特符号被映射到两个不同的 16-QAM 星座图上，符号在相隔至少 200 MHz 的两个 OFDM 载波中传输。如果其中一个载波的接收受到衰落的影响，数据可以从另一个载波中恢复出来，由于两个载波间隔很大，所以两个载波同时受到影响的概率很小。

4.4.6　脉冲调制方法

一些无线网络的标准规范里使用的是脉冲传输而不是连续的正弦波载波，在这些系统中采用了一些特殊的调制技术。

4.4.6.1　脉冲位置调制

在脉冲位置调制(PPM)中，每个脉冲都在参考时间帧内传输，脉冲传送的信息是由在一帧内脉冲的具体传输时间决定的。例如，4-PPM 的系统定义了参考帧内 4 个可能的脉冲位置，每个可能的位置用来对四个输入符号中的一个符号进行编码，如表 4.14 所示。

表 4.14　4-PPM 调制的数据符号

输入数据符号	4-PPM 数据符号
00	1000
01	0100
10	0010
11	0001

进一步推广，m-PPM 系统在一个参考帧中会有 m 种可能的脉冲传输时隙。图 4.27 所示为 8-PPM 调制系统。数据率为 4 Mbps 的 IrDA 标准中使用了 PPM，它也应用于脉冲无线电(Impulse Radio, IR)中（注意，IR 与 Ir 所表示的意思是完全不同的）。

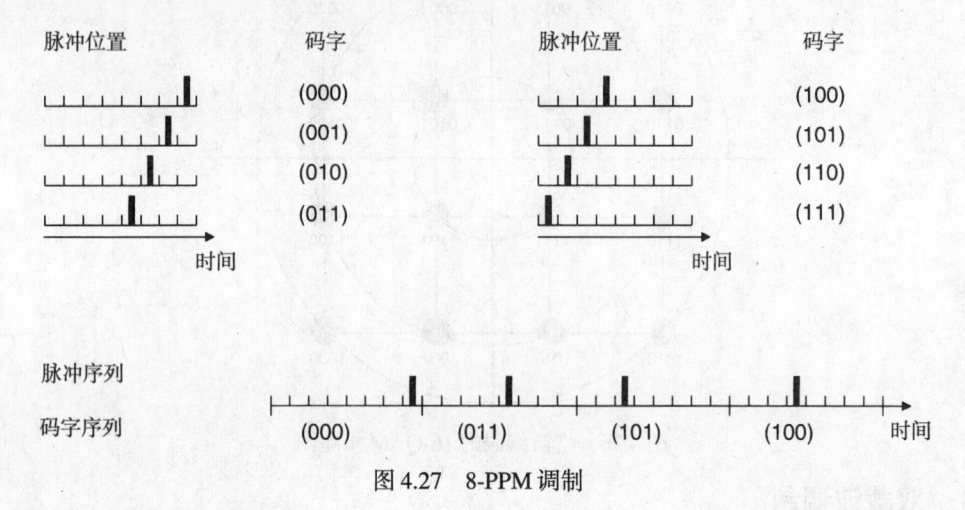

图 4.27　8-PPM 调制

4.4.6.2　脉冲形状调制

脉冲形状调制(Pulse Shape Modulation, PSM)将输入数据流编码成发送脉冲的形状。PSM 最简单的形式就是脉冲幅度调制(PAM)，具有代表性的是用两个或四个不同的脉冲幅度来对数据符号编码，如表 4.15 所示。

表 4.15　PAM 编码表

输入数据符号	脉冲幅度
00	0
01	1
10	2
11	3

类似地，脉冲宽度调制(Pulse Width Modulation, PWM)利用发送脉冲的宽度，一般情况下，PSM 也会利用脉冲形状的其他特点，如脉冲波形的导数，来把数据编码成脉冲序列。

脉冲幅度调制和脉冲形状调制都是 ZigBee 规范的超宽带无线电物理层的候选调制方式。

4.5　RF 信号的发送与接收

本章的前面部分介绍了将输入数据流编码并调制到射频载波上的方法，接下来将讨论影响无线电波发射、传播和接收的各种因素，通过这些因素可以估计某种无线网络应用的功率要求。

主要影响因素包括发射机功率、发射机天线增益、传播或链路损耗、接收站的天线增益以及接收机灵敏度等。这些因素构成了链路预算，是一种用来补偿链路损耗所需的功率和增益的平衡机制，可使接收端有足够的信号强度来降低解码后的数据误码率，使之在允许范围之内。

4.5.1 发射机功率

射频发射机都会产生一定的功率,常用 P_{TX} 表示,是决定信号辐射距离的首要因素。发射功率可以用以下两种方法度量,一种是常用的瓦或毫瓦(W 或 mW),另一种是相对单位"dBm"。x mW 功率对应的 dBm 数 X 用下式计算:$X(\text{dBm}) = 10 \times \lg[x(\text{mW})]$,所以 100 mW(0.1 W)的发射功率相当于 20.0 dBm,如表 4.16 所示。

使用 dB(或 dBm)有两个原因。第一,当考虑到影响信号强度的多种因素时,使用 dB 做单位,这些影响可以很容易地用 dB 叠加表示,即只需将相应的 dB 值简单地相加;第二,用 dB 来表示相对功率时只需记住 +3 dB 表示功率加倍,-3 dB 表示功率减半,而且加性规则成立,即 -6 dB 表示 1/4 功率,-9 dB 表示 1/8 功率,依次类推。

表 4.16 用 mW 和 dBm 表示的功率

功率(mW)	功率(dBm)
0.01	-20
0.1	-10
0.5	-3
1	0
10	10
20	13
100	20
1000	30

一般来说,无线网络产品发射功率在 100 mW 至 1 W 之间(20~30 dBm)。例如,在美国,FCC 规定 2.4 GHz 和 5.8 GHz ISM 频段的 FHSS 和 DSSS 业务最大的发射功率为 1W。英国的无线电通信局(Radio Communication Agency, RA)规定在 2.4 GHz 频段的最大等效全向辐射功率(EIRP)为 100 mW 或 20 dBm。如下文所述,EIRP 是发射机的功率与天线增益的结合。

4.5.2 天线增益

天线将发射机的功率转换为向接收机辐射的电磁波,天线的类型影响辐射的方式和功率密度,因此也影响了接收端接收到的信号强度。例如,简单的偶极子天线向所有离开轴线的方向均匀地辐射,而定向天线只辐射出窄的无线电波。图 4.28 所示为典型的偶极子天线和定向天线。

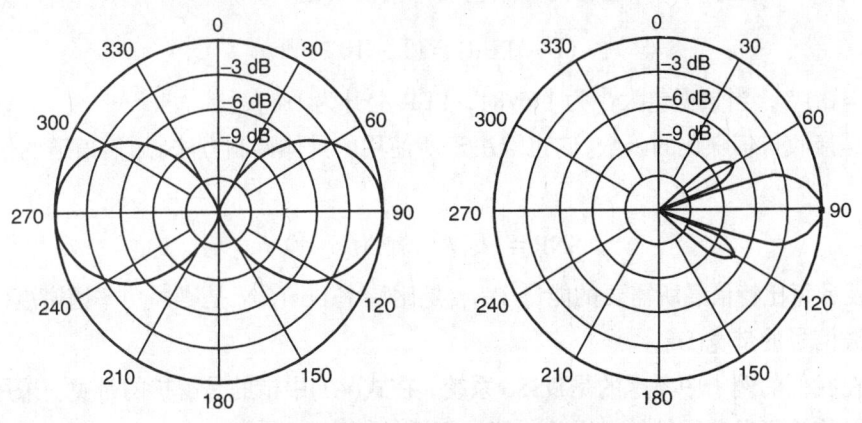

图 4.28 偶极子天线和八木天线的辐射图

在天线辐射图中心的最大功率密度与参考的全向天线辐射功率密度之比称为天线增益，表示为 G_{TX} 或 G_{RX}，单位是 dBi。发射天线的等效全向辐射功率，即 EIRP，是将发射机到天线的功率（用 dBm 表示）与天线增益（用 dBi 表示）相加。无线网络中使用的各种天线在 3.3.6 节中曾做过介绍，介绍了增益范围从 0 dBi 的全向偶极子天线到 +20 dBi 或更高的窄波束定向天线。

连接发射机或接收机的电缆和连接器也会给系统带来损耗，从几个 dB 至几十 dB 不等，主要由电缆的长度和质量决定。在发射机与天线或接收机与天线的连接中，有个同样重要的因素，就是这些器件之间的阻抗匹配。例如，只有发射机、连接电缆和天线之间的阻抗相等才能达到最大发射功率，否则，会因为元件之间连接的影响而带来功率损耗。在使用集成天线设备时，阻抗匹配是设备制造商设计的一部分。然而，如果给无线网络适配器或接入点外接天线时，则必须要考虑阻抗匹配的问题。

4.5.3 接收机灵敏度

随着到达接收机的信号强度的减弱，数据解码受噪声的影响容易发生错误。接收机的灵敏度极限由容许误比特率和接收机噪声基底决定。

下面以一个实际系统为例来讨论这两个影响因素，该系统的主要参数如下：

- IEEE 802.11b DSSS 系统（2.4 GHz，22 MHz 扩频带宽）
- DQPSK 调制方式
- 2 Mbps 数据速率或 2 MHz 解扩带宽
- 要求误比特率不大于 10^{-5}
- 接收机噪声系数 (Noise Figure, NF) 为 6 dB
- 环境温度 20°C

4.5.3.1 误比特率

解调错误发生率可以用误比特率(BER)来度量，接收机灵敏度极限的典型误比特率是 10^{-5}。数据以数据包的形式传输，数据包包含几百甚至几千个数据比特，解码时 10^{-5} 的误比特率会导致大数据包的错误概率乘性增加，包错误率(Packet Error Rate, PER)会达到百分之几的范围。例如，BER 为 10^{-5}，大小为 100 比特的数据包的包错误率是

$$(1 - \text{PER}) = (1 - 10^{-5})^{100}$$

或者 PER = 0.1%，当数据包大小为 1 kb 时，PER 上升为 1%。

BER 是接收机信噪比的函数，它也取决于所使用的具体调制方法。通信信道的信噪比可以写成

$$\text{SNR} = (E_b / N_o) * (f_b / W) \tag{4.1}$$

式中：E_b 表示每比特信息所需要的能量(J)，f_b 是比特率(bps)，N_o 是噪声功率谱密度(W/Hz)，W 是已调载波信号的带宽(Hz)。

注意在我们的例子中考虑的是 DSSS 系统，在式(4.1)中指的是解扩的带宽。采用扩频（而不是窄带）传输可以获得额外的增益，即处理增益，为

第4章 无线通信基础

$$\text{处理增益} = 10 \lg(C) \text{ dB} \tag{4.2}$$

式中：C是码片的码长（例如前文所说的巴克码长度为11）。在用式(4.1)的解扩带宽计算信道信噪比时可将处理增益也包含在内。

如4.4.1节中所提到的，每赫兹带宽的比特率f_b/W，是所采用的调制方法的函数。BER可由下式给出：

$$\text{BER} = \tfrac{1}{2} \text{erfc}(\text{SNR})^{1/2} \tag{4.3}$$

式中：erfc 称为互补误差函数，可以在数学用表中查到。图4.29显示了一些常用调制方法中BER关于信噪比(Signal to Noise Ratio, SNR)的函数曲线。

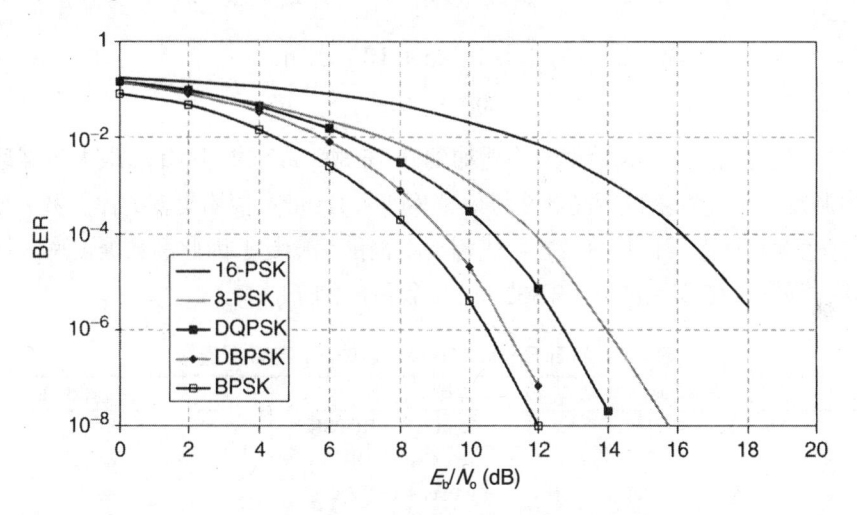

图4.29 几种常用调制方法的误比特率BER

例如图中的DQPSK已调信号，带宽为1 b/Hz时，要想达到10^{-5}的误比特率，所需信噪比为10.4 dB。

4.5.3.2 接收机噪声基底

接收机噪声基底由两部分组成：理想接收机的理论热噪声基底(NF)和接收机噪声系数(NF)，后者用来测量特定接收机的额外噪声和损耗。热噪声的计算如下：

$$N = kTW \tag{4.4}$$

式中：k是玻尔兹曼常数(1.38×10^{-23} J/K)，T是热力学环境温度(K)，W是传输带宽(Hz)。无线网络接收机的噪声系数一般在6~15 dB之间。

接收机噪声基底(Receiver Noise Floor, RNF)是这两项的和：

$$\text{RNF} = kTW + \text{NF} \tag{4.5}$$

例如，IEEE 802.11b接收机，解扩带宽是2 MHz，工作在20°C (290 K)，噪声系数为10 dB，有

$$N = 1.38 \times 10^{-23} \text{ J/K} \times 290 \text{ K} \times 2 \times 10^6 \text{ Hz}$$
$$= 8.8 \times 10^{-12} \text{ mW}$$
$$= -110.6 \text{ dBm}$$
$$\text{RNF} = -110.6 \text{ dBm} + 10 \text{ dB}$$
$$= -100.6 \text{ dBm}$$

4.5.3.3 接收机灵敏度

接收机灵敏度 P_{RX} 是接收机噪声基底(RNF)和达到要求误比特率所需要的信噪比之和：

$$P_{RX} = \text{RNF} + \text{SNR} \tag{4.6}$$

例如，

$$P_{RX} = -100.6 + 10.4 \text{ dBm}$$
$$= -90.2 \text{ dBm}$$

从上述讨论可以看出，2 Mbps 数据速率增加到 IEEE 802.11b 的 11 Mbps 最大数据速率，需要使用不同的调制方法，以获得较高的频谱效率（即每 Hz 带宽传输更多的比特数，或式(4.1)中的 f_b/W）。若达到同样的误比特率要求，则需要更高的信噪比，因此高数据速率时接收机的灵敏度会下降，如表 4.17 所示的 IEEE 802.11b 接收机的例子。

表 4.17　IEEE 802.11b 接收机的 P_{RX} 与数据速率

数据速率(Mbps)	调制技术	P_{RX}(dBm)
11	256 CCK + DQPSK	−85
5.5	16 CCK + DQPSK	−88
2	Barker + DQPSK	−89
1	Barker + DBPSK	−92

数据速率对 P_{RX} 的影响揭示了信号强度下降时无线网络吞吐量会逐渐恶化。当发射机和接收机切换到较低的数据速率以维持较低的误比特率时，性能不会突然恶化，但吞吐量会逐渐下降。

4.5.4　RF 信号的传播和损耗

在发射机和接收机的天线之间，射频信号受到很多影响信号强度因素的干扰，下面讨论这个问题。

4.5.4.1　自由空间损耗

信号从天线辐射以后，信号功率由于无线电波的扩散而不断随着距离而下降。这就是自由空间损耗，总体来说它是影响接收信号强度最重要的因素。

自由空间损耗是用 dB 度量的，与信号频率和传输距离有关，可用下面公式计算：

$$L_{FS} = 20 \lg(4\pi D / \lambda) \tag{4.7}$$

式中：D 是发射机和接收机之间的距离，单位是 m；λ 是无线电信号的波长，单位也是 m，可表示为

第 4 章 无线通信基础

$$\lambda = c / f \tag{4.8}$$

式中：c 是光速（3×10^8 m/s）；f 是信号频率，单位是 Hz。如果 f 用 MHz、D 用 km，则 L_{FS} 可用下式计算：

$$L_{FS} = 32.45 + 20 \lg(f) + 20 \lg(D) \tag{4.9}$$

从而得到在 2.4 GHz 相隔 100 m 的自由空间损耗为

$$\begin{aligned} L_{FS} &= 32.4 + 20 \lg(2400) + 20 \lg(0.1) \\ &= 32.4 + 67.6 - 20 \\ &= 80 \text{ dB} \end{aligned}$$

式(4.9)的第三部分反映了距离每增大 10 倍，L_{FS} 数值增加 20 dB。这就得出了 IEEE 802.11b 2.4 GHz 频段的一个经验法则，即距离为 10 m 时 L_{FS} 是 60 dB，距离为 100 m 时 L_{FS} 是 80 dB，依次类推。

从式(4.9)的第二部分可以看出，频率相关性使 5.8 GHz 的 L_{FS} 比 2.4 GHz 增加了 $20\lg(5800/2400)$ 或 7.7 dB，如图 4.30 所示。这对户外的应用很重要，而对实际室内情况，频率影响相对其他环境影响来说是很小的。

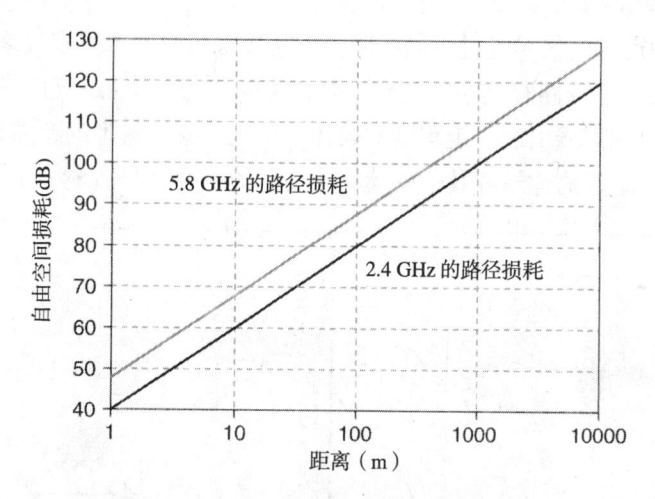

图 4.30 2.4 GHz 和 5.8 GHz 的自由空间损耗

对自由空间损耗的计算假设了发射机和接收机的天线是在视线之内的，也就是说，接收机可以有效地"看见"发射机。然而，在户外要使射频传播距离最大，只是把两个天线安装在一条能够看得见的直线上是不够的，围绕这条直线的空间物体会影响信号传播，在靠近视线直线的任何障碍物都会引起信号损耗。

4.5.4.2 菲涅耳区理论

用来计算障碍物影响的理论称为菲涅耳区理论。菲涅耳区是在两个天线之间橄榄球形状的区域。

实际上有一系列这样的区域，称为 1 区、2 区、3 区等。菲涅耳区如图 4.31 所示，在发射机与接收机之间的中点，第 n 个菲涅耳区的半径可以用下面的公式计算（单位为 m）：

$$R = 0.5(n \times \lambda \times D) \tag{4.10}$$

式中波长以及发射机与接收机之间的距离都是以 m 为单位。对一个 2.4 GHz 信号，波长为 12.5 cm，第一个菲涅耳区的中点半径在 100 m 的距离时是 1.8 m，在 1 km 的距离时为 5.6 m。在第一个菲涅耳区内的任何障碍都会产生反射、散射和衍射，从而引起信号的损耗。

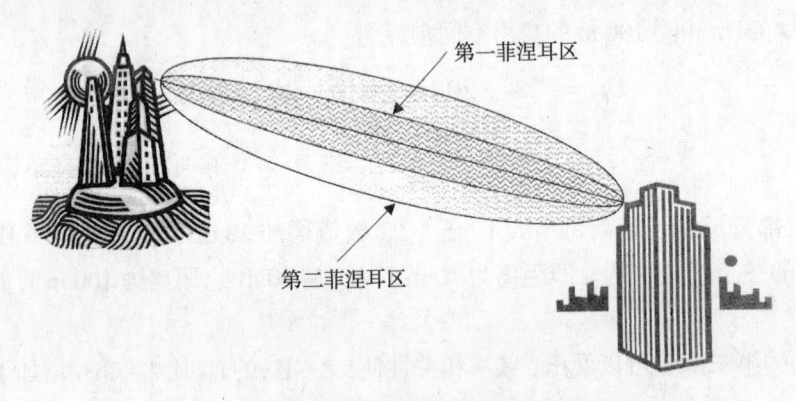

图 4.31　传播路径周围的菲涅耳区域

4.5.4.3　多径衰落

当反射、散射和衍射的信号经过不同的路径到达接收机时会产生多径衰落，不同到达时间差称为多径延时。经过不同路径到达的信号会有相位偏移，影响经过直接路径到达的信号，如图 4.32 所示，在接收端天线引起一定程度的破坏性干扰。我们熟悉的超高频电视(UHF TV)接收到的重影就是由于附近的建筑或其他巨大物体反射的干扰信号造成的。

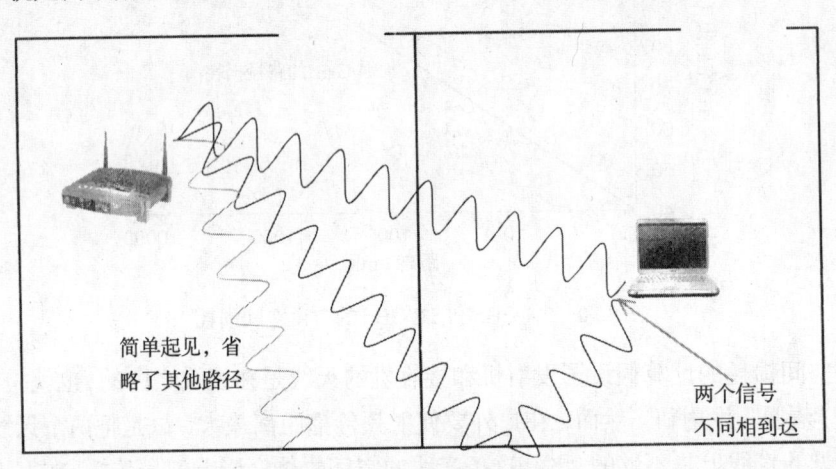

图 4.32　室内环境的多径衰落

多个延迟信号间的干扰实际上降低了接收端的信号强度，引起约 20~30 dB 的损耗。多径损耗可以用复射线追踪法或其他算法来计算，但是在实际中很少使用这样的方法。

4.5.4.4　室内信号衰减

典型的家用或小型办公室无线网络，很多如墙、地板、家具和其他物体的障碍物会阻碍接收机和发射机之间的传播路径，使接受信号变化很大。根据建筑材料的不同，传输经过一面墙大约会产生3~6 dB甚至更多的损耗,如表4.18所示,在链路预算时需要额外考虑对这些损耗的补偿。

表4.18 2.4 GHz不同建筑材料的典型衰减

衰减范围	材料	损耗(dB)
低	无色玻璃、木门、空心砖墙、塑料	2~4
中等	砖墙、大理石、金属丝网、金属着色玻璃	5~8
高	混凝土墙、纸、陶瓷防弹玻璃	10~15
很高	金属、镀银(镜子)	>15

在一幢多层的建筑中,层与层之间的损耗也与使用的建筑材料有关,在钢板结构中损耗尤其高。一般来说,相邻楼层之间的损耗大约是6 dB,如果是独立的两层或三层建筑,每增加一层损耗约增加10 dB。表4.18中所表示的典型损耗值与所用的特定材料及建筑方法密切相关,例如,即使立柱墙也可以带来显著的损耗,如它包含了阻燃箔片膜。

与多径衰落相同,各种类型的室内损耗也需要复杂的算法来计算,因而可以将这些损耗因素组合起来,在链路预算中增加单独的一项,称为衰落余量,常用L_{FM}表示,一般使用经验法则或者现场勘察来确定。

4.5.5 链路预算

前面所考虑的各种因素,包括发射功率(P_{TX})、发射机的天线增益(G_{TX})和接收机的天线增益(G_{RX})、接收机灵敏度(P_{RX})、自由空间损耗(L_{FS})及其他损耗组合成的衰落余量(L_{FM}),共同定义了能够成功发送和检测数据信号所需要的链路预算,如表4.19所示。

表4.19 链路预算的平衡因素

减少所需的P_{TX}	增加所需的P_{TX}
降低接收机灵敏度(增加负的)P_{RX}	提高自由空间损耗L_{FS}
提高发射机天线增益G_{TX}	提高衰落余量L_{FM}
提高接收机天线增益G_{RX}	

用信号达到接收机灵敏度极限(P_{RX})所需的发射功率(P_{TX}),可以表示链路预算,单位是dBm,为

$$P_{TX} = P_{RX} - G_{TX} - G_{RX} - L_{FS} - L_{FM} \quad \text{dBm} \tag{4.11}$$

例如,某系统定向发射天线增益为14 dBi,贴片式接收天线增益为6 dBi,接收机灵敏度为-90 dBm,在2.4 GHz的频段上相隔100 m(L_{FS} = 80 dB),衰落余量(L_{FM})为36 dB,所需的发射功率为

$$P_{TX} = -90 \text{ dBm} - 14 \text{ dBi} - 6 \text{ dBi} + 80 \text{ dB} + 36 \text{ dBm}$$
$$= +6 \text{ dBm}$$

为了保证到达接收端天线的信号在接收机灵敏度以上,所需要的发射功率为+6 dBm(4 mW),如图4.33所示。这种配置可以用100 mW(20 dBm)的发射机实现,并可为未估计到的损耗和噪声预留额外的14 dB链路余量。

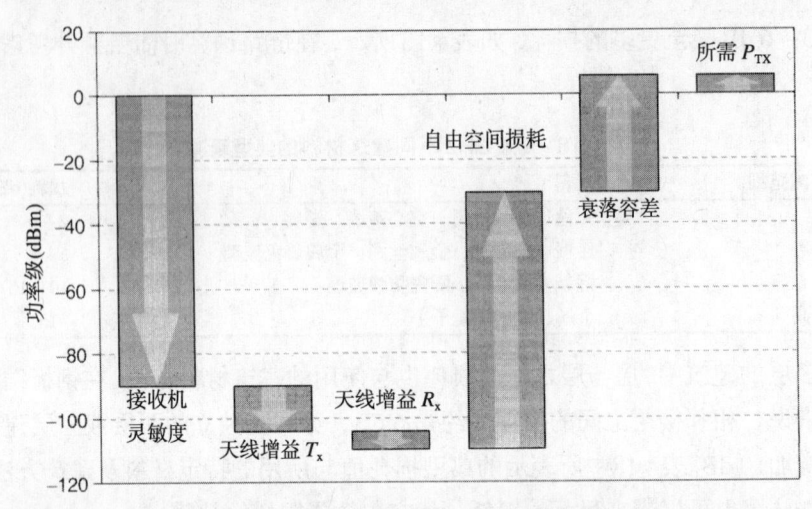

图 4.33 用所需发射功率表示的链路预算

4.5.6 环境噪声

同接收机噪声基底(定义了接收机灵敏度限)一样,其他的外部 RF 噪声源也会影响 RF 信号检测和解码的可靠性。

进入无线天线的所有 RF 噪声,不管位于什么位置,都称为环境噪声,由两部分组成:

- 环境噪声基底:远距离噪声源所产生的背景噪声的总和,例如,汽车点火器、配电系统、工业设备、消费产品以及来自宇宙的电磁风暴等。
- 随机噪声:本地人为的背景噪声总和。

环境噪声通常称为"白噪声",在单位带宽上的功率为常数,而随机噪声可能是宽带噪声也可能是窄带噪声。在无线局域网或无线城域网中,进行 RF 站点勘测时会确定环境噪声基底,如果该噪声基底超过了计划所用接收设备的灵敏度,在进行链路预算时应该明确考虑。

例如,在进行上述的链路预算计算时,如果测到的环境噪声基底是 -85 dBm,接收机的灵敏度是 -90 dBm,那么就要求发射机的功率为 11 dBm。这种环境噪声将会限制给定设备的配置(传输功率、天线增益等),但在这种限制下工作并不会降低无线网络的性能。

附近的人为噪声源,如微波炉或窄带发射机产生的窄带噪声会导致网络性能无法预计及不可靠。

4.5.6.1 干扰抑制技术

无线网络规范正在逐渐增加一些方法用来抑制干扰对网络性能的影响。第 10 章讲到的无线 USB 就是个很好的例子,它在开始时建立 RF 链路质量的信息,然后提供方法来控制各种链路特性。

在无线 USB 中,主机和其他设备能够维持误包率及链路指示器的统计信息,如接收信号强度(Received Signal Strength, RSSI)、链路质量(Link Quality, LQI)等。链路质量指示器测量接收到的解码符号中的错误。

无线 USB 中主要的 RF 链路控制技术如表 4.20 所示。

表 4.20　无线 USB 干扰抑制控制

控制	描述
发射功率(Transmit Power, TPC)	主机可以控制自己的发射功率,也可以查询和控制一簇中设备的发射功率
传输比特率	主机可以调整向外传输(主机到设备)及向内传输(设备到主机)的比特率
数据有效载荷大小	当干扰导致 PER 增加时,可以减少包的大小,从而减少不可纠的错误,提高吞吐量
RF 信道选择	无线 USB 的 MB-OFDM 使主机可以选择信道,只要被簇中的所有设备支持
主机进程控制	在传输同步数据时可以临时利用信道时隙传输异步数据,目的是用来重传失败的同步数据
动态带宽控制	主机控制 MB-OFDM UWB 无线电频谱整形能力,将在后面部分中介绍

发射功率控制和 RF 信道选择技术也是 IEEE 802.11k 网络优化算法中的一部分,被扩展到 Wi-Fi 标准,将在第 6 章中详细介绍。

4.6　超宽带无线电

4.6.1　简介

超宽带无线通信系统基于 20 世纪 60 年代美国和前苏联发展的军用脉冲雷达技术。脉冲雷达或脉冲无线电发射非常短的电磁脉冲,典型情况是长度小于 1 ns,不需要载波信号,这么短的脉冲会使传输的有效带宽从 500 MHz 到数 GHz。

2002 年,美国 FCC 开放 7.5 GHz 无线频谱用做 UWB 应用,从 3.1 ~ 10.6 GHz,并且采纳 UWB 的定义为:−3 dB 点带宽与中心频率相比最少为 20%,最小带宽为 500 MHz。

既然 UWB 占用了很宽的无线电频谱,那么就要求它在现在或将来不会对其他射频传输设备产生干扰。为了达到这种共存,FCC 规定了严格的 UWB 发射 EIRP 限,如图 4.34 所示。最大的容许功率谱密度(EIRP)为 −41.3 dBm/MHz,低于 FCC 15 部分规定的非通信类发射机(如电脑和其他电子设备)的噪音功率限。这种非常低的 EIRP 特性使得 UWB 适用于要求比较长电池寿命的应用场合。

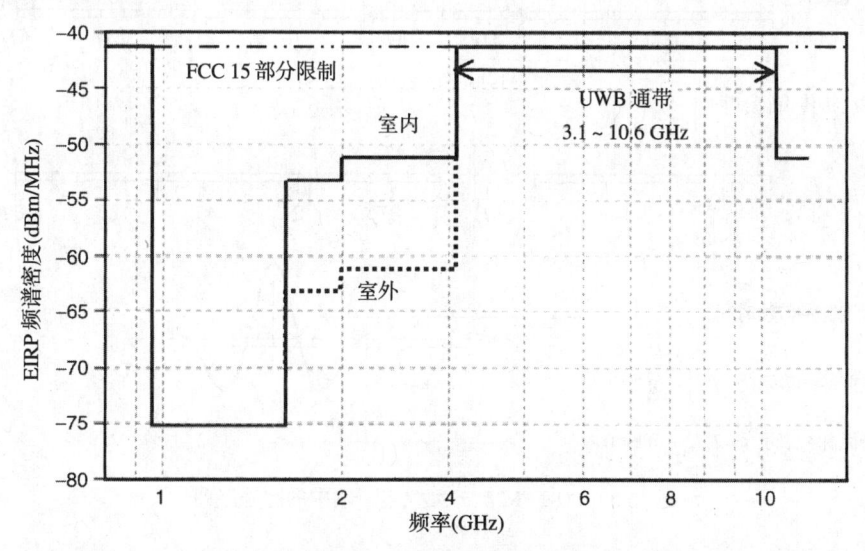

图 4.34　FCC UWB 通带规范

UWB 的另一个特点是频谱整形,具有控制发射功率谱的能力,从而避免在某些窄带频谱传输。

UWB 有如下三种数据通信应用:

- 跳时脉冲位置调制(或脉冲无线电)
- 直接序列扩频 UWB(DS-UWB)
- 多带 UWB(Multiband-UWB, MB-UWB)(例如多带 OFDM)

MB-OFDM 在频谱整形时有很大的灵活性,变化范围广而且可选的控制方法很容易在软件上实现。

4.6.2 跳时 PPM UWB(脉冲无线电)

脉冲无线电(IR)用来指基于跳时和脉冲位置调制的 UWB 无线电。数据以非连续的短脉冲序列传输,每个用户的一个脉冲在每个跳时的帧长为 T_f。在一个给定帧中,脉冲的额定传输时间由 PN 码决定,通信信道中的每个用户都有一个特定的 PN 码。

一个脉冲表示 1 还是 0 是由实际传输时间和额定传输时间(脉冲位置调制)的关系决定。例如,在一个超前/滞后 PPM 系统中,如果脉冲相对于额定传输时间向前偏移 δ 表示 1,则向后偏移 δ 表示 0。

图 4.35 所示的例子中,所用的跳时(Time Hopping, TH)码长为 4,所以每个比特用 4 个脉冲传输,4 个连续帧每个帧有 8 个码时隙 T_c,每个码时隙发一个脉冲。

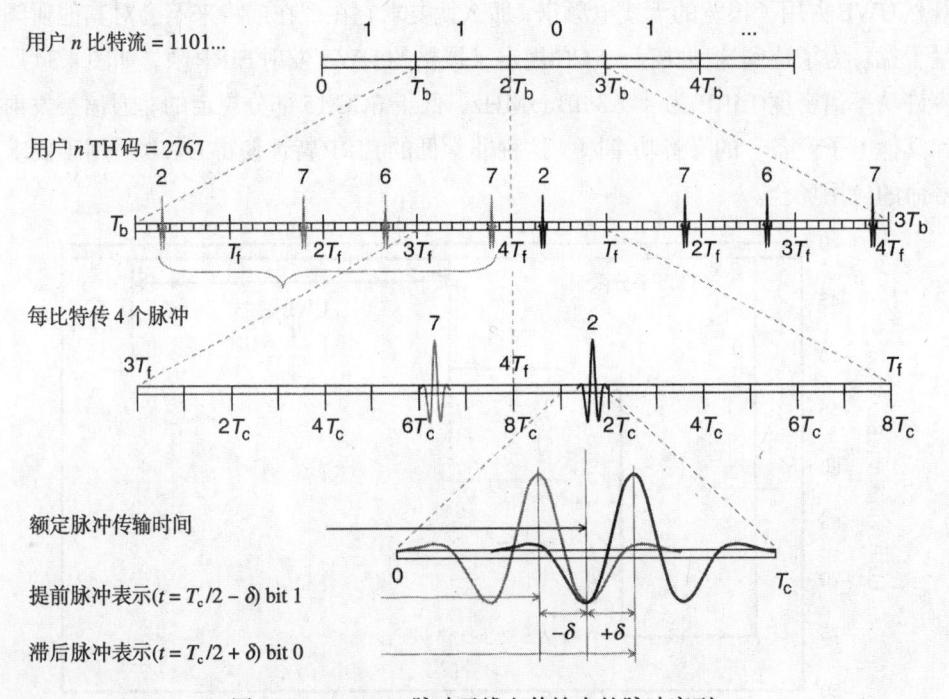

图 4.35 TH-PPM 脉冲无线电传输中的脉冲序列

脉冲幅度调制(PAM)或脉冲形状调制(PSM)可以作为PPM的一种替换，1或0由脉冲幅度或脉冲形状决定。

2005年5月IEEE 802.15 4a任务组把脉冲无线电作为IEEE 802.15.4规范增强版两种可选的物理层标准之一（另外一个是2.4 GHz ISM频段的扫频扩频调制）。

4.6.3 直接序列UWB(DS-UWB)

直接序列，在4.2.5节中讨论的IEEE 802.11b和IEEE 802.11g物理层协议扩频技术时曾做过介绍，也可以应用在UWB中。与用片码提高符号传输速率来扩展载波频谱不同，UWB的频谱扩展是因为采用很窄的脉冲传输符号。

片码承担多址接入任务，根据用户码字决定每个用户发送或接收脉冲的准确时间。很多调制方法（如PAM和PSM）可将数据流编码成脉冲流，但是，DS-UWB还没有成为哪种无线网络应用的目标技术。

4.6.4 多频带UWB

在多频带UWB中，把频带分成多个重叠或相邻频带来实现超宽带，可以在所有可用频带上同时工作。目前，这项技术的主要应用实例是多带(MB)OFDM，正在被MB-OFDM联盟(MB-OFDM Alliance, MBOA)大力推广，并被认为是无线USB和无线火线接口(1394)的基础。

MBOA提出的MB-OFDM，使用3.168 ~ 10.560 GHz频段，将该频段分成14个波段，每个波段528 MHz，满足FCC 500 MHz最小带宽规定。14个波段分成5个组或信道，如图4.36所示。

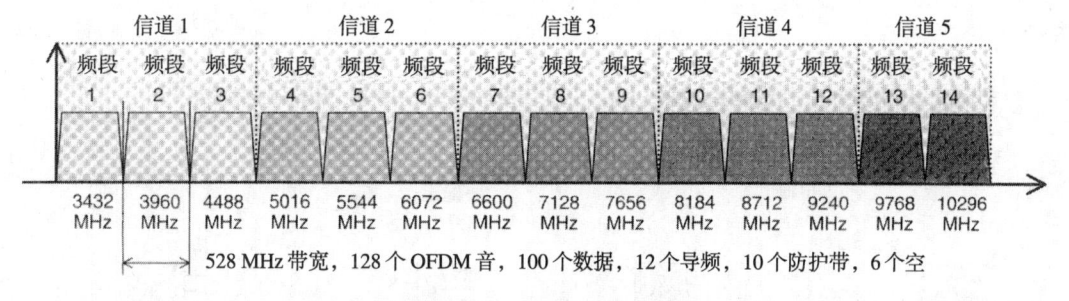

图4.36 MB-OFDM频带和信道

在一个波段组内，波段间的跳频可形成重叠式的微微网。与蓝牙每秒1600跳、跨越79个载频不同，无线USB专用的MBOA无线通信每秒跳频3×10^6次，每传输一个符号跳一次，只跨越3个频率。

MBOA指定了两种时–频编码(Time-frequency Code, TFC)方式，如表4.21所示。时–频交错编码(Time-frequency Interleaving, TFI)定义了跳频模式，而固定频率交错编码(Fixed Frequency Interleaving, FFI)定义了在单个OFDM频段上的连续传输。给每个微微网分配一个频段，FFI能够改善两个或两个以上同时运行的微微网的性能。

表 4.21　MBOA 时-频编码

编码号	编码类型	波段号（波段组 1）					
1	TFI	1	2	3	1	2	3
2	TFI	1	3	2	1	3	2
3	TFI	1	1	2	2	3	3
4	TFI	1	1	3	3	2	2
5	FFI	1	1	1	1	1	1
6	FFI	2	2	2	2	2	2
7	FFI	3	3	3	3	3	3

在每个 528 MHz 频带内，传输 128 个 OFDM 子载波，其中 100 个用于数据调制，其余用做导频、防护带和空置。当数据速率达到 200 Mbps 时，MBOA 指定数据调制使用 QPSK 方式，320~480 Mbps 的速率采用双载波调制(Dual Carrier Modulation, DCM)。

频谱整形用来避免与其他 RF 设备之间的干扰，可以根据本地规范或时变条件在软件控制下改变频谱形状。粗略的控制可以采用将整个波段（极端情况下是整个波段组）减弱的方法，但是精确的整形可以通过在单个波段内把一定数量的载频"置零"实现。

4.7　MIMO 无线电

如 4.5.4.3 节中所述，发射机与接收机之间射频信号的多径传播，会因为多径衰落而导致射频信号强度的恶化。多输入多输出(MIMO)无线通信利用 RF 传播的多径特点，利用发射机到接收机之间的多个路径，传输多个数据流来达到较高的数据容量，如图 4.37 所示。传播路径的数学模型，利用每个传输数据包中的信道校验周期，在接收机端识别和合并不同的信号路径和数据流。

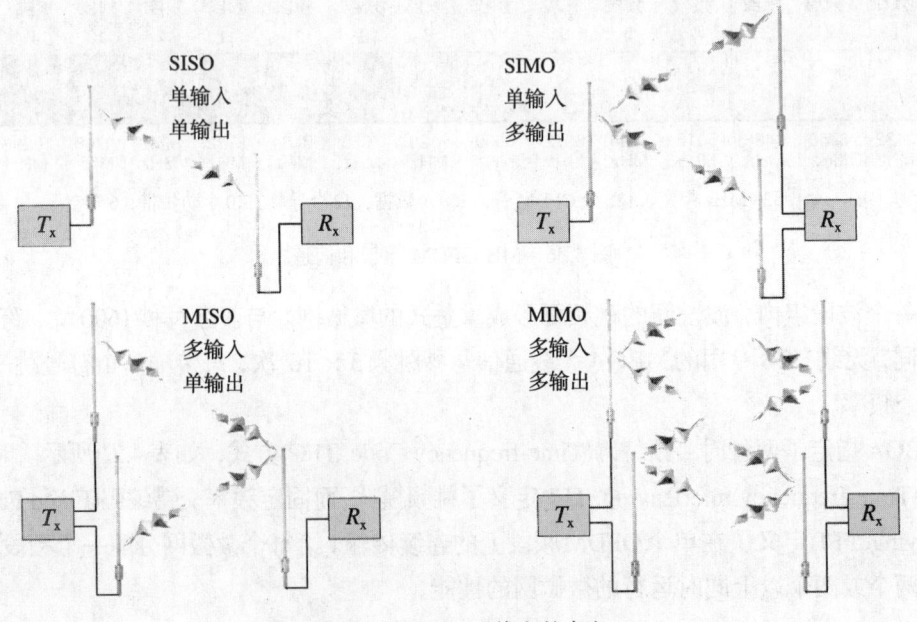

图 4.37　MIMO 无线电的定义

空分复用(SDM)与时域的频分复用(FDM)相似，但与FDM用不同频率同时并行传送数据不同，SDM用不同的空间路径并行传送数据。

在同一带宽上高效地同时创建多个通信路径，如果这些路径同样健壮并且能理想地分离，通信信道的整个容量会随着独立路径的数量增加而线性增长。假设一个系统有M个发射机、N个接收机，独立路径的数目就是M和N的最小值。

实际上，所有的路径不可能同样健壮，也不可能完全分离，其性能由被称为独特值的系数决定，该独特值表征了发射与接收天线之间每条路径的特征，并由报头中包含短"训练周期"的数据包决定，数据包则从各个天线发射的已知不同信号获得。这些信号提供传输信道的信息，称为信道状态信息(Channel State Information, CSI)，利用这些信息，接收机可以计算出奇异值，用来解码数据包的其余部分。

MIMO无线通信增加的容量可以用来提高数据速率，或者在给定数据速率下提高链路鲁棒性或链路传输范围。IEEE 802.11n规范（参见6.4.4节）利用MIMO将IEEE 802.11a/g的物理层数据容量从54 Mbps提高到超过200 Mbps。

空时分组码(Space Time Block Code, STBC)结合空间分集和时间分集技术提高RF链路的鲁棒性或传输范围。STBC将传输数据分成块，从每个发射天线到接收天线传输数据的每个分块的多个时移副本。尽管多接收天线可以进一步提高性能，但STBC是一种多输入单输出技术（参见图4.37）。

4.8 近场通信

4.8.1 简介

近场通信(NFC)是一种非常小范围的无线通信技术，广泛应用在RF识别(RF Identification, RFID)标签和其他智能标签中。这些应用都利用13.56 MHz RF载波频率，该频率是国际上非授权的ISM频段。

NFC和所谓远场RF通信不同，后者用于个域网和范围更大的无线网络中，NFC则依赖于发射设备和接收设备之间的直接磁场耦合。

NFC设备有主动式和被动式两种类型，操作有很大的不同。被动设备不需要内部电源，它的能量来自主动发起者的感应耦合。被动设备也不像主动设备那样通过产生磁场来传输数据，而是通过负载调制过程回传数据给主动设备。这些概念将在下面较为详细地讨论。

4.8.2 近场通信和远场通信

根据天线产生的电磁场的特性不同，可以把天线周围的空间分为两个区域。区域界线是以$\lambda/2\pi$为半径的弧度球，λ是传播的电磁波波长。

区域内的天线和振荡器产生最初的磁场，并在周围区域生成电场。在弧度球内的区域处于主磁场的影响范围内，称为天线的近场。近场中电磁场公式反映磁场的能量存储，由近场耦合体积定理描述。

弧度球外的区域被称为天线远场,在这里电磁场与天线分离并以电磁波的形式向空间传播。在这个区域里电磁场公式描述电磁传播而不是能量存储,传播的概念在4.5节中介绍过。

因为NFC工作在13.56 MHz,λ = 22 m,所以弧度球半径为λ/2π = 3.5 m。在近场区域,某处的磁场强度与该处距天线距离的3次方成反比,而磁场功率(用来激励无源NFC)的衰减是距离的6次幂,这相当于距离增加10倍衰减60 dB。

4.8.3 感应耦合

近场感应耦合利用振荡电磁场在设备间传输RF能量,每个设备包含一个调谐到RF载波频率的谐振电路,这样当两个设备的线圈或天线环路进入一定范围时就形成了松耦合的"空间转换器",如图4.38所示,有效范围取决于传输天线环路的物理尺寸。

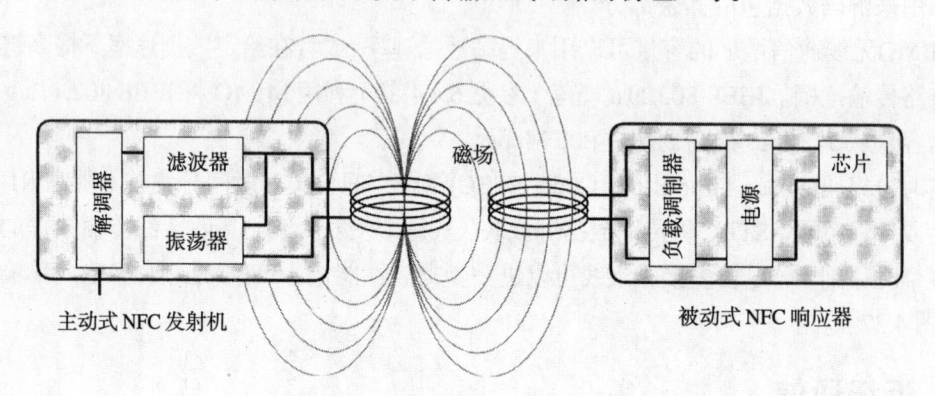

图 4.38 感应耦合与NFC天线环路

当传输设备的谐振电路被RF能量源激励时,产生的磁场通量会引起两个线圈之间的能量传送。

感应耦合只在发射天线环路的近场区域有效。在远场区域,电磁场与天线分离并且以电磁波的方式传播,就不再有直接的感应耦合效应。

4.8.4 负载调制

当被动式NFC目标设备在主动式NFC发射机(发起者)的范围内时,它的谐振电路可以从发起者建立的磁场中获得能量。这种附加的能量消耗会引起电压变化,该变化可以被发起者的谐振电路测量。如果目标设备上的附加负载阻抗周期性地接通和断开,则会引起发起者载波电压的振幅调制。

使用从目标设备发射的数据流控制负载开关,数据流可以从目标设备回传到发起者。这种技术称为负载调制。

负载调制在13.56 MHz载波频率上产生振幅调制边带,在发起设备的RF信号处理电路中通过解调这些边带来恢复数据流。

第5章 红外通信基础

5.1 红外光谱

电磁频谱中,红外(Ir)部分的波长介于 0.78~1000 μm 之间。红外辐射的范围从 300 GHz 极高频(EHF)至低于可见光红光频谱(波长约为 0.76 μm)。红外辐射的产生与射频辐射不同,当天线被振荡电信号激励时,会产生射频辐射,而红外辐射的产生是由于分子的转动和振动产生的振荡。

红外光谱通常分为三个区域:近红外、中红外、远红外,如表 5.1 所示。"近"表明离可见光最近。尽管所有红外线都无法被人眼看到,但远红外线可用于发热、加热和辐射。在 RF 区域中,通常用频率代替波长,而在红外区域常用波数来表示。波数是波长的倒数,通常表示为每厘米的波长个数。

表 5.1 红外光谱的划分

红外区域	波长(μm)	波数(/cm)
近红外	0.78~2.5	12 800~4000
中红外	2.5~50	4000~200
远红外	50~1000	200~10

在 RF 区域外无线通信比较简单的一个原因是在频谱规划方面,因为 FCC 和相关的国际机构对超过 300 GHz 或 1 mm 波长的规范相对不很严格。

5.2 红外传播与接收

近红外区域可用于数据通信,这主要得益于红外发光二极管与探测器的廉价获取,以及能将电流直接转换成红外辐射的固态设备。红外发光二极管发射 0.78~1.0 μm 的离散波长,不同发光二极管的波长由产生红外辐射的不同分子振荡决定。

5.2.1 发射功率谱密度(辐射强度)

尽管采用相同的原理(如链路预算的概念),但 Ir 传播比 RF 传播要简单。如第 4 章所述,链路预算用来预测需要多大的传输功率才能使接收的数据流解码后达到允许的 BER。对于 Ir 来说,链路预算的计算比 RF 简单得多,因为不需考虑天线增益、自由空间损耗、多径衰落等因素。因而,Ir 传播比 RF 更容易预测。

红外功率谱密度,或称辐射强度,其单位为 mW/sr,其中,sr 是球面度的缩写。球面度是立体角度量的单位,也是理解 Ir 通信中链路预算的关键概念。如图 5.1 所示,半径为 R、球表面积为 A 的区域中,立体角(S)的计算为

$$S = A/R^2 \text{ sr} \tag{5.1}$$
$$A = 2\pi R^2(1-\cos(a))$$

因此

$$S = 2\pi(1-\cos(a)) \tag{5.2}$$

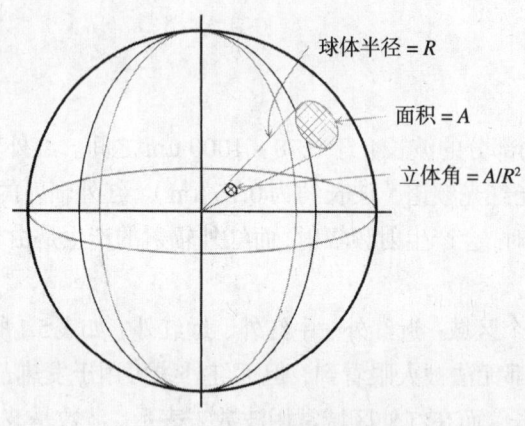

图 5.1 立体角与球表面积

由式(5.1)可见,半径为 1 m 时,每 1 sr 立体角度对应 1 m² 的球表面积。对于小的立体角,球表面积 A 可以近似等于半径为 r 的平面圆的面积,即

$$S = \pi r^2/R^2 \text{ sr}$$

例如,IrDA 物理层标准规定了半角(a)介于 15°~30°之间。当 a = 15°时,$S = 2\pi(1-\cos(15°))$ = 0.214 sr。

对于 LED,若给定其发射功率谱密度 I_e(即辐射强度,单位为 mW/sr),则其等效功率谱密度可以近似用下式表示(单位为 mW/m²):

$$P = I_e/R^2 \quad \text{mW/m}^2 \tag{5.3}$$

5.2.2 发射机波束模型

与 RF 天线类似,LED 也有波束模型,其辐射功率随偏移轴向角度的增大而衰减。在图 5.2 所示的例子中,功率谱密度在偏移轴向角度为 15°时衰减至同轴时的 85%。

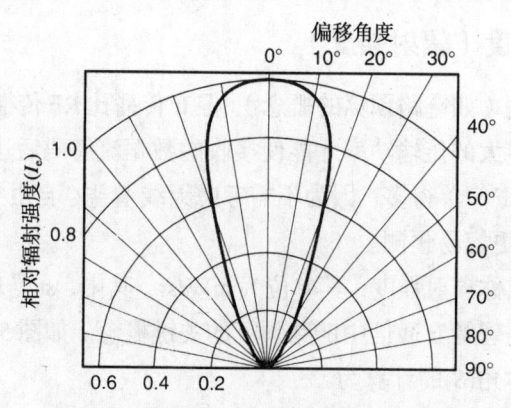

图 5.2 典型的 LED 发射功率极坐标图

5.2.3 反平方衰减

式(5.3)表明同轴功率谱密度与发射源距离的平方成反比。如果 R 加倍，功率谱密度 P 降为原来的 1/4，如图 5.3 所示，这与 RF 链路预算中的自由空间损耗相似。

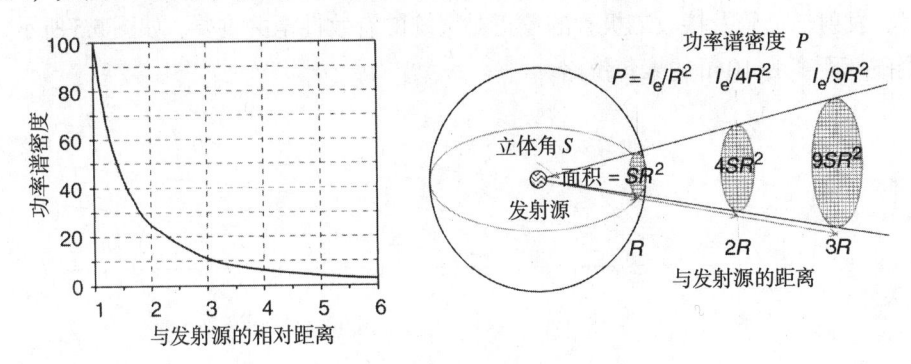

图 5.3 辐射功率密度与距离平方的反比关系

5.2.4 Ir 探测器灵敏度

高速 Ir 通信的标准探测设备是光敏二极管，它的探测灵敏度，即最低发光门限，为 E_e，单位为 $\mu W/cm^2$。在标准功率模式中（参见 10.5.3 节），IrDA 标准规定了发射器最小功率为 40 mW/sr。由式(5.3)，当距离为 1 m 时，接收光敏二极管的最小功率谱密度为 40 mW/m^2，或 4 $\mu W/cm^2$。

光敏二极管探测器的灵敏度取决于红外源相对于探测器轴向的入射角，与图 5.2 所示的 LED 波束模型方式相似。另一个灵敏度决定因素是入射红外线的波长，如图 5.4 所示。在一些应用中，选择峰值频谱灵敏度接近于发射器波长的探测器。

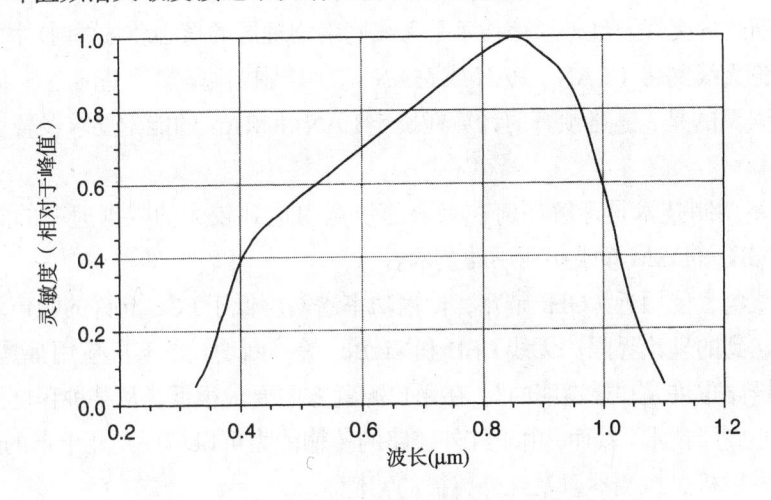

图 5.4 典型的光敏二极管的灵敏度与波长的关系

5.2.5 Ir 链路距离

Ir 链路的最大链路距离，是使等效功率谱密度 P 降至探测器最小发光门限(E_e)的距离 R。由式(5.3)有

$$E_e = I_e/R^2 \text{ mW/m}^2$$

或

$$R = (I_e/E_e)^{1/2} \text{ m} \tag{5.4}$$

使用透镜将发射光束准直并将光束聚焦到接收光敏二极管,可使Ir链路的有效距离增大至几十米。透镜、发射二极管及接收二极管的校正对系统的有效性至关重要。如图5.5所示,1/3°的偏移就会破坏距离为10 m的聚焦链路。

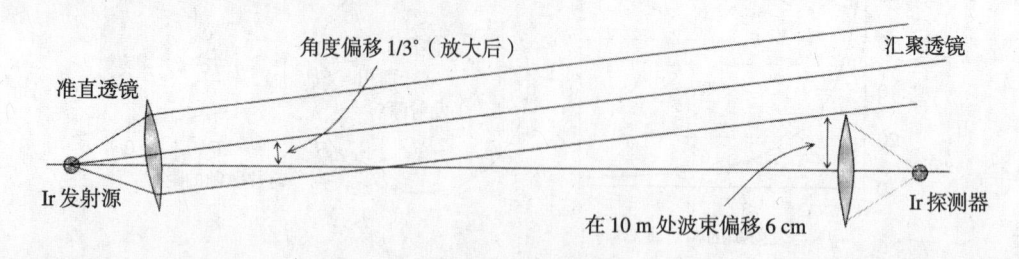

图5.5 10 m距离下对焦Ir链路的协作

Ir波束经过墙面或天花板的反射,其覆盖面积在家庭或小的办公环境中将会增大,并可接入多个设备。为了在反射中保持能量,选用高反射率、低吸收率的反射材料非常重要。白色天花板是太阳光的良反射体,它对可见光的反射系数大约为0.9。但却是Ir波长的弱反射体,大约90%的入射Ir辐射会被吸收。要想对Ir的反射系数达到0.9,可采用铝或铝箔覆盖的板材作为反射物。

5.3　第二部分总结

第二部分所述的无线及红外通信技术是无线网络物理层的核心。对这些技术的基本理论的理解,将为讨论无线网络(LAN、PAN或MAN)的实现提供坚实的基础。

需要特别强调的是,链路预算的计算在确定LAN和MAN的能量要求及覆盖区域时至关重要。

扩频和数字调制技术是理解如何在有限的带宽内达到较大的数据速率的关键,例如在2.4 GHz和5.8 GHz的ISM频带中所用的技术。

超宽带无线电,使用近7 GHz带宽,传输功率谱密度低于FCC允许的噪声水平,扩展了无线通信所能达到的理论界限。无线USB和ZigBee等不断增长的实际应用都是基于此技术。

红外通信链路也许是"最透明的",在用户配置方面要求很低,从某种程度上看,这意味着用户不必关心底层技术。然而,由于红外链路的传输能力可以扩展到几十米的距离,因此本部分讨论了Ir发射机、探测器以及红外传播的特性。

第三部分　无线局域网的实现

无线局域网络技术或许是应用最广泛、最具有商业价值并且发展得最好的无线网络技术。自1999年IEEE 802.11a和IEEE 802.11b标准发布后，在不到10年的时间里，已生产了2亿个IEEE 802.11芯片，到2005年仅芯片消费就超过了8亿美元，开发了能将数据容量提高600倍的标准，出现了高速度漫游和网状网络。第三部分将介绍支持无线局域网的技术及无线局域网的实际实现。

第6章讲述无线局域网标准的主要技术特点。无线局域网的标准目前主要是IEEE 802.11标准，从最初基于Wi-Fi的IEEE 802.11b，到目前提高安全性的IEEE 802.11i，以及即将颁布的提高吞吐量及行进中移动性的IEEE 802.11n、IEEE 802.11r和IEEE 802.11s。同时，也将回顾非IEEE的WLAN标准，这部分内容非常简短，但也表明了IEEE标准在局域网方面的主导地位。

第7章以中规模企业网络为着眼点介绍WLAN的实现，包括用户和技术要求、规划、安装、运营和支持等方面。这一章还将介绍一个基于WLAN的语音传输(Voice over WLAN, VoWLAN)的具体案例。

第8章介绍无线局域网的安全技术，包括最新的IEEE 802.11i加密和认证机制，并讨论实际应用的WLAN安全技术，包括管理、技术、操作上的安全方法。

这部分的最后一章介绍WLAN故障检测、问题识别和诊断的策略，以及WLAN的连通性和性能这两个最常见问题的解决方法。

第 6 章 无线局域网标准

6.1 IEEE 802.11 WLAN 标准

6.1.1 起源与发展

IEEE WLAN 标准的发展始于 20 世纪 80 年代后期，即 1985 年 FCC 为非授权用户开放了 3 个 ISM 无线频段之后，而 WLAN 标准发展的重要里程碑却是 1997 年 IEEE 802.11 标准的批准和发布。IEEE 802.11 标准最初规定的数据速率是 1 Mbps 和 2 Mbps，随后几年对标准做了改进，改进版本在 IEEE 802.11 后加字母后缀，如 IEEE 802.11a/b/g 等。

IEEE 802.11a/b 于 1999 年 7 月正式批准。IEEE 802.11b 提供的数据速率上升到 11 Mbps，成为第一个在 Wi-Fi 标志下将产品推向市场的标准。2003 年 6 月 IEEE 802.11g 规范正式批准，物理层速率提高到 54 Mbps，并提高了与 IEEE 802.11b 设备在 2.4 GHz ISM 频段共用的能力。

表 6.1 按字母表顺序概述了 IEEE 802.11 标准的发展步伐，列出了各种版本的主要特性，如安全、局部灵活性，网状网络和其他一些可以将物理层数据速率上升到 600 Mbps 的性能改进。

表 6.1　IEEE 802.11 标准系列

标准	主要特性
IEEE 802.11a	高速 WLAN 标准，支持速率 54 Mbps，工作在 5 GHz ISM 频段，使用 OFDM 调制
IEEE 802.11b	最初的 Wi-Fi 标准，提供速率 11 Mbps，工作在 2.4 GHz ISM 频段，使用 DSSS 和 CCK
IEEE 802.11d	使所用频率的物理层电平配置、功率电平、信号带宽可遵从当地 RF 规范，从而有利于国际漫游业务
IEEE 802.11e	规定所有 IEEE 802.11 无线接口的服务质量(QoS)要求，提供 TDMA 的优先权和纠错方法从而提高时延敏感型应用的性能
IEEE 802.11f	定义了推荐方法和共用接入点协议，使得接入点之间能够交换需要的信息，以支持分布式服务系统，保证不同生产厂商的接入点的共用性，例如支持漫游
IEEE 802.11g	数据速率提高到 54 Mbps，工作在 2.4 GHz ISM 频段，使用 OFDM 调制技术，可与相同网络中的 IEEE 802.11b 设备共同工作
IEEE 802.11h	5 GHz 频段的频谱管理，使用动态频率选择(Dynamic Frequency Selection, DFS)和传输功率控制(TPC)，满足欧洲对军用雷达和卫星通信的干扰最小化的要求
IEEE 802.11i	指出了用户认证和加密协议的安全弱点。在标准中采用高级加密标准(Advanced Encryption Standard, AES)和 IEEE 802.1x 认证
IEEE 802.11j	日本对 IEEE 802.11a 的扩充，在 4.9 ~ 5.0 GHz 之间增加 RF 信道
IEEE 802.11k	通过信道选择、漫游和 TPC 来进行网络性能优化。通过有效加载网络中的所有接入点，包括信号强度弱的接入点，来最大化整个网络吞吐量
IEEE 802.11n	采用 MIMO 无线通信技术、更宽的 RF 信道及改进的协议栈，提供更高的数据速率，从 150 Mbps，350 ~ 600 Mbps，可向后兼容 IEEE 802.11a/b 和 IEEE 802.11g
IEEE 802.11p	车辆环境无线接入(Wireless Access for Vehicular Environment, WAVE)，提供车辆之间的通信或车辆和路边接入点的通信，使用工作在 5.9 GHz 的授权智能交通系统(Intelligent Transportation Systems, ITS)

(续表)

标准	主要特性
IEEE 802.11r	支持移动设备从基本业务区(Basic Service Set, BSS)到BSS的快速切换，支持时延敏感服务，如VoIP在不同接入点之间的站点漫游
IEEE 802.11s	扩展了IEEE 802.11 MAC来支持扩展业务区(Extended Service Set, ESS)网状网络。IEEE 802.11s协议使得消息在自组织多跳网状拓扑结构网络中传递
IEEE 802.11T	评估IEEE 802.11设备及网络的性能测量、性能指标及测试过程的推荐性方法，大写字母T表示是推荐性而不是技术标准
IEEE 802.11u	修正物理层和MAC层，提供一个通用及标准的方法与非IEEE 802.11网络（如Bluetooth, ZigBee, WiMAX等）共同工作
IEEE 802.11v	提高网络吞吐量，减少冲突，提高网络管理的可靠性
IEEE 802.11w	扩展IEEE 802.11对管理和数据帧的保护以提高网络安全

6.1.2　IEEE 802.11 WLAN 主要特性综述

IEEE 802.11标准覆盖了无线局域网的物理层和MAC层。如图6.1所示，数据链路层（OSI第2层）中的上层部分为IEEE 802.2标准规范的逻辑链路控制层(LLC)，也用于以太网(IEEE 802.3)中，LLC为网络层和高层协议提供链路。

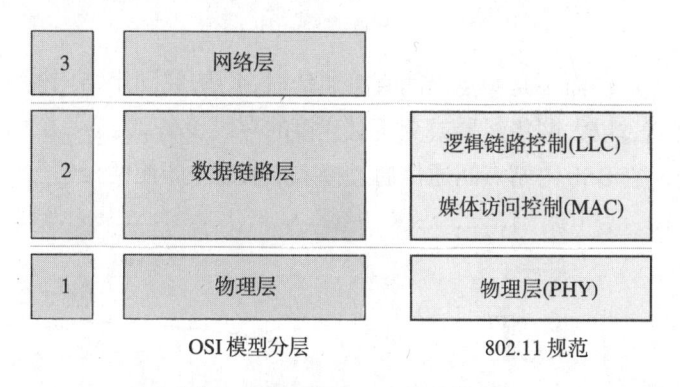

图6.1　IEEE 802.11的逻辑结构

IEEE 802.11网络由三个基本部分组成：站点、接入点和分布式系统，如表6.2所示。

表6.2　IEEE 802.11网络组成

组成	描述
站点	任何采用IEEE 802.11 MAC层和物理层协议的设备
接入点	在一组站点（即基本业务区，BSS）和分布式系统之间提供接口的站点
分布式系统	网络组件，通常是有线以太网，连接接入点和与其相关的BSS构成扩展业务区(ESS)

在IEEE 802.11标准中，WLAN基于单元结构，每个单元被称为基本业务区(BSS)，在一个接入点的控制下。当多个基站工作在同一个BSS时，表明这些基站使用相同的RF信道发送和接收、使用共用的BSSID(BSS Identity)、同样的数据速率、同步于共用的定时器。这些BSS参数包含在信标帧中，定期由站点或接入点广播。

IEEE 802.11标准定义了BSS的两种工作模式，ad-hoc模式和固定结构模式。当两个或两个以上的IEEE 802.11站点不依靠接入点或有线网络而直接相互通信，则形成ad-hoc网络。

这种工作模式也叫对等模式，允许一组具有无线功能的计算机之间迅速建立起无线连接用于数据共享，如图6.2所示。在ad-hoc模式中的基本业务区称为独立基本业务区(Independent Basic Service Set, IBSS)，在同一IBSS下所有的站点广播相同的信标帧，使用随机生成的BSSID。

独立的基本服务组(IBSS)

图 6.2　ad-hoc 模式拓扑结构

当站点与接入点通信而不是站点之间直接通信时，则构成固定结构模式。家用WLAN，有一个接入点及多个通过以太网集线器或交换机连接的有线设备，就是一个固定结构模式BSS的例子，如图6.3所示。在BSS内站点间通信通过接入点实现，即使两个站点位于相同的单元中。

分布式系统连接

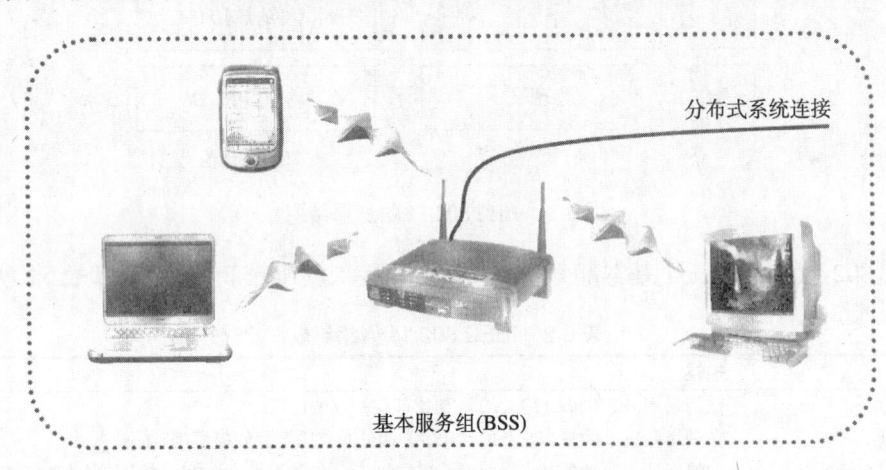

基本服务组(BSS)

图 6.3　普通模式的拓扑结构

在单元内这种双倍的通信（先从发送站点到接入点，再从接入点到目的站点）在简单的网络中似乎是没有必要的，但是使用BSS而不是IBSS的优点，是当接收站处于待机模式、临时不在通信范围内以及被切断时，接入点可以缓存数据。在固定结构模式中接入点还可以承担广播信标帧的任务。

可以将接入点连接到分布式系统。分布式系统通常是有线网络，接入点也可以作为连接到其他无线网络单元的无线网桥。在这种情况下，含有一个接入点的单元即为一个BSS，在一个局域网中的两个或多个这样的单元构成了扩展业务区(ESS)。

在 ESS 中，接入点(AP)利用分布式系统将数据从一个 BSS 传送到另一个 BSS，也可以在服务不中断的情况下把站点从一个 AP 移动到另一个 AP。而网络外部的传输和路由协议感觉不到这种移动，即设备路由的快速变化，在 IEEE 802.11 框架内 ESS 对站点提供的这种移动性对网络外部是透明的。

在 IEEE 802.11k 之前，IEEE 802.11 网络的移动性仅限于一个 ESS 内的 BSS 之间的站点移动，称为 BSS 迁移。IEEE 802.11k 支持 ESS 之间的站点漫游，参见 6.4.3 节，当感知到某个站点超出覆盖范围时，接入点发出位置报告来确定站点可以连接的可选接入点，以使服务不间断。

6.2　IEEE 802.11 MAC 层

每一个 IEEE 802.11 站点都有 MAC 层实现，MAC 使站点可以建立网络或接入已经存在的网络，并传送 LLC 层的数据。这些功能使用了两种服务：站点服务和分布系统服务。这些服务通过通信站点 MAC 层之间的各种管理、控制、数据帧的传输实现。

在调用这些 MAC 层服务之前，MAC 首先需要接入到 BSS 内的无线传输媒体，可能有许多站点也在竞争接入传输媒体。下面介绍 BSS 内的高效共享接入机制。

6.2.1　无线媒体接入

无线网络中多个发射站点的共享媒体接入的实现比有线网络复杂，这是因为无线网络站点无法检测到自己的发射和其他站点发射的冲突，因为无线电收发信机不能在同一时间既发射又监听其他站点的发射。

在有线网络中网络接口能够通过感知载波来检测冲突，例如在以太网中，在发送数据时如果检测到冲突则停止发送。这就是载波监听/冲突检测(CSMA/CD)的媒体接入机制。

IEEE 802.11 标准定义了一些 MAC 层协调功能来调节多个站点的媒体接入。媒体接入方法可以是基于竞争的，如强制性的 IEEE 802.11 分布式协调功能(Distributed Coordination Function, DCF)，所有的站点竞争接入媒体；也可以是无竞争的，如可选择的点协调功能(Point Coordination Function, PCF)，站点可以被分配在特定的时间单独使用媒体。

分布式协调功能使用的媒体接入方法是载波监听/冲突避免(Carrier Sense Multiple Access/Collision Avoidance, CSMA/CA)，如图 6.4 所示。在这种方式下，要发送数据的站点监听到信道正在被使用时就等待，直到信道空闲。一旦媒体空闲，站点就再等待一个设定的时间即分布式帧间间隙(Distributed Inter-frame Spacing, DIFS)。

如果站点在 DIFS 结束前没有监听到其他站点的发送，则计算一个介于 Cw_{min} 和 Cw_{max} 数值之间的随机退避时间，如果退避时间结束后媒体仍然空闲则开始发送数据，竞争窗口参数 Cw 以多个时隙时间的形式给出，IEEE 802.11b 为 20 μs，IEEE 802.11a/g 为 9 μs。退避时间是随机的，因此如果有很多站点在等待，它们不会在同一时间重新尝试发送，即有一个站点会有较短的退避时间并能够开始发送数据。如果站点重新尝试发送数据时，每个新的尝试计算出的退避时间会加倍，直到达到每个站点定义的最大值 Cw_{max}。这保证当有很多站点竞争接入时，每个请求被较远地隔开以避免重复冲突。

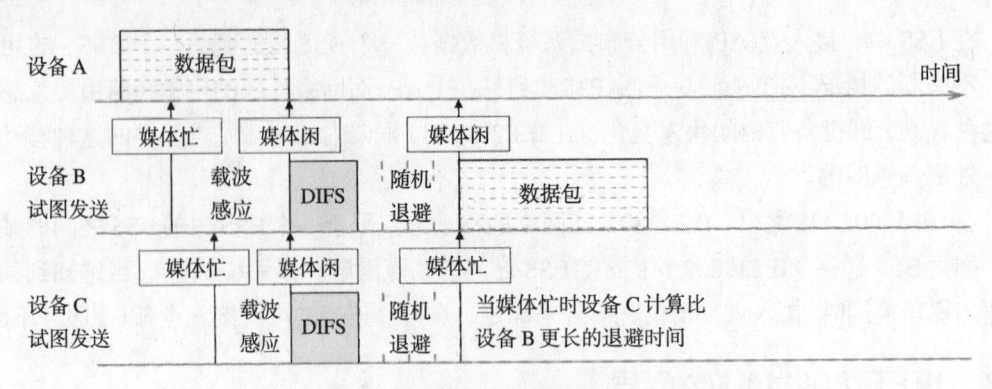

图 6.4　IEEE 802.11CSMA/CA

如果在 DIFS 结束前监听到另一个站点的发送，是因为那个站点可以使用短 IFS(Short IFS, SIFS)来等待发送某个控制帧[CTS（Clear to Send，清除后发送）或 ACK（ACKnowledge Character，确认字符），如图 6.5 所示]或者继续发送数据包中用来提高传输可靠性的分段部分。

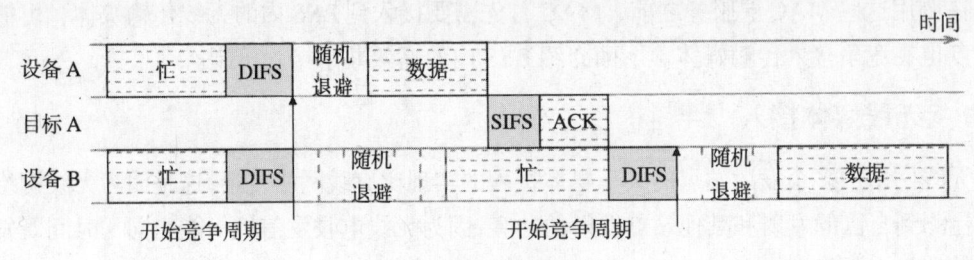

图 6.5　DCF 传输时隙

CSMA/CA 是一种简单的媒体接入协议，在没有干扰，时间要求也不高的网络中能够有效地工作。当存在干扰时，由于站点会不停地退避来避免冲突或等待媒体空闲，网络的吞吐量会严重下降。

CSMA/CA 是基于竞争的协议，因为所有的站点都要竞争接入。除了前面提到的 SIFS 机制，站点没有优先级，因此也没有服务质量的保证。

IEEE 802.11 标准也规定了一种可选的基于优先级的媒体接入机制，即点协调功能(PCF)，可以在时间要求严格的情况下为站点提供无竞争的媒体接入。它允许站点执行 PCF，使用介于 SIFS 和 DIFS 中间的帧间隙(PCF DIFS, PIFS)，可有效地给予这些站点较高的媒体接入优先级。一旦点协调者具有控制能力，它会通知所有站点竞争空闲期间的时长以避免在该期间内站点试图控制媒体。协调者顺序地选中站点，给予每个选中的站点发送数据的机会。

虽然 PCF 提供了有限的服务质量保证的能力，但 PCF 功能并没有在 IEEE 802.11 硬件中广泛应用，只出现在 IEEE 802.11e 增强版中，在 6.4.1 节将有所描述，QoS 和优先访问机制被全面地合并到 IEEE 802.11 标准中。

6.2.2　发现和加入网络

一个新的活跃站点第一步要做的是，判定在覆盖范围内都有哪些站点并可以进行链接。这可以通过被动或主动扫描实现。

被动扫描时站点在给定的时期内监听每个信道并检测其他站点发送的信标帧。信标帧带有时间同步码和其他物理层参数（如跳频模式），可用于两个站点通信。

如果新的站点已经被设置了用于链接的首选SSID名称，可以使用主动扫描。主动扫描的过程是：新的站点发送包含这个SSID的探测帧，然后等待首选接入点返回探测响应帧。也可以广播探测帧，要求在接收范围内的所有接入点响应一个探测响应帧。新站点会得到可用接入点的完整列表。接下来可以开始认证和链接，链接的对象可以是首选的接入点，也可以是新站点选择的接入点，或者用户从响应列表中选择的接入点。

6.2.3 站点服务

MAC层站点服务提供发送和接受LLC层数据单元的功能，并实现站点之间的认证和安全功能，参见表6.3。

表6.3 IEEE 802.11 MAC层站点服务

服务	描述
认证	这项服务可以让接收站点在与其他站点链接之前先进行认证。接入点可以配置成开放系统或共享密钥认证。开放系统认证提供最小的安全性，不验证其他站点的身份，任何试图认证的站点都可以收到认证信息。共享密钥认证要求两个站点已经收到一个经由其他安全信道（如直接的用户输入）传输的密钥（如口令）
认证解除	当要与其他站点停止通信时，在解除与其链接之前，站点要先解除认证。认证和认证解除是通过两个通信站点之间交换MAC层的管理帧实现的
保密	这项服务使得数据帧和共享密钥认证帧在传输之前可以选择加密，例如使用有线对等加密(WEP)或Wi-Fi保护接入(WPA)
MAC服务数据单元传送	MAC服务数据单元(MSDU)是LLC层传递给MAC的数据单元。LLC访问MAC服务的点称为MAC服务访问点(SAP)。这项服务保证了MSDU在服务接入点间的传递。RTS（Request to Send，请求发送）、CTS、ACK之类的控制帧可用来控制站点间的帧流量，例如IEEE 802.11b/g混合节点操作

6.2.4 分布式系统服务

MAC分布式系统服务提供的功能与站点式服务截然不同，这些服务扩展到整个分布式系统而不是空中接口末端的发送和接收站点。IEEE 802.11分布式系统服务如表6.4所示。

表6.4 IEEE 802.11 MAC层分布系统服务

服务	描述
链接	这项服务能够建立站点和接入点之间的逻辑连接。接入点在与站点相链接之前不能接收或者传送任何数据，链接提供了分布式系统传输数据的必要信息
解除链接	站点在离开网络之前要解除链接，例如当无线链路被禁用、网络接口控制器被手动解除连接或PC主机关机时
重新链接	重新链接允许站点改变当前链接的参数（如支持数据速率），或者在EBSS内将链接从一个BSS改变到另一个BSS上。例如，当一个漫游站点感知到另一个接入点发送较强的信标帧时可改变它的链接
分布式	当一个站点在向同一个BSS下的另一个站点，或通过分布式系统向另一个BSS下的站点发送帧时使用分布式服务
综合式	是分布式的扩展，在接入点是通向非IEEE 802.11网络的接口并且MSDU必须通过这个网络传递到目的地时使用该服务。综合式服务提供必要的地址和媒体转换，使得IEEE 802.11MSDU可以在新的媒体上传送并被非IEEE 802.11MAC目的设备接收

6.3　IEEE 802.11 物理层

1997发布的 IEEE 802.11 标准最初版本支持三种可选的物理层：跳频、工作在 2.4 GHz 频段的直接序列扩频和红外。这三种物理层传送的数据速率为 1 Mbps 和 2 Mbps。

红外物理层规定波长在 800～900 nm 范围，采用漫射的传播模式而不是像 IrDA 那样采用红外线收发器阵列(参见10.5节)。站点之间的连接可通过红外线波束被天花板被动反射完成，范围大概 10～20 m，取决于天花板的高度。规定采用脉冲位置调制(PPM)，1 Mbps 采用 16-PPM，2 Mbps 采用 4-PPM。

后来的 IEEE 802.11 标准的扩充版本集中在高速率 DSSS(IEEE 802.11b)、OFDM(IEEE 802.11a 和 IEEE 802.11g)、OFDM 加 MIMO(IEEE 802.11n)，这些物理层将在下面详细介绍。

6.3.1　IEEE 802.11a 物理层

对 IEEE 802.11 标准的最初版本进行修订后的 IEEE 802.11a 标准在 1999 年获得批准。第一个使用该标准的芯片在 2001 年由 Atheros 生产。IEEE 802.11a 规范了基于正交频分复用(OFDM)、工作在 5 GHz 频段的物理层。在美国，IEEE 802.11a OFDM 使用三个非授权的国家信息架构频带(Unlicensed National Information Infrastructure, U-NII)，每个频带容纳 4 个不重叠信道，每个信道的带宽是 20 MHz。由 FCC 规定每个频带的最大发射功率，从允许的较高功率级别来看，高的 4 个频带的信道是为室外应用保留，如表6.5 所示。

表 6.5　在 IEEE 802.11a OFDM 物理层使用的 US FCC 规定的 U-NII 信道

RF 频带	频率范围(GHz)	信道数	中心频率(GHz)	最大发射功率(mW)
U-NII 下频带	5.150～5.250	36	5.180	50
		40	5.200	
		44	5.550	
		48	5.240	
U-NII 中频带	5.250～5.350	52	5.260	250
		56	5.280	
		60	5.300	
		64	5.320	
U-NII 高频带	5.725～5.825	149	5.745	1000
		153	5.765	
		157	5.785	
		162	5.805	

在欧洲，除了 5.150～5.350 GHz 的 8 个信道之外，在 5.470～5.725 GHz 有 11 个可用信道(信道 100, 104, 108, 112, 116, 120, 124, 128, 132, 136, 140)。欧洲室内和室外的最大功率级别各国的规定都不同，但一般 5.15～5.35 GHz 频带保留为室内应用，最大 EIRP 为 200 mW，5.47～5.725 GHz 频带有 1W 的 EIRP 限制，保留为室外应用。

作为 2003 ITU 世界无线电通信会议后全球频谱协调的一部分，美国 2003 年 11 月开放了 5.470～5.725 GHz 频谱，隶属于 IEEE 802.11h 频谱管理机制的应用，详见 6.4.2 节。

每 20 MHz 带宽的信道容纳 52 个 OFDM 子载波，中心频率间的相隔为 312.5 kHz(20 MHz/64)。4 个子载波用做导频，提供相位补偿和频率偏移的参考，剩下的 48 个用来承载数据。

如表 6.6 所示，规定了 4 种调制方式，物理层数据速率范围为 6～54 Mbps。

表 6.6　IEEE 802.11a OFDM 调制方式、编码及数据速率

调制	编码比特数/子载波	编码比特数/OFDM 符号	编码率	数据比特数/OFDM 符号	数据速率(Mbps)
BPSK	1	48	1/2	24	6
BPSK	1	48	3/4	36	9
QPSK	2	96	1/2	48	12
QPSK	2	96	3/4	72	18
16-QAM	4	192	1/2	96	24
16-QAM	4	192	3/4	144	36
64-QAM	6	288	2/3	192	48
64-QAM	6	288	3/4	216	54

编码效率定义为输入数据块的比特数与其增加纠错位后的传输比特数的比值，即 $m/(m+n)$，其中 m 是数据块的比特长度，n 是纠错位的比特数。例如，如果码率为 3/4，8 个传输比特中有 6 个比特是用户数据和 2 个比特是纠错位。

给定码率和调制方式，用户数据速率可以按下面方法来计算。以 64-QAM、码率为 3/4 为例，在每 4 μs 的符号周期中，包括 800 ns 的符号之间的保护间隔，每个载波由 64-QAM 星座图中的一个点表示其相位和幅度编码。有 64 个这样的点，因此编码成 6 比特。每个符号周期 48 个子载波总共传送 6 × 48 = 288 个码位。码率为 3/4，所以有 216 个数据位，72 个纠错位。每 4 μs 传送 216 个数据比特，相应的数据速率为: 216 数据比特/OFDM 符号周期 × 250 个 OFDM 符号/毫秒 = 54 Mbps。

IEEE 802.11a 规定 6, 12, 24 Mbps 为指定速率，对应码率为 1/2 的 BPSK、QPSK 和 16-QAM 调制方式，其 IEEE 802.11a MAC 协议允许站点之间协商调制参数以达到最大的鲁棒性数据速率。

IEEE 802.11a 工作在 5 GHz，相对于工作在拥挤的 2.4 GHz ISM 频段的 IEEE 802.11b 来说干扰小了很多，但是工作在高载波频率并不是没有缺点的。它限制了 IEEE 802.11a 只能接近视距应用，而且 5 GHz 的低穿透性意味着在室内需要更多的 WLAN 接入点才能覆盖一个给定的工作区域。

6.3.2　IEEE 802.11b 物理层

最初的 IEEE 802.11 DSSS 物理层使用长度为 11 的巴克扩展码（参见 4.2.2 节），采用差分二进制相移键控(Differential Binary Phase Shift Keying, DBPSK)和差分正交相移键控(Differential Quadrature Phase Shift Keying, DQPSK)调制方式，相应的物理层传输数据速率为 1 Mbps 和 2 Mbps，如表 6.7 所示。

表 6.7　IEEE 802.11b DSSS 调制方式、编码和数据速率

调制	码长(Chips)	编码类型	符号速率(Msps)	数据比特数/符号	数据速率(Mbps)
BPSK	11	Barker	1	1	1
QPSK	11	Barker	1	2	2
DQPSK	8	CCK	1.375	4	5.5
DQPSK	8	CCK	1.375	8	11

在 IEEE 802.11b 中规范的高速率 DSSS 物理层增加补码键控(CCK)，使用 8 码片扩码，详见 4.2.4 节。

IEEE 802.11 标准支持动态速率转换(Dynamic Rate Shifting, DRS)或自适应速率选择(Adaptive Rate Selection, ARS)，允许数据速率动态调整以补偿干扰或变化的路径损耗。当出现干扰或者站点移动超出最大数据速率的可靠工作范围时，接入点会逐渐降低到低速率直到恢复可靠的通信。这个策略基于式(4.1)的应用，式中 SNR 与每比特的发射能量成比例，因此降低到较低的数据速率能获得较高 SNR 和较低 BER。

相反，如果站点回到高速率的工作范围内，或者干扰减少时，链路将转换到高速率。速率转换应用在物理层并对上层协议栈是透明的。

IEEE 802.11 标准规定 2.4 GHz ISM 频带分成许多 22 MHz 的相互重叠的信道，如图 4.9 所示。美国 FCC 和欧洲 ETSI 都已授权 2.4000～2.4835 GHz 频段的使用。美国批准了 11 个信道，欧洲（大部分）批准了 13 个信道。日本 ARIB 也批准了 2.484 GHz 上的 14 个信道。欧洲的一些国家对信道分配更加严格，特别是法国只批准了 4 个信道(10～13)。IEEE 802.11b 可用信道参见表 6.8。

表 6.8　IEEE 802.11b 在 2.4 GHz 频带可用的国际信道

信道号	中心频率(GHz)	使用地区
1	2.412	美国，加拿大，欧洲，日本
2	2.417	美国，加拿大，欧洲，日本
3	2.422	美国，加拿大，欧洲，日本
4	2.427	美国，加拿大，欧洲，日本
5	2.432	美国，加拿大，欧洲，日本
6	2.437	美国，加拿大，欧洲，日本
7	2.442	美国，加拿大，欧洲，日本
8	2.447	美国，加拿大，欧洲，日本
9	2.452	美国，加拿大，欧洲，日本
10	2.457	美国，加拿大，欧洲，日本，法国
11	2.462	美国，加拿大，欧洲，日本，法国
12	2.467	欧洲，日本，法国
13	2.472	欧洲，日本，法国
14	2.484	日本

IEEE 802.11b 标准也包含了一个次要的、可选的调制和编码方式，分组二进制卷积码（Packet Binary Convolutional Coding, PBCC，德州仪器公司），在 5.5 Mbps 和 11 Mbps 通过获得额外的 3 dB 增益改善性能。与 BPSK/DQSK 的 2 或 4 种相位状态或相位变化不同，PBCC 使用 8-PSK（8 种相位状态），给每个符号提供速率更高的码片。这可以解释成通过使用更长的码片编码，在给定码片编码长度下获得较高的数据速率，或者是给定数据速率下获得较高的处理增益。

6.3.3　IEEE 802.11g 物理层

IEEE 802.11g 是第三个被 IEEE 认可的 IEEE 802.11 标准，于 2003 年 6 月正式批准。和 IEEE 802.11b 一样，IEEE 802.11g 工作在 2.4 GHz 频带，但是物理层的数据速率上升到 54 Mbps，与 IEEE 802.11a 相同。

IEEE 802.11g 使用 OFDM 将数据速率从 12 Mbps 上升到 54 Mbps，但是反向兼容 IEEE 802.11b，支持两种标准的硬件可以工作在相同的 2.4 GHz WLAN。OFDM 的调制和编码方案与 IEEE 802.11a 相同，在 2.4 GHz 频带（参见表 6.8）内，每个 20 MHz 的信道分成 52 个子载波，包括 4 个导频和 48 个数据载频。使用如表 6.6 所示的 IEEE 802.11a 相同的调制和编码方式，可得到数据速率从 6～54 Mbps。

虽然 IEEE 802.11b 和 IEEE 802.11g 的硬件可以工作在相同的 WLAN，但 IEEE 802.11b 站点与 IEEE 802.11g 网络链接（称为混合模式）时吞吐量会下降，因为要启动一些保护机制来确保互操作性，如表 6.9 所示。

表 6.9　IEEE 802.11b/g 混合协调机制

机制	描述
RTS/CTS	在发送之前，IEEE 802.11b 站点通过发送 RTS 信息请求访问信道。发送者着接收 CTS 响应。这可以避免 IEEE 802.11b 和 IEEE 802.11g 的传输碰撞，但是额外的 RTS/CTS 信号会明显减低网络的吞吐量
CTS to self	CTS to self 选项无须 RTS/CTS 信息的交互，只是依赖 IEEE 802.11b 站点检查信道在发送之前是否已经清除。虽然这不能提供相同等级的冲突避免，但是当只有少数几个站点竞争接入媒体时可以明显提高吞吐量
退避时间	IEEE 802.11g 的退避时间是基于 IEEE 802.11a 规范（最大 15 × 9 μs 时隙），但是在混合模式下，IEEE 802.11g 网络将采用 IEEE 802.11b 的退避参数（最大 31 × 20 μs 时隙）。较长的退避时间将导致网络吞吐量的下降

混合模式操作对 IEEE 802.11g 网络吞吐量的影响如表 6.10 所示。

一些硬件厂商推出了 IEEE 802.11g 规范的扩展产品，使数据速率超过 54 Mbps。例如 D-Link 公司的产品 "108G"，使用包突发和信道捆绑方式使物理层速率达到 108 Mbps。包突发又叫帧突发，是将短数据包捆绑进较少的但又比较大的数据包中，以减少传输数据包之间间隙的冲突。

包突发作为一种数据速率增强策略，与为了提高传输的健壮性将包分片的策略正相反。只有在干扰或站点之间的激烈竞争不存在时才有效。

信道绑定是一个机器中的多个网络接口用来共同发送同一数据流时采用的方法。在 108G 例子中，在 2.4 GHz ISM 频段两个不重叠的信道同时传送数据帧。

表 6.10　IEEE 802.11a/b/g 网络的物理层与 MAC SAP 吞吐量的对比

网络标准和规范	物理层数据速率(Mbps)	有效的 MAC SAP 吞吐量(Mbps)	相比于 IEEE 802.11b 的有效吞吐量(%)
IEEE 802.11b 网络	11	6	100
IEEE 802.11b 网络包含 IEEE 802.11g 站点(CTS/RTS)	54	8	133
IEEE 802.11b 网络包含 IEEE 802.11g 站点(CTS-to-self)	54	13	217
IEEE 802.11b 网络不含有 IEEE 802.11g 站点	54	22	367
IEEE 802.11a	54	25	417

6.3.4 物理层和 MAC 层的数据速率

考虑到第7章中对 WLAN 应用的技术要求，有必要认清无线网络标准的标称速率和从 OSI 高层传递到 MAC 层的真实有效数据速率的区别。

每个"未加工的"数据包传到 MAC 服务访问点(SAP)时获得 MAC 头部和信息完整性编码及另外的与安全相关的头信息，然后再送给物理层进行传输。标称速率，例如 IEEE 802.11a/g 网络的 54 Mbps，测量的是物理层经过扩展以后的数据流的传输速率。

有效的数据速率是去除头部、完整性检查和其他附加信息的数据速率。例如，平均说来，每 6 比特的原始数据传递到 IEEE 802.11b WLAN 的 MAC SAP 时都要加上 5 比特额外信息再进行传输，所以物理层的 11 Mbps 峰值速率减低为 6 Mbps 有效速率。

表 6.10 显示了 IEEE 802.11 WLAN 的物理层和 MAC SAP 的数据速率。IEEE 802.11g 网络的 MAC SAP 数据速率依赖于 IEEE 802.11b 站点的存在，这是由于前面部分中讲到的采用混合模式的媒体访问控制机制。

6.4 IEEE 802.11 增强

以下部分将介绍与增强 IEEE 802.11 网络容量和性能有关的关键技术。IEEE 802.11i 覆盖的安全性能将单独在第 8 章中介绍，归入 WLAN 安全部分。

6.4.1 服务质量（IEEE 802.11e 规范）

IEEE 802.11e 规范对 IEEE 802.11 MAC 提出一些改进以改善时间敏感型应用（如流媒体、VoWIP（Voice over Wireless IP，基于无线 IP 的语音传输）的服务质量，在 2005 年 9 月由 IEEE 正式发布。

IEEE 802.11e 定义了两种新的协调功能用做媒体接入控制和媒体接入优先级，增强了在 6.2.1 节中介绍的 IEEE 802.11 DCF 和 PCF 机制。定义了高达 8 种通信业务类别(Traffic Class, TC) 或接入类别(Access Category, AC)，每种类别规定了媒体接入的 QoS 要求和接收规定优先级。

最简单的 IEEE 802.11e 协调机制是增强的 DCF(Enhanced DCF, EDCF)，EDCF 允许几个决定媒体接入难易程度的 MAC 参数由每个通信类别来表述。任意帧间间隙(Arbitrary Interframe Space, AIFS)定义为等于最高优先级通信类别的 DIFS，长于其他类别的 AIFS。这提供了通信优先级决定机制，如图 6.6 所示。

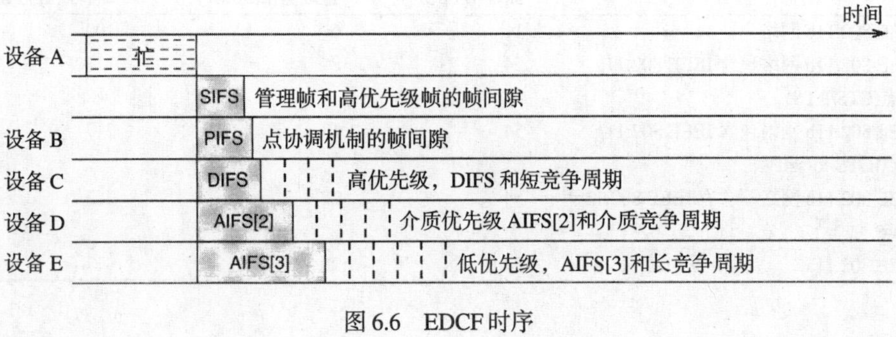

		时间
设备 A		
设备 B	SIFS	管理帧和高优先级帧的帧间隙
设备 C	PIFS	点协调机制的帧间隙
设备 D	DIFS	高优先级，DIFS 和短竞争周期
设备 E	AIFS[2]	介质优先级 AIFS[2]和介质竞争周期
	AIFS[3]	低优先级，AIFS[3]和长竞争周期

图 6.6 EDCF 时序

最小退避时间Cw_{min}也依赖于TC，因此，当碰撞发生时，较高通信优先级具有较低的Cw_{min}，拥有较高的媒体接入概率。

如图6.7所示，每个站点为每个TC维持一个独立的队列，这些队列像虚拟站点一样，都有各自的MAC参数。如果一个站点的两个队列的退避期同时结束，当站点获得媒体接入时优先级高的队列先发送。

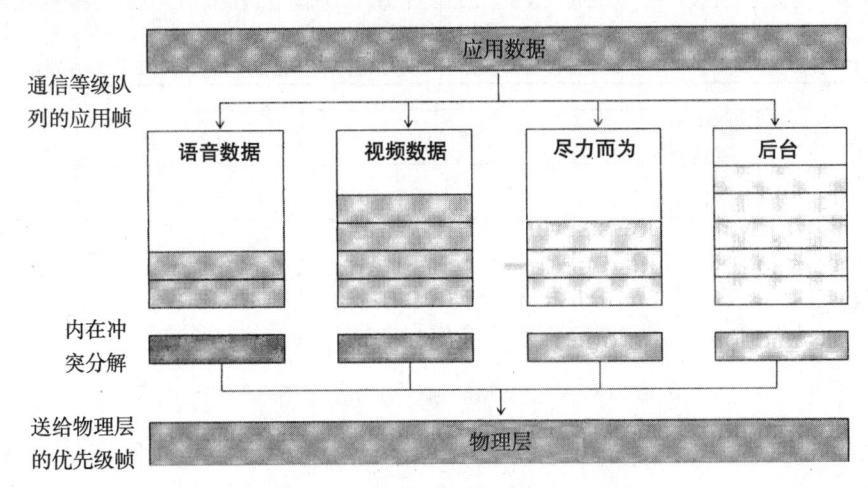

图6.7 EDCF通信类别队列

尽管EDCF协调模式不为任何TC提供服务保证，但优点是配置和用做DCF的扩展比较简单。

第二个改进的地方是定义了混合协调功能(Hybrid Coordination Function, HCF)，在知道每个站点QoS要求的情况下补充PCF的查询概念。站点为每个通信类别报告它的队列长度，混合协调机制根据这些决定在竞争空闲传送期间哪个站点能够得到传送机会(Transmit Opportunity, TXOP)。这种HCF控制信道接入(HCF Control Channel Access, HCCA)机制在决定分配时考虑以下几个因素：

- TC的优先级
- TC的QoS要求（带宽、时延和抖动）
- 每个站点和每个TC的队列长度
- 待分配的TXOP可用的持续时间
- 过去给予TC和站点的QoS

HCCA允许根据应用的需要来规划接入，从而能够保证QoS。规划接入要求客户站点预先知道它的资源需求及规划来自多个站点的并发通信，也要求接入点对数据包大小、数据传输率及需要为重传保留的足够的带宽做出某种假设。

在IEEE 2005年9月批准IEEE 802.11e标准之前，Wi-Fi联盟就采用了该标准的一个子集。这个子集称为Wi-Fi多媒体(Wi-Fi Multimedia, WMM)，描述了4种接入类别，如表6.11所示，EDCF时序如图6.8所示。

表 6.11　WMM 接入类别描述

接入类别	描述
WMM 语音优先级	最高优先级。允许多个并发的 VoWLAN 呼叫。低等待时间，质量等同于付费电话
WMM 视频优先级	视频通信的优先级高于其他较低的类别 一个 IEEE 802.11a 或 IEEE 802.11g 信道能够支持 3～4 个标准清晰度 TV 数据流，或 1 个高清晰度 TV 数据流
WMM 尽力而为优先级	来自传统设备、应用设备或缺少 QoS 性能的设备的通信，以及像网络冲浪这种对等待时间不敏感但会受到长时延影响的通信
WMM 后台优先级	低通信优先级，如下载文件或打印，没有严格的等待时间或吞吐量要求

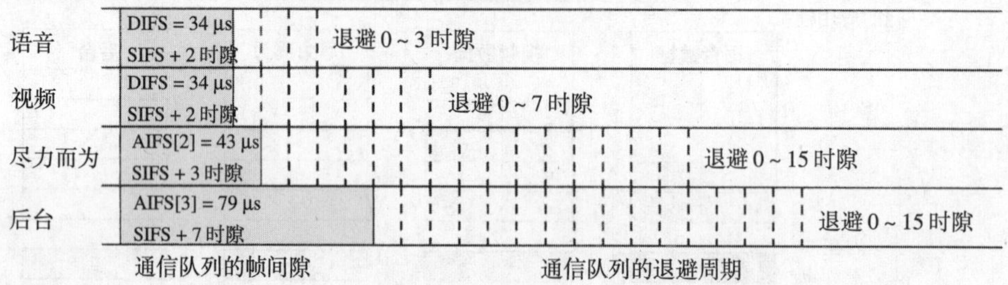

类别	帧间隙	退避时隙
语音	DIFS = 34 μs SIFS + 2 时隙	退避 0～3 时隙
视频	DIFS = 34 μs SIFS + 2 时隙	退避 0～7 时隙
尽力而为	AIFS[2] = 43 μs SIFS + 3 时隙	退避 0～15 时隙
后台	AIFS[3] = 79 μs SIFS + 7 时隙	退避 0～15 时隙
	通信队列的帧间隙	通信队列的退避周期

图 6.8　每个 WMM 通信类别的 AIFS 和退避时间

WMM 中的优先级机制和 IEEE 802.11e 中定义的 EDCF 协调模式相同，但是最初并不包含 HCF 和 HCCA 的规划接入能力。规划接入能力及其他的 IEEE 802.11e 性能正计划逐渐包含进 Wi-Fi 联盟的 WMM 认证项目中。

6.4.2　5 GHz 的频谱管理(IEEE 802.11h)

IEEE 802.11h 标准在 IEEE 802.11MAC 层增加了两个频谱管理服务：传输功率控制(TPC)和动态频谱选择(DFS)。TPC 限制传输功率的最低水平以保证最远站点有足够的信号强度，DFS 使得站点在检测到非链接的站点，或系统在相同的信道上传输时，可以切换到新信道。

5 GHz WLAN 的这些机制客观上是为了使其能够在欧洲得到应用，通过 TPC 和 DFS 分别使得对卫星通信和军事雷达的干扰达到最小化，并从 2005 年开始与所有在欧洲运行的 IEEE 802.11a 系统兼容。

在美国，工作在 5.47～5.725 GHz 的 12 个信道上的 IEEE 802.11a 产品也要求与 IEEE 802.11h 兼容，因此 IEEE 802.11h 兼容网络需要接入 24 个无重叠的 OFDM 信道，使得潜在的网络容量上升两倍。

6.4.2.1　传输功率控制

IEEE 802.11h 站点将其发射功率情况，包括最大和最小的功率电平(dBm)，在链接帧或者重新链接帧中发送给接入点。如果站点的传输功率不可接受，比如违反了当地的限制，接入点会拒绝其连接请求。接入点在信标帧和探测请求帧中会标明当地的最大功率限制。

接入点在它的 BSS 内通过要求站点返回链路边界值来监测信号的强度，站点发回的报告帧中包含了报告请求和将此报告帧传回到接入点所需的功率。接入点利用这个信息估计到其他站点的链路损失，从而在它的 BSS 内动态调整传输功率电平，以减少对其他设备的干扰，同时为通信的鲁棒性维持足够的链路边界。

6.4.2.2 动态频率选择

当站点使用探测帧识别覆盖范围内的接入点时，接入点会在探测响应帧中说明它使用的DFS。当站点与使用DFS的接入点链接或重新链接时，站点会提供支持的信道列表，当要求进行信道切换时由接入点决定最佳的通信信道。对TPC来说，如果站点支持的信道列表被认为不可接受，例如有太多的限制，接入点会拒绝链接。

接入点为了测定在当前或潜在的新信道上是否有射频信号传送，会向一个或多个站点发送测量请求，在测量请求中指定要测量哪个信道的活跃性、测量的开始时间及持续期间等。为了保证这些测量，接入点在它的信标帧中指定一个静默期，在测量期间其他所有链接的站点停止发送数据。执行完被请求的测量之后，站点返回被测信道的活跃性报告给接入点。

当需要时，接入点可以初始化信道切换开关，即向所有相链接的站点发送一个信道切换通告管理帧。这个通告识别新信道，指定信道切换启用前信标周期的数量，也指定当前信道是否允许继续传输数据。接入点可以使用短的帧间隙SIFS（参见6.2.1节）获得无线媒体的优先接入权，以便广播信道切换通告。

IBSS（ad-hoc模式）的动态频率选择更加复杂，因为没有相关的处理来支持信道交换信息，也没有接入点协调信道测量或切换。IEEE 802.11h定义一个单独DFS拥有者服务来解决这个问题，但是IBSS信道切换的鲁棒性比固定结构模式BSS差。

6.4.3 网络性能和漫游（IEEE 802.11k 和 IEEE 802.11r)

有三个原因使得客户站点要在WLAN接入点之间切换，如表6.12所示。

表6.12 WLAN漫游的原因

漫游需要	描述
移动客户站点	移动客户站点可能移动到当前接入点覆盖范围之外，需要切换到新的接入点以获得更强的信号
服务可用性	当前接入点的QoS恶化或者不适应新服务的要求，例如开启VoWLAN应用
负载平衡	接入点可能将一些相链接的客户站点重新链接到另一个可用的接入点上，目的是最大利用网络的容量

IEEE 802.11工作组TGr和TGk正在提交一些有关需要快速及可靠的应用在接入点之间切换或转换的报告，如在VoWLAN应用中。TGk将致力于无线电测量和报告的标准化，使基于本地的服务可用，例如漫游站点对要连接的新接入点的选择。TGr的目标则是在转换期间最小化延时和维持QoS。

6.4.3.1 IEEE 802.11k；无线电资源测量增强

IEEE 802.11k工作组，又称无线电资源测量增强，组建于2003年早期，目的是定义无线电和网络信息的搜集和报告机制，以帮助管理和维持无线局域网。

IEEE 802.11k的内容与IEEE 802.11MAC层和IEEE 802.11所有标准、规范的必要部分内容兼容，目的是提高所有IEEE 802.11网络的管理能力。在IEEE 802.11k中定义的关键测量和报告如下：

- 信标报告
- 信道报告
- 隐藏站点报告
- 客户站点统计
- 场地报告

IEEE 802.11k 也会将 IEEE 802.11h TPC 扩展到其他规则要求和频带。

站点将利用这些报告和统计信息做出智能的漫游决定,例如,如果正在使用的信道检测到很高的非 IEEE 802.11 功率电平,则排除候选接入点。IEEE 802.11k 只提供这些信息的测量和报告,而不提供如何利用这些测量来进行处理和判决。

前面提到的三种漫游情形可以根据表 6.13 归纳的 TGk 的测量和报告来进行判定。

表 6.13 IEEE 802.11k 测量和报告

IEEE 802.11k 特点	描述
信标报告	接入点使用信标请求要求站点报告在特定信道上能检测到的所有接入点信标。搜集所支持的服务、加密方式及接收信号强度等细节
信道报告(噪声柱状图,媒体感知时间柱状图和信道负载报告)	接入点要求站点给出噪声柱状图显示特定信道上的非 IEEE 802.11 能量,或者报告信道负载(信道在特定时间间隔内的忙期,信道忙闲的柱状图)
隐藏站点报告	在 IEEE 802.11k,站点维护隐藏站点(站点可以检测到,但是它们的接入点检测不到的站点)的列表。接入点可以要求站点报告这份列表,可以根据这些信息做出漫游决定
站点统计报告和帧报告	IEEE 802.11k 接入点能够向站点查询一些统计信息,如站点目前的链路质量及网络性能、发送和接受的数据包数量、重传情况等
现场报告	站点可以要求接入点提供现场报告,基于以上所有报告中的数据和测量进行分析得出的可选接入点的等级列表

例如,移动站点感知到 RSSI 下降,则会向当前的接入点请求一个包含与其相邻的其他接入点信息的报告。移动站点内的智能漫游算法将分析信道的状态和候选接入点的负载情况,选择一个能够提供最好服务质量的接入点。

一旦新的接入点选定了,站点将执行 BSS 转换,与当前的接入点解除链接,并链接到新的接入点,包括认证和建立要求的 QoS。

6.4.3.2 IEEE 802.11r:快速 BSS 转换

目前正在进一步加强 IEEE 802.11r 规范中接入点之间转换的速度及安全性,并通过 Vo-WLAN 改善 WLAN 对移动电话的支持。IEEE 802.11r 通过下面 4 个步骤使得站点和接入点能够快速地在 BSS 之间转换:

- 主动或被动扫描邻近的其他接入点
- 认证一个或多个目标接入点
- 重新链接以建立与目标接入点的连接
- 导出临时密钥对(Pairwise Temporal Key, PTK),IEEE 802.1x 基于四方握手认证,通过这种转换导致具有连续 QoS 的连接重新建立与新的接入点相链接的关键一步是预分配媒体保留以保证服务的连续性,站点不能跳到新接入点之后却发现无法得到时隙来满足时间要求苛刻的服务。

IEEE 802.11k 和 IEEE 802.11r 补充了 IEEE 802.11 网络的漫游部分,这是不同的无线网络如 IEEE 802.11、3G 和 WiMAX 之间透明漫游的重要一步。IEEE 802.21 媒体独立切换(Media Independent Handover, MIH)功能将最终使移动站点在这些多变的无线网络间漫游,在 14.2 节中将进一步介绍。

6.4.4　MIMO 和 600 Mbps 数据速率(IEEE 802.11n)

为了满足不断提高 WLAN 性能的要求,2003 年下半年成立了 IEEE 802.11 工作组 TGn,其目标是通过修正 IEEE 802.11 的 PHY 层和 MAC 层,能够传输最低也要达 100 Mbps 的有效数据速率。

在 MAC 层业务入口(即 MAC SAP)的这种目标数据速率,将要求物理层数据速率超过 200 Mbps,与 IEEE 802.11a/g 网络相比,吞吐量增加了 4 倍。向后兼容 IEEE 802.11a/b/g,网络将确保从传统系统平滑转换,而不必为其实现高速率而付出高昂代价。

虽然对这个提议一直有争议,但是作为推进 IEEE 802.11n 标准发展的主要业界团体,无线增强联盟(Enhanced Wireless Consortium, EWC)在 2005 年 9 月发布了 MAC 层和 PHY 层提案的第一个版本。下面的描述就是基于 EWC 提案。

要达到 IEEE 802.11n 期望的传输速率,两个关键技术是 MIMO 无线通信和扩展信道带宽的 OFDM。

MIMO 无线通信利用空间分离的发射和接收天线,解决了信息通过多个信号路径传输的问题(参见 4.7 节),多个天线的使用增加了额外的增益(分集增益),提高了接收机对数据流解码的能力。

通过在 2.4 GHz 或 5 GHz 频带合并两个 20 MHz 的信道扩展信道带宽,信道容量将进一步提升,原因是可用的 OFDM 数据载频数量加倍。

为了在 MAC SAP 达到 100 Mbps 的有效数据速率,要求两发两收系统工作在 40 MHz 带宽上,或者 4 发 4 收系统工作在 20 MHz 带宽上,分别处理 2 或 4 路空间分离的数据流。考虑到数据流从 2 路上升到 4 路时硬件和信号处理复杂度的明显上升,如果当地频谱规范允许则倾向于选择 40 MHz 带宽解决方案。为了保证向后兼容,IEEE 802.11a/g OFDM 在一个 40 MHz 信道中的高 20 MHz 或低 20 MHz 时要指定物理层操作模式。

最大化 IEEE 802.11n 网络的数据吞吐量要求智能机制以不断适应信道带宽、信道选择、天线配置、调制方案、码率等改变无线信道条件的参数。

在初始时指定了总共 32 种编码和调制方案,分成四组,每组 8 个,取决于是否使用 1~4 个空间数据流。表 6.14 显示的是最高数据速率情况下的调制和编码方案,4 个空间数据流工作在 40 MHz 带宽上提供 108 个 OFDM 数据载频。空间数据流较少时,数据速率只是简单地与数据流的数量成比例下降。

表 6.14 IEEE 802.11n OFDM 调制方法、编码和数据速率

调制	编码比特数/子载波(per stream)	编码比特数(all streams)	编码率	数据比特数(all streams)	数据速率(Mbps)
BPSK	1	432	1/2	216	54
QPSK	2	864	1/2	432	108
QPSK	2	864	3/4	648	162
16-QAM	4	1728	1/2	864	216
16-QAM	4	1728	3/4	1296	324
64-QAM	4	2592	2/3	1728	432
64-QAM	6	2592	3/4	1944	486
64-QAM	6	2592	5/6	2160	540

IEEE 802.11a/g 中，在 4.0 μs 的符号周期内获得的这种数据速率，利用可选的短防护间隔模式可以将速率提高 10/9，即从 540 Mbps 提高到 600 Mbps，而符号间的防护间隔从 800 ns 减少到 400 ns，符号周期变为 3.6 μs。

定义 MAC SAP 有效数据速率为物理层速率的一部分。为了提高 MAC 效率，需要减少 MAC 分帧和确认的开支。对于当前的 MAC 开销，在 MAC SAP 传送 100 Mbps 的目标速率要求 PHY 层速率要达到 500 Mbps。

6.4.5 网状网络(IEEE 802.11s)

如 6.1 节中描述的那样，IEEE 802.11 拓扑依靠分布式系统(Distribution System, DS)把 BSS 连接成 ESS。DS 一般是有线以太网链接接入点（参见图 6.3），但 IEEE 802.11 标准也通过定义一种四地址的帧格式，在同一以太网的各部分之间提供无线分布式系统，四地址包括源地址、目的地址和连接这些站点的两个接入点的地址，如图 6.9 所示。

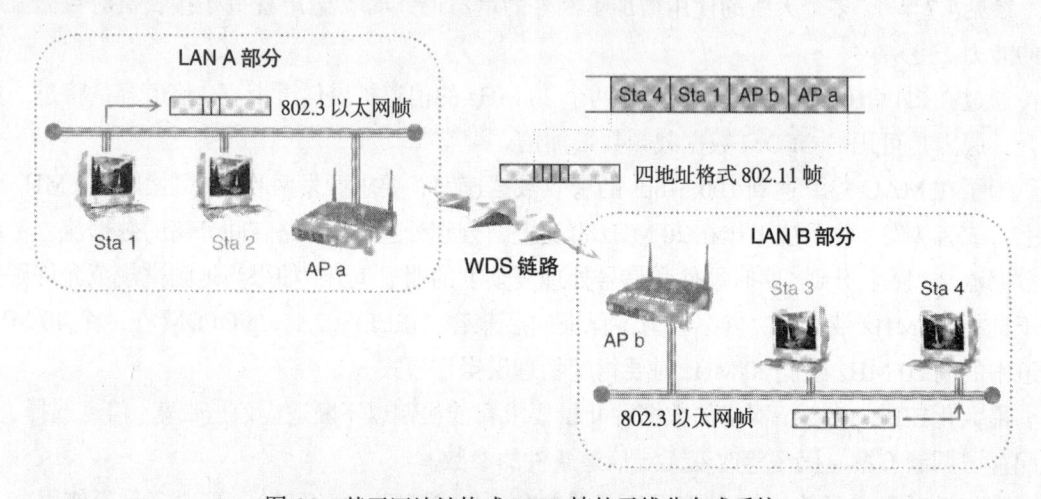

图 6.9 基于四地址格式 MAC 帧的无线分布式系统

2004 年开始工作的 IEEE 802.11s 工作组 TG 的目标是，将 IEEE 802.11 MAC 扩展成协议的基本组成来建立无线分布式系统(Wireless Distribution System, WDS)，WDS 工作在自动配置的多跳无线拓扑结构中，即 ESS 网格。

ESS 网状网络是接入点的集合,由 WDS 连接,能自动学习变化的拓扑结构,并且当站点和接入点加入、离开或在网状网络内移动时能动态重新配置路由。从单个站点与 BSS、ESS 的关系来看,ESS 网状网络功能上等同于有线 ESS。

TG 考虑到为了促进可选的技术提案,在 2005 年形成两个工业联盟:Wi-Mesh 和 SEE Mesh(Simple, Efficient and Extensible Mesh,即简单有效并可扩展网状网络)。

Wi-Mesh 联盟提议的主要部分是网状网络协调功能(Mesh Coordination Function, MCF)和分布式预留信道接入协议(Distributed Reservation Channel Access Protocol, DRCA),与 HCCA 和 EDCA 协议共同工作(参见图 6.10)。Wi-Mesh MCF 的一些关键特性总结在表 6.15 中。

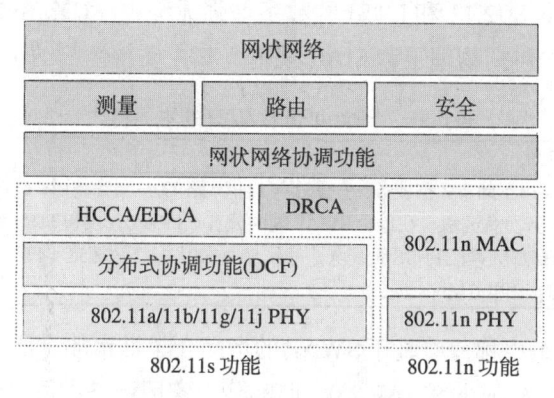

图 6.10 Wi-Mesh 逻辑结构

表 6.15 Wi-Mesh 网状网络协调功能(MCF)特性

Wi-Mesh MCF 特性	描述
穿过多个节点的媒体接入协调	多跳网络中的媒体接入协调用来避免性能恶化及满足 QoS 保证
QoS 支持	网状网络内的通信优先级;多跳路径的流量控制;负载控制和竞争解决机制
有效的 RF 频率和空间复用	减轻隐藏站点、暴露站点造成的性能损失,允许并发传输以提高容量
可量测性	启用不同的网络大小、拓扑、使用模式
物理层独立	与无线电设备数量、信道质量、传播环境、天线排列(包括智能天线)无关

最终的 ESS 网状网络标准还将包含基于 IEEE 802.11e QoS 机制的优先级通信处理和 IEEE 802.11i 标准的安全特性及其补充。

IEEE 802.11 安全特性的进展将在第 8 章详细介绍,除了已经被 WEP、WPA、WPA2 和 IEEE 802.11i 非网格 WLAN 解决的安全问题外,网状网络还引入了一些附加的安全性考虑。网状网络附加的安全方法用来识别节点是否被批准执行路由功能,目的是确保路由信息消息的安全链接。这个方法在网状网络中实现起来比较复杂,因为在网状网络中通常没有集中的认证服务器。

IEEE 802.11s TG 的工作还处于初级阶段,最终建议将在 2008 年或以后被批准。

6.5 其他 WLAN 标准

虽然 WLAN 目前由 IEEE 802.11 标准系列控制,但是在 WLAN 标准发展的过程中,有一个短暂时期 WLAN 标准的主宰权并未确定。从 1998 年到 2000 年,基于不同标准的设备层出不穷。这个短暂时期最终随着IEEE 802.11b产品市场的快速增长而结束,从1999年至2001年末,上千万片IEEE 802.11b的套片出厂。下面简要介绍已经成为历史的HomeRF和HiperLAN标准。

6.5.1 HomeRF

家用射频(HomeRF)工作组在1998年由生产开发PC、消费电子和软件的诸多公司组成,包括Compaq、HP、IBM、Intel、Microsoft和Motorola等,目的是针对家用网络市场开发一种家用无线网络。工作组开发的共享无线访问协议(Shared Wireless Access Protocol, SWAP)规范提供无线语音和数据网络服务。

SWAP起源于IEEE 802.11和ETSI的数字增强无绳电话(Digitally Enhanced Cordless Telephony, DECT)标准,包括物理层和MAC规范,其主要特性归纳于表6.16。

表6.16 HomeRF SWAP的主要特性

SWAP规范	主要特性
MAC	TDMA用于同步数据业务——最多可提供6路TDD语音会话;CSMA/CA用于非同步数据业务,数据流可分优先级;在单个SWAP帧中分有CSMA/CA段和TDMA段
PHY	2.4 GHz ISM频段FHSS无线电,每秒50~100跳,2-FSK或4-FSK调制,传输物理层数据速率为0.8 Mbps和1.6 Mbps

尽管HomeRF工作组声称一些基于SWAP的产品在早期市场有所突破,并且于2001年发布了物理层速率达到10 Mbps的SWAP 2.0,但实际上家用网络市场已经被IEEE 802.11b的产品所垄断,HomeRF工作组最终在2003年1月解散。

6.5.2 HiperLAN/2

HiperLAN表示高性能无线局域网,是由欧洲电信标准化协会ETSI的宽带无线电多址网络(Broadband Radio Access Networks, BRAN)项目开发的无线局域网标准。HiperLAN/2全球论坛由Bosch、Ericsson、Nokia等公司于1999年9月组建成立,作为一个开放的业界论坛,其目的是促进HiperLAN/2并确保标准的完成。

HiperLAN/2的物理层非常类似于IEEE 802.11a的物理层,采用OFDM,工作在5 GHz频段,传送物理层数据速率高达54 Mbps。HiperLAN与IEEE 802.11a的主要不同之处在于,后者在MAC层使用CSMA/CA控制媒体接入,而前者采用时分多址接入(Time Division Multiple Access, TDMA)。两种接入方式的对比列于表6.17中。

表6.17 CSMA/CA和TDMA媒体接入比较

媒体接入方法	特性
CSMA/CA	基于竞争的接入,冲突和干扰将导致不确定的退避;只在IEEE 802.11e中引入QoS用来支持同步通信(语音和视频);MAC有效性减少(PHY层54 Mbps,MAC SAP大约25 Mbps)
TDMA	基于站点吞吐量的动态时隙分配;支持同步通信;较高的MAC有效性(物理层54 Mbps,MAC SAP大约40 Mbps);可以连接3G和IP网络

HiperLAN/2的技术优势是QoS、在欧洲的兼容性以及高的MAC SAP数据速率,这些优点已经基本被IEEE 802.11改进版所取代了,例如IEEE 802.11e中介绍的QoS增强(参见6.4.1节)

以及迎合欧洲规范要求的 IEEE 802.11h 物理层改进协议（参见 6.4.2 节）。因此，欧洲业界实际上已经不再支持 HiperLAN/2。

在业界过于关注基于 IEEE 802.11 标准的产品时，似乎 WLAN 市场已不在有 HiperLAN/2 的立足之地，最明显的迹象可能就是对 HiperLAN/2 的 Google 新闻接近于 0。

6.6 本章小结

自从 1999 年 7 月 IEEE 802.11b 发布以来，IEEE 802.11 标准就占据了优势，似乎在 WLAN 技术中占据了牢不可破的地位。各种 IEEE 802.11 规范采用了广泛的实用技术，如表 6.18 所示的调制和编码方案，并致力于发展和使用新技术，如 MIMO 无线通信，以及网状网络要求的协调和控制功能等。

表 6.18　IEEE 802.11a/b/g 规定的和可选的调制编码方式

速率(Mbps)	802.11a		802.11b		802.11g	
	强制的	可选的	强制的	可选的	强制的	可选的
1 & 2			Barker		Barker	
5.5 & 11			CCK	PBCC	CCK	PBCC
6, 12 & 24	OFDM				OFDM	CCK-OFDM
9 & 18		OFDM				OFDM, CCK-OFDM
22 & 33						PBCC
36, 48 & 54		OFDM				OFDM, CCK-OFDM

随着未来 IEEE 802.11 工作组按照字母表对标准做第二次审核，WLAN 的性能将进一步增强，这无疑会不断展现出技术发展的丰富而迷人的前景。

第 6 章提供了技术方面的基础及当前无线局域网技术的性能。第 7 章将在此基础上介绍无线局域网实现时需要考虑的事项。

第7章 WLAN 的实现

从确定用户对无线网络的要求，到对已安装的 WLAN 的运行和维护，有许多实现途径，最好的办法是依据工程的性质和规模来实现。本章描述的 5 步处理适用于从简单的 ad-hoc 家用网络到连接多个建筑物的大规模公司 WLAN 的实现。

对于小型工程，例如实现一个典型家用的或小型办公室的 WLAN，下列步骤中的某些步骤可能会被部分缩减或全部省略，然而，了解这些步骤中的每一项对于工程的成功实现会有很大帮助，即使是最小型的工程。

规划与实现 WLAN 的 5 个关键步骤如下：

1. 评估需求，选择正确的技术
   - 确定用户需求：用户期望实现的网络及性能是什么？
   - 确定技术需求：要实现用户需求所需要的技术方案有什么特性？
   - 评估可用的技术：所有可用的及已出现的 WLAN 技术，在哪些方面有悖于技术需求？
   - 选择网络硬件部件：买一个商家还是多个商家的产品？其优缺点是什么？
2. 规划及设计 WLAN
   - 勘测 RF 环境：WLAN 的布网范围内是否存在其他 RF 源或可能阻碍 RF 传播的障碍物？
   - 设计物理结构：何种结构适合此网络？
3. 试验性测试
   - 测试选择的技术及结构：已选解决方案能否实现预期性能？
4. 实现及配置
   - 将最终的 WLAN 放置到适当的位置，并向用户群做介绍。
   - 配置适当的安全测量。
5. 运作及维护
   - 保持 WLAN 的有效运作，并且提供用户支持。

下面详述规划及实现的每个步骤。第 8 章将更详细地讲述 WLAN 的安全方面。

7.1 评估 WLAN 的需求

7.1.1 确定用户需求

如果 WLAN 是用来服务较大的用户群，那么大范围征求用户需求意见就非常重要，可以利用调查表或进行采访。首先有必要向预期的用户群讲解技术来增进他们的了解，这样调查时他们就能给出针对性的意见。

用户需求应以他们的体验来描述,而不是通过特定的解决方案或技术特性,因为他们与特定的技术是独立的。例如,当调查对工作性能的期望时,物理层的数据速率是一种技术特性,然而用户真正关心的问题则是传输某个指定大小的文件所需的时间。

用户需求的常见种类如表 7.1 所示。

表 7.1 WLAN 用户需求类型

需求类型	考虑因素
应用模型	WLAN 需要支持什么样的用户活动?用户经常通过网络传输大文件(比如从因特网下载或视频编辑)么?WLAN 在现在或将来需要支持语音或视频传输应用么?
性能期望	用户对网络性能有何期望?如果经常采用大的数据文件,要求的传输时间是多少?
覆盖区域	用户需要无线网络覆盖的区域有多大?此区域内不同地方用户需求是否不同?覆盖区域未来需要扩大么?
移动性	如果用户工作时在覆盖区内移动,是需要通过一些固定位置接入 WLAN(漫游)还是需要移动时保持服务不间断(例如支持语音服务)?
设备互操作	什么类型的用户设备需要接入网络?
用户数	需要支持的用户总数和用户设备总数是多少?一般有多少用户需要并行服务?网络期望能够满足的未来增长有多少?
安全性	网络传输的信息需要什么密级?需要何种级别的保护来应对非认证接入?
电池寿命	如果在网络中使用移动设备,用户多长时间要给其电池充一次电?
经济	实现此 WLAN 的预算是多少?若有需要高性能的特定需求是否可以将解决方案的费用调高?

在用户需求的所有方面中也提出了未来证明的问题;用户工作过程中对系统未来发展的期望、用户业务中采用的类型、业务的增长等,这些会改变对 WLAN 的全部要求么?

7.1.2 确定技术需求

技术需求紧跟用户需求,通过将其转化为特定的技术特性来传递用户需求,如表 7.2 所示。例如,如果用户需要高速地传输大的文件,如视频编辑应用,这个要求将转化为高且有效的数据速率的技术要求。

一些技术特性,如工作范围以及与干扰和共存有关的事项,须在场地调查和网络硬件物理布局初始规划好之后给予说明。

表 7.2 WLAN 技术特性

需求类型	考虑因素
有效数据速率	单个用户的数据速率可由应用模型确定,例如通过典型文件大小及上传/下载时间确定,或通过对语音或视频流的要求确定。如第 6 章所述,有效数据速率比标准物理层数据速率低许多,并且可被不利的环境因素极大地影响,如 RF 干扰
网络容量	在给定的目前和未来期望的用户群大小以及用户设备数量的情况下,用于提供所需服务水平需要的网络容量总共是多少?不论是技术选择还是决定 WLAN 的合适物理结构,网络容量都是一项关键因素
服务质量	如果应用模型包括如 VoWLAN 这样的应用,要保证满足性能需求,服务质量保证是一项重要的特性
应用支持	有用来支持特别的应用模式要求的特定技术特性吗?
网络拓扑结构	怎样的连接方式能满足用户需求?例如,对等连接用于本地数据共享,点到点连接用于链路建立,等等
安全性	如果用户对保密性要求高,那么就需要数据加密、网络接入监控以及其他安全测量措施

(续表)

需求类型	考虑因素
干扰与共存	如果WLAN必须同其他无线网络工作在同一环境，如蓝牙或无绳电话，那么就必须考虑共存的问题
技术成熟度	在标准通过之前的早期产品存在能否互操作的问题，而完全成熟的技术可能又会限制未来的发展，并且当新的应用模型出现时，会有过时的危险。这项特性的意义取决于用户是需要现有技术还是前沿技术
工作范围	要求的范围将由工作区域的物理范围和性质、接入点等部件的布局决定。在实现点到点连接时（建筑物间的无线桥接），总体链路预算将会非常重要
网络可扩展性	如果WLAN需要不止几个接入点，或在未来接入点的显著增加是可预料的，那么就需要初始配置容易，而且要求不间断的网络管理，至少对网络管理员来说是这样

7.1.3 评估可用技术

确定了能满足用户需求的技术特性，就可以根据这些特性直接评估可用的技术。可以用一个类似于表7.3的简单的表格来显示评估指标，以便对可用的解决方案进行透明、客观的比较。

也可以采用更完善的评估方法，例如，给每个需求设定一个权重因数，则每项技术解决方案根据与需求的符合程度得到一个分数。

表7.3 WLAN技术及其特性比较

需求类型	IEEE 802.11b	IEEE 802.11g	IEEE 802.11a	IEEE 802.11n
PHY层数据速率	11 Mbps	54 Mbps	54 Mbps	200+ Mbps
MAC SAP的有效数据速率	6 Mbps	22 Mbps（11b站点内为8～13 Mbps）	25 Mbps	100 Mbps
网络容量	3个不重叠信道	3个不重叠信道	12～24个不重叠信道	6～12个不重叠双信道
服务质量	不支持	不支持	不支持	支持
干扰与共存	2.4 GHz频带	2.4 GHz频带可与IEEE 802.11b网络互操作	5 GHz频带	2.4 GHz或5 GHz
频带技术成熟度	成熟	成熟	成熟	不成熟
工作范围	室内效果好，可穿透墙壁	室内效果好，可穿透墙壁	视距传播，穿透性差	对于11a或11b，取决于其频带
可扩性	每个AP有少量用户	每个AP有少量用户	企业规模，每个AP有大量用户	企业规模，每个AP有大量用户

7.1.3.1 网络容量

要求的网络总容量是指网络上期望的并发用户数最大时的带宽需求总量，由于用户数很少会达最大数，并且在出现使用高峰期的短暂期间里有限的性能下降也是可以接受的，所以可以允许有一定的宽限。如果上述需求超过单个接入点的容量，那么就需要用多个接入点，容量上限可由可用的不重叠信道数量决定。用容量上限定义的IEEE 802.11网络总的可达到的网络容量如表7.4所示。

正如6.4.2节所述，IEEE 802.11h增强在5 GHz频带开放了另外12路OFDM信道，是IEEE 802.11a网络容量的两倍。

表 7.4　IEEE 802.11a/b/g 的有效网络容量比较

网络标准和工作模式	MAC SAP 速率（Mbps 每信道）	不重叠信道数	网络容量（Mbps）
IEEE 802.11b	6	3	18
IEEE 802.11g（混合模式，RTS/CTS）	8	3	24
IEEE 802.11g（非混合模式）	22	3	66
IEEE 802.11a	25	12	300
IEEE 802.11a（通过 IEEE 802.11h 增强）	25	24	600

7.1.3.2　工作范围

无线网络连接的工作范围受多种因素的影响，从使用的调制与编码方案到网络工作的建筑物所使用的建筑材料特性，其关键因素归纳于表 7.5 中。

表 7.5　影响 WLAN 工作范围的因素

因素	对工作范围的影响
频带	如 4.5.4 节所述，自由空间损耗与工作频率的对数成比例，当频率从 2.4 GHz 增至 5.8 GHz 时，自由空间损耗增加 6.7 dB
发射机功率和接收机灵敏度	如 4.5.5 节所述，这两个因素决定链路预算的端点，所以将二者组合在一起
调制与编码方案	调制与编码方案的数据速率越高，鲁棒性越差，相应地需要更高的接收信号强度来保证准确解码。为达到高的数据速率在同等范围内的其他因素都将会相应减小
环境因素	如果 RF 信号必须通过墙壁、天花板、地面及其他障碍物，则建筑材料尤其是金属对路径损耗起主要影响。路径损耗受频率影响也很大，在 5 GHz 频带上，所有的通信都要求在视距范围内工作

在典型办公室环境中，IEEE 802.11a/b/g 网络在不同物理层数据速率下的工作范围如表 7.6 所示。表中数值是在 IEEE 802.11a/b 下的传输功率为 100 mW，在 IEEE 802.11g 下为 30 mW，天线增益为 2 dBi 时得到。

表 7.6　WLAN 室内工作距离与 PHY 数据传送率的关系

PHY 数据传送率(Mbps)	IEEE 802.11a	IEEE 802.11b	IEEE 802.11g
54	45		90
48	50		95
36	65		100
24	85		140
18	110		180
12	130		210
11		160	160
9	150		250
6	165		300
5.5		220	220
2		270	270
1		410	410

7.1.3.3　选择技术解决方案

随着 HiperLAN/2 和 HomeRF 标准的消亡，技术选择的关键仅仅是，IEEE 802.11 中的哪种更符合要求？

尽管需求分析可能会指出选择哪种技术为最优,但如果需要在 2.4 GHz 及 5 GHz 频带中做出选择的话,RF 现场勘测应作为一项考虑因素,这将在下一节中介绍。

同样地,如果需求分析表明网络容量需要扩展超出单个信道的吞吐量,比如采用充分利用非重叠信道的多个接入点,那么最初的物理布局需要同时满足 2.4 GHz 及 5 GHz 选项。

在做出最后决定之前,做一些实地测量很有用。例如,确认在狭窄室内环境中的 5 GHz 网络可达到的范围。

未来硬件的发展很快会使在 2.4 GHz 与 5 GHz 之间的选择变得没有意义。随着同时支持 IEEE 802.11b/g 和 IEEE 802.11a 的双频段设备大量生产,其价格将降到与单频段产品相近,因而双频段 WLAN 能充分利用两种 RF 频带的优势,将具有很高的性价比。

7.2 规划和设计 WLAN

7.2.1 勘测 RF 环境

除了最简单的 WLAN,在所有 WLAN 的规划和设计中,现场勘测是很重要的一步。在 LAN 工作区域内,确定环境因素对无线电波传播的影响,以及测试会干扰 WLAN 性能的 RF 信号的存在是很重要的。

现场勘测的目的是收集足够的信息来规划接入点的数目和位置,以达到需要的覆盖范围,覆盖范围可以用在工作区域内达到最小要求数据速率来表示。

一般执行两类现场勘测:噪声和干扰勘测,以及传播和信号强度勘测。

7.2.1.1 噪声和干扰勘测

此类勘测主要检查是否有其他使 WLAN 性能降低的无线干扰源,如附近的网络、军用设施等,其主要方面如表 7.7 所示。

表 7.7 噪声和干扰勘测

勘测方面	描述
目标	估计 WLAN 拟使用频带的噪声基底(每单位频带中的 RF 功率,dBm/MHz)。确定在带宽内 RF 能量的分布(频率,连续或离散,峰值及均值功率电平)
所用设备	立式 RF 谱分析仪或装有无线网卡和频谱分析软件的 PC
勘测技术	接入点安置前先实地初测。进一步的接入点测量需在选定的位置进行,以确定任何间歇性的干扰源
勘测结果应用	测得的噪声基底用于链路预算的计算,在给定硬件设备规范(发射功率,接收机的灵敏度,天线增益等)的情况下用来估计 RF 链路的有效范围。干扰结果表明频带利用的限制,例如需要避开的信道,以及在极端情况下可用来在 2.4 GHz 与 5 GHz 之间做出选择

7.2.1.2 传播和信号强度勘测

较好的传播和信号强度勘测,可以保证网络资源的正确分布,以免规划的网络受到覆盖盲区的影响,导致该范围内的网络性能差。好的勘测也可以保证网络容量的合理规划。这类勘测的主要方面如表 7.8 所示。

表7.8 传播和信号强度的勘测

勘测方面	描述
目标	在WLAN工作区域内，在给定接入点和客户站点位置的情况下确定覆盖范围模型、接收信号强度及可达到的数据速率
所用设备	配备了无线网卡和现场勘测软件的笔记本电脑或手提PC。理想情况下，勘测所用接收机的硬件应该和规划客户站的硬件相同（相同的无线NIC），否则需要建立一定的容限，例如对于不同的接收灵敏度或者不同的天线增益。将勘测工具与GPS导航模块组合使用，有助于将勘测结果转化为现场规划
勘测技术	接入点初步放置好后进行现场初测，在每个位置测量接收信号的强度和最大数据速率。如果2.4 GHz与5 GHz频段都考虑使用，则需要在每个频段上进行勘测，因为这些频段的传播模型会有很大的差别
勘测结果应用	勘测结果将显示周围环境（办公室隔断、墙壁、橱柜、电梯等）对理想全向传播模型的影响。与范围大小相对应的可达数据速率可用来决定接入点的布置，进而有助于规划物理硬件设备的布局

图7.1所示为典型的传播与信号强度的勘测结果，可用于确定由于本地环境条件对RF传播造成不利影响的区域。与类似的噪声基底测量图结合起来，可以指示出潜在的低信噪比区域，在这些区域需要调整接入点及天线位置，或者改变发射机功率设置或天线增益。

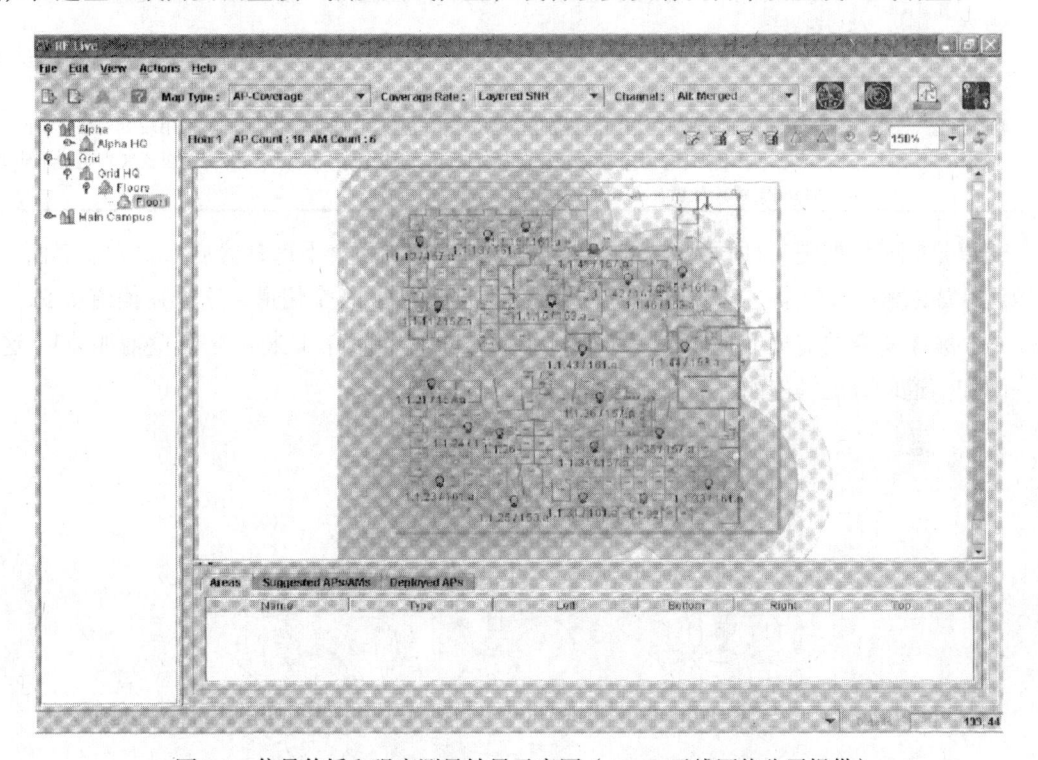

图7.1 信号传播和强度测量结果示意图（Aruba无线网络公司提供）

7.2.2 物理结构设计

在建立了RF环境的大致面貌，并且收集了工作区域内传播与信号强度的数据之后，就可以构建一个WLAN的临时物理布局。本阶段的目标是确定硬件布局，以保证完全的RF覆盖，并满足无线客户站点的带宽要求。

7.2.2.1 网络物理布局设计

物理结构的规划从工作区域的场地规划及传播和信号强度的勘测结果入手,最终得到布局规划的细节:

- 需要的接入点数目
- 最优的天线类型及其位置
- 无冲突工作信道
- 各接入点合适的功率设置

影响物理布局的因素如表7.9所示。

表7.9 影响WLAN物理结构的因素

参数	影响物理结构的因素
数量	由传播和信号强度勘测决定覆盖区域,用来划分每个接入点的工作区域,并以此初步确定所需数量。如果传播模型由于附近障碍物的影响而不是全向性的,那么接入点的有效覆盖区域会减小
最佳天线位置	采用全向天线的接入点最佳位置一般都接近覆盖区域的中心,一个能够最大化到客户站点的视距,清除了障碍物特别是金属物(如档案柜)的位置。高一点的位置效果会更好,例如安装在天花板上
工作信道	任何显示出明显的背景噪声或零星噪声的信道都应避免。可以根据接入点的初始位置分配给接入点可用的非重叠信道。典型的2.4 GHz频段的三个非重叠信道的分配模型如图7.2所示
功率设置	一般说来,如果使用最大允许发射功率,则所需接入点的数量将最小。采用较低功率设置的原因是减少建筑物外的传播或者避免对其他RF系统的干扰。相反,高的功率设置要求是为了应对诸如高RF噪声或者高的路径损耗的本地条件情况

信道分配模型如图7.2所示,它基于2.4 GHz频带上的三个不重叠信道1,6,11。然而,有些地区(如欧洲、日本等,参见6.3.2节)允许此频带内有13个信道,这样在信道1,5,9,13之间最小频率重叠的前提下,可允许有4个接入点工作,可潜在地将网络容量增加1/3。这种允许附加信道的分配模型如图7.3所示。

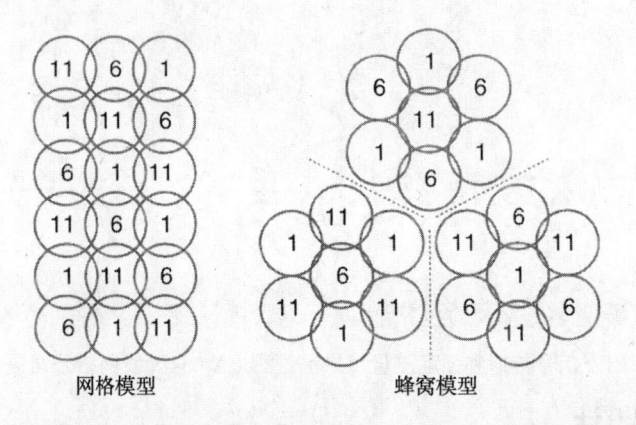

图7.2 具有3个不重叠信道的IEEE 802.11b接入点信道分配模型

WLAN布局的初期,通常依据试验-纠错理论,先临时配置接入点,进行信号强度和吞吐量测量(实质上重复了现场勘测),然后增加或重新布置接入点来弥补RF覆盖区的任何检测到的盲区。

4信道网格模型　　　蜂窝模型

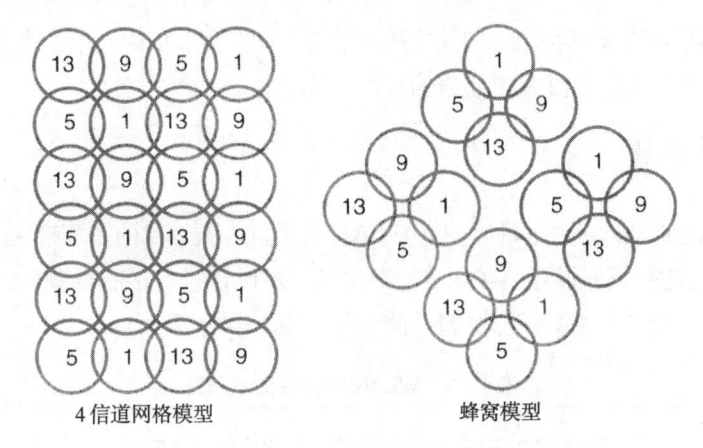

图 7.3　具有 4 个非重叠信道时的信道分配模型

规划工具如 Wireless Valley 公司的"LAN Planner"可用来改进 WLAN 的设计，该工具可以对期望的网络性能进行仿真并以图形显示。接收信号强度指示器(Received Signal Strength Indicator, RSSI)、信号干扰比(Signal to Interference Ratio, SIR)、信噪比(Signal to Noise Ratio, SNR)、吞吐量和误比特率(Throughput and Bit Error, BER)等信息可以用数字化现场规划显示，这样可以对复杂的环境进行更精确的规划。

利用这些工具和方法不但可以自动布局与配置网络部件，还可自动生成材料和维修记录清单，从而简化接下来的网络实现步骤。

7.2.2.2　利用无线交换机进行设计和部署

如 3.3.3 节所述，无线交换机不仅可以改变两个站点间网络通信的路由方式，特别在大型 WLAN 安装时，还提供有助于设计和后继配置的工具。典型的无线交换机工具包包括：

- 根据容量和覆盖区域的自动布局规划，如表 7.10 所示。
- 多接入点和 WLAN 交换机的单击配置。
- 简单的监控和操作，从检测及定位非法的接入点到传输功率自适应调整，来消除覆盖缺口并优化网络性能。

表 7.10　无线交换机自动规划工具

无线交换机特性	描述
自动现场勘测工具	大多数无线交换机提供自动现场勘测工具，该工具产生输入勘测数据用来仿真 WLAN 工作环境
接入点位置规划	此工具允许从 CAD 程序输入建筑蓝图及结构说明，使用内建的传播模型来确定接入点的最佳位置，并考虑到建筑材料、路径损耗及衰减

7.2.2.3　网络桥接（点到点无线连接）

如果 WLAN 要求连接两个分离的工作区域，例如从一个建筑物内的 WLAN 连接到另一个建筑物内的有线或者无线 LAN，这就需要设计点到点的连接。

由于 RF 在户外的传播比室内更容易预测，所以通常设计点到点连接比前述的室内布局设计要简单。如果能够确定适当的天线位置，在其之间提供直接的视距传播，则该链路预算的计算可参考 4.5.5 节。

在给定链路范围和所用的 RF 频带情况下，所确定的发射功率和天线增益的结合应能使接收端有足够的接收信号强度以获得期望的数据速率。

7.3 试验性测试

按照前面描述的设计过程，可以建立 WLAN 的硬件布局，目的是实现在工作区域内 RF 全覆盖，且达到需求的数据吞吐量。在完全安装之前，对设计进行试验性测试，可以有效确保需求没有遗漏且技术限制未被忽视。试验性测试的项目归纳于表 7.11。

表 7.11 WLAN 试验性测试项目

试验性测试特性	描述
极限测试	试验性安装的极限测试包括让 WLAN 承受最大的数据传输要求，例如视频或音频传输，或传送大的文件；逐步增加高速率应用时并发用户数，可以测试出可达到的吞吐量极限
保持和分析用户的登录	在试验性测试期间接入点能够登录并且被分析，显示出使用高峰期，以及指出测试期使用过的服务类型。对某时刻用户需求进行比较可以测试某种应用模型是否可行
建立测试后的用户调查	当测试开始一段时间后进行用户调查，可以突出某些问题的类型和出现频率，并可测出是否达到用户的期望。问题报告可以同接入点登录配合，进而凸显出试验性测试安装中的瓶颈，可以指出大规模安装前必要的设计改变

试验性测试将包括安装若干最终应用于该工程的同类型接入点且覆盖部分工作区域。选择的工作区域是给设计阶段带来最大困难的部分，不论是干扰还是传播问题，这对设计方案的鲁棒性也是一次最好的考验。

试验性测试还应包括对安装后试验系统的每日性能所做的监测和用户反馈，以及超负荷条件下运行极限测试。

试验性测试的结果可能是确认了设计阶段提出的安装方案，也可能会指出原设计需要调整才能完全达到用户预期的需求。如果试验结果表明设计方案要有较大变动，那么最好再重新进行一次试验性测试。

7.4 安装与配置

7.4.1 WLAN 的安装

安装 WLAN 应该遵循一套系统的方法，即在某一建筑区安装并测试完成后，再安装下一区域。这能确保有问题可尽早发现，一旦整个网络安装好之后，再来找出某个错误点则会困难得多。

关键的实现步骤在表 7.12 中给出。如果安装涉及多个接入点，则应依次对每个 BSS 进行这些步骤，每个 BSS 的工作检验完成后再进行下一个 BSS。

在安装好第一个接入点后，安装与此接入点相连接的每个站点需重复步骤 4~6。对于第二个以及后续接入点的安装，需重复步骤 1~6。

第 7 章 WLAN 的实现

表 7.12 WLAN 实现步骤

实现步骤	描述/注意问题
(1) 安装以太网电缆到规划的接入点位置	如果接入点位置还没有经过试验性测试，那么在接入点位置实际验证前最好放置临时电缆，特别是对那些昂贵或易损坏的电缆来说。测试电缆的办法是将手提电脑用新的电缆连接到有线网络，用"ping"命令测试连通性（参见 9.1 节）
(2) 在规划位置安装第一个接入点并连接到有线网络	依照厂家提供的说明书，可使用提供的任何装备工具，例如用于墙壁、天花板、吊顶的工具。依据厂家建议注意天线方向，然后连接电缆和天线。如果不是采用以太网供电，则需连接电力电缆
(3) 配置接入点设置项	下一小节将进一步讲述配置。根据使用的硬件不同，也许需要在连接有线网的电脑上安装配置软件，或者通过 Web 配置接入点
(4) 在通过接入点连接的电脑中安装无线 NIC	查看厂家说明，确定正确的安装顺序（驱动先装还是硬件先装），这通常由操作系统决定（例如，对于 Windows XP，是先装硬件）
(5) 为每个新站点配置无线网络	安装了驱动软件后，计算机操作系统需要将无线 NIC 确认为新的网络连接
(6) 检查所有站点的操作	确保通过第一个接入点连接的站点网络连接良好

7.4.2 WLAN 的配置

初始配置需确保所用的 WLAN 参数能实现安装的接入点与站点之间的通信，并且确保可以与邻近的 BSS 共存。配置好接入点和站点之后，还需配置网络操作系统。

7.4.2.1 接入点配置

接入点配置的细节因所选硬件而异，表 7.13 总结了可适用于各种情况的基本配置参数。

表 7.13 接入点配置参数

参数	配置注意事项
IP 地址（加上子网掩码和默认网关）	接入点可能拥有生产商定义的默认 IP 地址，这样可以通过 Web 浏览器与其建立直接连接。或者可以通过有线网络中的 DHCP 服务器为接入点分配 IP 地址，也可以将 PC 连接到接入点的配置接口，分配静态 IP 地址（加上子网掩码和默认网关）
SSID	作为一项基本的安全措施，应改变每个网络的服务设置 ID(SSID) 的默认值；大型 WLAN 的安装中，应定义 SSID 的分配策略
SSID 广播	信标帧内的 SSID 广播可以启用或禁用。禁用 SSID 广播是一项进一步的安全措施，将在第 8 章中讨论
最大发射功率	遵从本地政策，设置允许的最大发射功率
无线电信道	在本地政策允许的范围内选择工作信道。一些接入点可能具有自动搜索最不拥挤的信道的功能
工作模式	在有 IEEE 802.11g 网络的情况下，根据网络中是否有 IEEE 802.11b 站点工作，选择混合工作模式或者 IEEE 802.11g 工作模式
安全性	选择安全模式（64-bit WEP, 128-bit WEP, WPA-PSK 等）、登录密码或加密密钥、传输密钥以及确认模式（将在第 8 章中详述）
天线配置	具有多天线的接入点可配置成使用一种特定天线，或选用不同模式的所有天线，选择产生最强信号的天线

如果接入点是具有自动选择频段的双模或三模设备，则每个模式需要分别配置。一些接入点可能允许配置其他物理层参数，例如片段限制，或不成功重传次数最多为多少时可丢弃这个包。图 7.4 给出了配置接入点工作参数的典型设置界面。

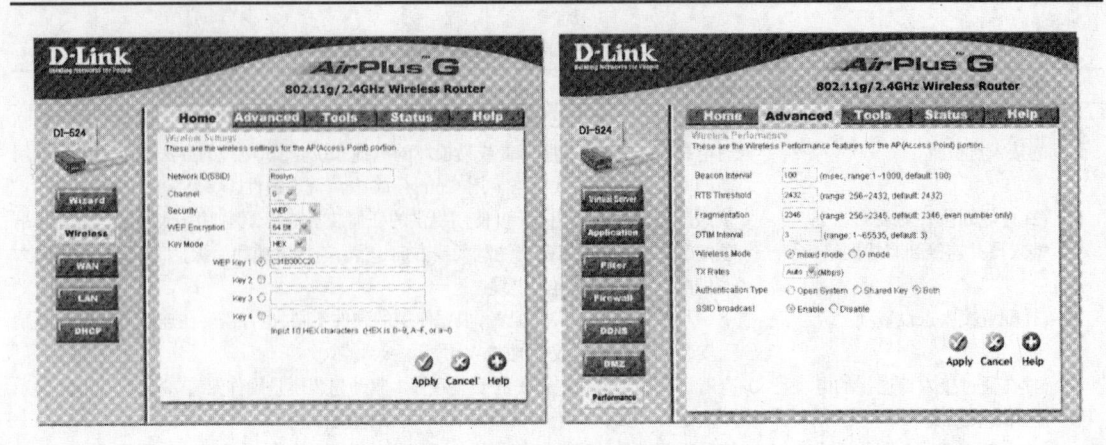

图 7.4 典型的接入点配置界面

7.4.2.2 无线站点配置

对于接入点来说，站点配置的细节因硬件而异，但表 7.14 列出的无线 NIC 配置基本参数对所有情况是普遍适用的，图 7.5 给出了配置无线 NIC 工作参数的典型设置界面。

表 7.14 无线 NIC 配置

参数	配置注意事项
网络模式	如果站点需要与接入点相链接，则选择固定结构模式；如果站点不与接入点连接仅与其他站点连接，则选择 ad-hoc 模式
SSID	输入将与此站点连接的接入点的 SSID
无线电信道	在本地政策允许的范围内选择工作信道
工作模式	若接入点硬件为 IEEE 802.11g，则可以在 IEEE 802.11g 网络中选择混合模式或仅仅为 g 模式
安全	安全设置(验证密码或加密密钥、传输密钥和认证模式)必须与站点将要链接的接入点的输入值相匹配

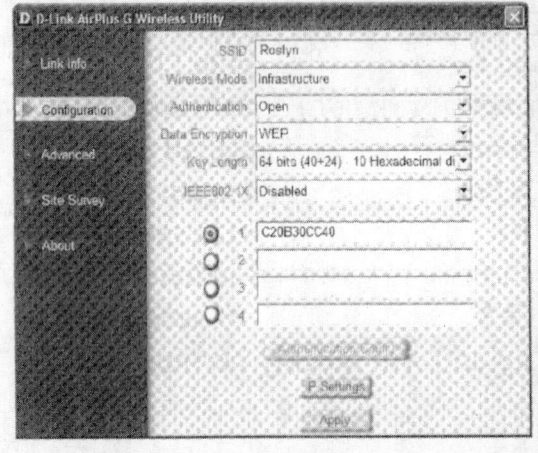

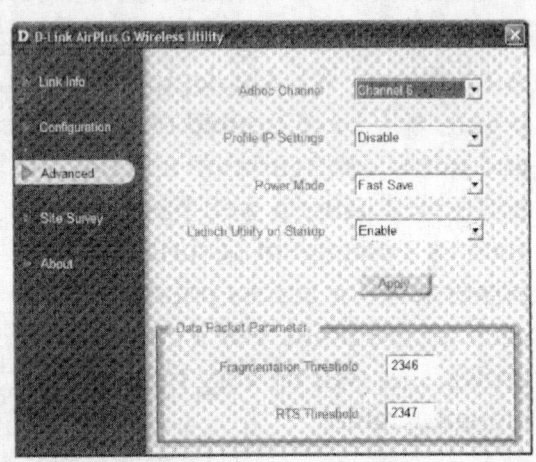

图 7.5 典型的无线 NIC 配置界面

7.4.2.3 网络操作系统配置

如果 WLAN 是某个有线网络的扩展，则不需要再对网络操作系统(NOS)进行配置。然而，若 WLAN 是一个全新的网络，则还需进行一系列的 NOS 配置工作。具体配置细节取决于所用的 NOS，一般应包括：

- ■ 确保网络协议已安装，如 TCP/IP。
- ■ 确保网络软件已安装，如文件或打印机共享。
- ■ 认证用户共享资源的工作组。
- ■ 允许部分网络文件系统可以被普通用户或者工作组接入。
- ■ 允许打印机、扫描仪等设备共享接入。

7.4.2.4 自动 WLAN 配置与管理

基于第一代或"胖"接入点的传统 WLAN 配置，仅具有有限的或非内置的网络管理能力，其初始配置以及进行的管理大多通过基于 Web 的用户界面执行。网络管理工作需要对每个接入点分别进行，比如改变安全设置、RF 工作信道、传输功率或接入策略等。对于企业 WLAN，随着接入点数目的增加，配置将会十分耗时，并且很快将变得难以管理。

以无线交换机形式出现的第二代 WLAN 硬件，设计成能够在具有多接入点的 WLAN 中执行管理任务，并且提供了一些自动配置和管理的工具，如表 7.15 所归纳。

表 7.15 无线交换机自动配置与管理工具

无线交换机特性	描述
自动配置	当接入点配置好后，无线交换机提供自动配置，为每个接入点确定最佳的 RF 信道及传输功率设置，可以减少配置时间以及人工配置产生错误的危险
接入控制	接入点可以依据一些类别进行分组，例如它们所属的建筑或楼层，可以建立一项清单，指定某些接入点或特定用户允许连接。接入控制可以包括监控某站点的漫游历史及带宽的使用情况
RF 管理	一些无线交换机产品可以通过改变 RF 工作信道和功率设置来不间断地适应 RF 环境中的改变，这样可以避免信道受噪声和干扰的影响
增强型安全性	RF 现场勘测可用于检测和定位非法接入点和非认证用户或 ad-hoc 网络进行

7.5 操作与支持

当安装及配置完成后，就应转而关注对 WLAN 的操作与支持。依据用户群的规模，需要计划并提供初用者培训、每日帮助支持以及硬件维护。为确保安装继续满足用户需求，需做两项关键工作：网络性能监测及控制将来对网络安装和配置的改动。

7.5.1 网络性能监测

从中规模到大规模的 WLAN 实现，网络管理员需要对网络性能保持大概的了解，这样才能确定及定位任何问题的性质和位置，并迅速采取解决措施。

WLAN 管理工具的多样化使性能监测工作得以简化，一般采用基于建筑物蓝图或工作区域的其他规划的图形界面，可使网络管理员能够看到从接入点和接口卡收集来的性能数据。

通过 SNMP 查询接入点和站点采集到的这种实时性能数据，以及来自系统软件的数据，可以用来判别：

- ■ 活跃的接入点和客户站
- ■ 平均数据速率，重试率和总体的网络利用率
- ■ 区域内的噪声水平和干扰
- ■ 网络区域或个别接入点发生严重错误的概率

Aruba 公司的 Network's RF Live 就是此类 WLAN 管理软件的一个例子。实时管理面板的画面如图 7.6 所示。

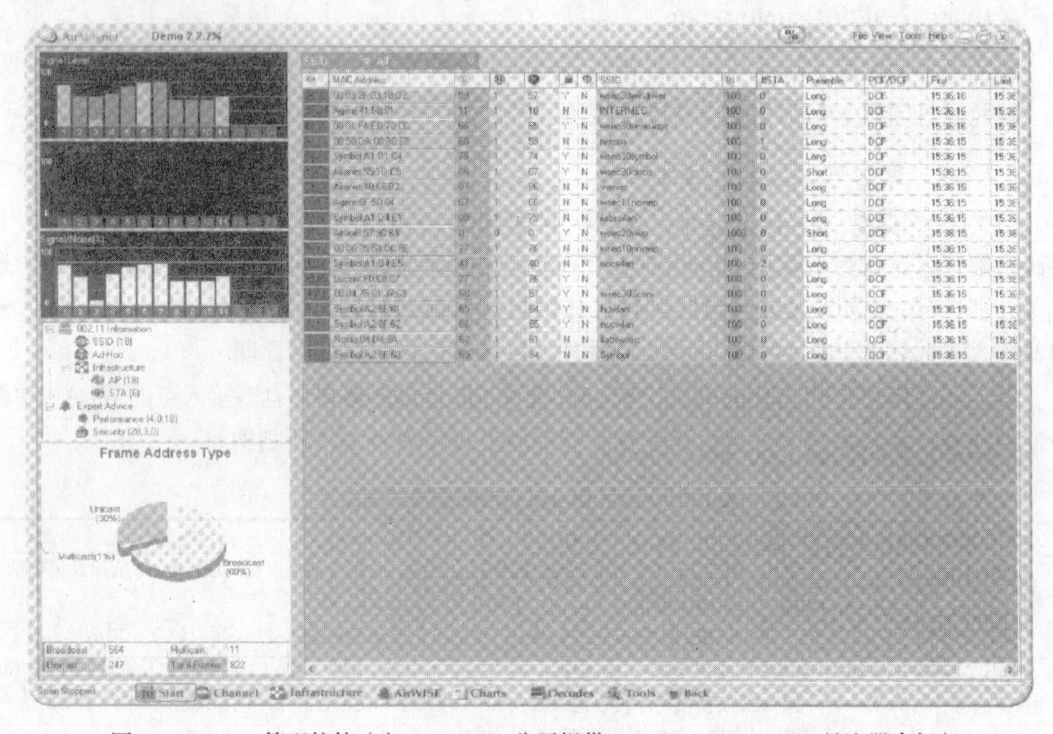

图 7.6　WLAN 管理软件（由 AirMagnet 公司提供，© 2006 AirMagnet® 是注册商标）

7.5.2　网络改动控制

在基于良好的物理布局设想和配置规划基础上建成了WLAN后，如果要维持网络的效率，在未来改动时也要做相同程度的设想和规划。为了弥补覆盖盲区，或为新用户提供网络功能而增加接入点，即使选取了适当的信道、传送功率和安全设置，如果新硬件配置与现有设置不兼容，则很可能对网络性能造成相反的影响。

一套经过证明的网络策略和支持改动控制的程序，可以保证此管理方式下的未来的改动可使性能得以维持或增强。网络策略可列出如下：

■ 支持的标准（如 IEEE 802.11 b/g）
■ 支持的硬件生产商或 NIC 模式
■ SSID 管理
■ 安全或加密需求（如个人防火墙，WEP/WPA）

改动控制程序应确定对安装提出的改动在改动实施前怎样进行技术地分析和确认。这些改动可以包括硬件、软件和配置设置。改动控制程序应包含：

■ 程序的使用范围，何种类型的改动需加以控制
■ 提出的改动所需的过程和文件

- 审阅者和决策者的任务及责任
- 认可不同类型改动的依据

7.6 案例学习：WLAN 上的语音服务

为了达到支持语音应用的要求，特别是在初始设计时未考虑语音支持的情况下，无线局域网需要满足严格的性能要求。需要密切关注无线覆盖区域、服务质量和无缝漫游，应认识到语音服务覆盖的漫游区域与其他业务（如笔记本电脑连接）的漫游覆盖区域不同。

7.6.1 VoWLAN 的带宽要求

使用语音业务对 WLAN 带宽需求很高，对所要支持的并发呼叫的数目的估计，是决定要求的设计或现有 WLAN 设计是否合适的关键因素。

尽管单路语音会话需要带宽约为 64 kbps，或者压缩后大约可小至 10 kbps，但 IP 和 IEEE 802.11 MAC 协议使需求带宽增至大约每路 200 kbps。共享无线媒体上的碰撞会进一步限制并发的语音会话数。若提供与收费长途电话相当的语音质量，单一接入点能支持的实际并发呼叫数目取决于所用的无线标准，如表 7.16 所示。

表 7.16　IEEE 802.11 WLAN 的 VoWLAN 容量

标准	PHY 数据传送率(Mbps)	MAC SAP 数据传送率(Mbps)	并发语音呼叫的最大路数
IEEE 802.11b	11	6	6~7
IEEE 802.11b+g	54	9~15	7~8
IEEE 802.11g	54	22	20
IEEE 802.11a	54	25	25

此处的并发呼叫限制只是象征性表示，并仅用于网络语音传输。如果网络在传输语音的同时传输数据，通话质量将受到影响，且最大并发呼叫数目会减小。

当接近能力极限时，就需要负载均衡，以保证接入点不会超负荷运作。仅靠接入点无法掌握可用的基础结构或总体传输状况，进而无法实现上述功能。但无线交换机可以监测任何时刻接入的话路总数，并且可以实现智能化的管理，即将必要位置的 VoWLAN 通信转至另外的接入点。

7.6.2 RF 覆盖

语音服务对无线覆盖区域有更高的要求，以使漫游用户在使用 VoWLAN 电话时可以不会遇到覆盖盲区，如在走廊或楼梯间。如果 WLAN 是设计用于工作区域或会议室，那么在规划 VoWLAN 服务时，需要做更针对传播和信号强度的勘测。

只有当所有接入点都达到最大的支持数据速率时，语音用户的服务质量才能够提高。这可以保证当一个用户从接入点移出后，整个网络的吞吐量没有降低，同时这也意味着，为了提供适当的 RF 覆盖来支持语音通信，有必要增加接入点的密度。

7.6.3 服务质量

VoWLAN需要保证一定的服务质量，以最小化可导致服务质量降低的丢包、延时和抖动等现象。如6.4.1节所述，为了改善最初的IEEE 802.11规范缺乏QoS的问题，提出了IEEE 802.11e标准，Wi-Fi联盟也发布了无线多媒体(WMM)作为IEEE 802.11e规范的过渡体。

WMM和IEEE 802.11e规定的优先级，从高到低是语音、视频、尽力而为和背景传输类别。IEEE 802.11e和WMM规范将成为几乎所有的WLAN硬件的基本技术要求，至少是需要VoWLAN应用的硬件。

然而，IEEE 802.11e和WMM通过设备而不是应用来定义传输种类，因此笔记本电脑用户运行软件电话来传输数据帧需要依据设备的优先级进行排队，一般采用尽力而为。QoS标准的未来改进将会根据应用来确定优先权。

7.6.4 无缝漫游

仅仅完成RF覆盖还不能有效保证不间断VoWLAN服务的无缝漫游。VoWLAN漫游用户还需在接入点之间快速转换，以避免切换中的时延与包丢失，这样服务质量才不会降低或中断。

当语音用户从一个接入点转换到另一个时，与新接入点的链接与认证应当快速执行，以避免通话质量的下降。典型地，当包延时与抖动在50 ms以下时，VoWLAN的性能最佳，而延时接近150 ms时，通话将掉线。相比而言，与接入点链接与认证一般需要150～500 ms，在多用户并发转换时，测量VoWLAN用户的漫游时间大约需要1～4 s。如IEEE 802.11r标准所述，为达到无缝漫游所需的快速切换，在切换前应完成预认证操作。

现在已有了双模手机，可以在蜂窝电话网与WLANS间漫游，并依靠接入点或无线交换机来控制VoWLAN服务与蜂窝电话服务之间的切换。

7.6.5 试验性测试

如第6章所述，一些即将出台的IEEE 802.11增强标准的目标是改进RF管理、QoS和漫游性能进而提高IEEE 802.11网络的性能以支持VoWLAN服务。在这些标准被批准与发行以及相应的产品出现之前，VoWLAN的配置需要经过仔细的试验性测试以保证所要求的服务能够实现。

压力测试可以通过在WLAN执行多个并发呼叫，并测试在网络有、无背景数据流的情况下的语音质量。覆盖及漫游能力可以利用模型进行估计，但最终语音质量需靠试验性测试确定。

7.6.6 VoWLAN的安全

当使用传统的电话系统时，要想截取话音通信，需要物理接入办公室中的电话线或专用分组交换机(Private Branch Exchange, PBX)。这类系统的物理安全性表明，只有在高保密性机构中才需要对传统的电话系统进行语音加密。

对于VoWLAN，语音通信通过不安全的Internet传到机构外部，所以需要为更多机构提供与数据通信一样加密等级的语音通信。VoWLAN服务更易受第8章所述的安全攻击的影响，并且考虑到语音通信的延时敏感性，它对拒绝服务攻击也特别敏感。具体VoWLAN/VoIP安全措施将在8.8节中讨论。

VoWLAN/VoIP服务的进一步安全考虑是一些主动的大批信息向连接到Internet上的电话进行广播的可能性。随着IP电话的普及，被称为Internet电话垃圾信息(Spam over Internet Telephony, SPIT)将会像垃圾邮件一样普遍。克服这些危害的技术正在发展中。这些技术有的通过根据呼叫频率和持续时间等特征来滤除或删除不需要的呼叫，有的通过电子记录，并核对用户认证的呼叫者名单来确定可信的呼叫。

第 8 章　无线局域网安全

8.1　黑客威胁

无线网络的灵活性是以增加安全性考虑为代价的。在有线网中,信号被有效地限制在连接电缆内,与此不同,WLAN 的传输可以传播到网络的预期工作区域以外,进入到相邻的公共空间或是附近的建筑里。只要有一个适当的接收机,通过 WLAN 传输的数据可以被发射机覆盖范围内的任何人接收到。

第 4 章中描述的扩频调制技术最初是为军事应用考虑的。尽管人为干扰是主要关注的问题,但是任何遵循无线标准(如 IEEE 802.11b)的设备都可以从工作在该标准下的 WLAN 中截获数据流,人们必须采取附加的安全措施来阻止对用户数据和网络资源的未授权接入。

无线网络的接入便捷性促使了一个新的行业的出现与发展,即由早期的使用者们组建网络,让其他人感知到免费接入的机会,尽管通常是非法的接入。无线车载探测(War Driving)和无线徒步探测(War Walking)描述了在驾车或行走中使用无线笔记本电脑或是手持设备寻找无线网络的情景。

开战标记(War Chalking)于 2002 年在伦敦诞生,它是一种使别人感知到附近的无线网络并可以免费接入的方法。一些 WLAN 为了允许免费公共接入而故意不采取安全措施,开战标记是为了帮助城市里的居住者或者来访者能够识别这些网络进而连接到因特网(参见图 8.1)。网站 www.warchalking.org 给出了很多信息,包括接入无安全保障的 WLAN 在法律和道德方面的有趣讨论。

这些免费接入点对判定黑客(或解密高手)并不感兴趣,黑客是指那些喜欢挑战和入侵安全网络的人。本章后面描述的方法可以用来保证无线网络的接入尽可能安全,使未授权接入和使用的危险最小化。

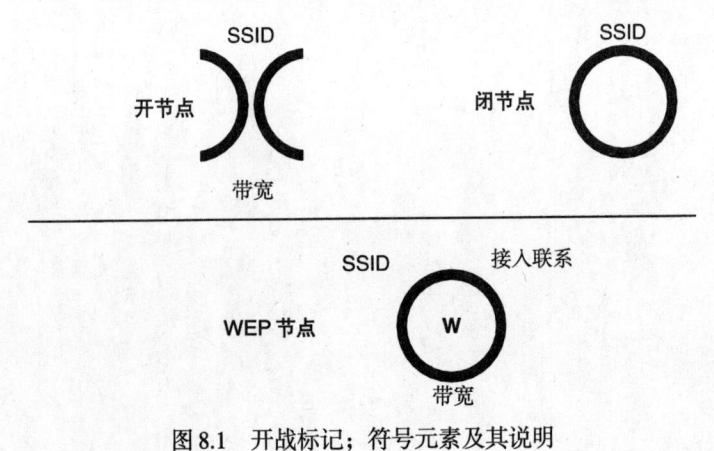

图 8.1　开战标记;符号元素及其说明

在家里，不仅是蓄意的黑客可能将无安全措施的无线网络视为免费资源。如果没有基本的安全措施，任何在隔壁房间或公寓有无线配置的电脑都可以连接到网络，并可以自由使用像因特网连接这样的资源。

8.1.1 无线局域网安全威胁

无限局域网所面临的安全威胁是多种多样的，虽然开始时是针对 PHY 和 MAC 层的，但最终目的是接入或者破坏数据或应用层上的活动。下面描述的是一些主要的攻击。

- 拒绝服务(Denial of service, DoS)攻击。攻击者使用过量的通信流量使网络设备溢出，从而阻止或严重减慢正常的接入。该方法可以针对多个层次，例如，向 Web 服务器中大量发送页面请求或者向接入点发送大量的链接或认证请求。
- 人为干扰。是 DoS 的一种形式，攻击者向 RF 波段发送大量的干扰，致使 WLAN 通信停止。在 2.4 GHz 频段上，蓝牙设备、一些无绳电话或微波炉都可以导致上述干扰。
- 插入攻击。攻击者可以将一个未授权的客户端连接到接入点，这是由于没有进行授权检查或者攻击者伪装成已授权用户。
- 重放攻击。攻击者截取网络通信信息，例如口令，稍后用这些信息可以未经授权地接入网络。
- 广播监测。在一个配置欠佳的网络中，如果接入点连接到集线器而不是交换机，那么集线器将会广播数据包到那些并不想接收这些数据包的无线站点，它们可能会被攻击者截取。
- ARP 欺骗（或 ARP 缓存中毒）。攻击者通过接入并破坏存有 MAC 和 IP 地址映射的 ARP 的高速缓冲，来欺骗网络使其引导敏感数据到攻击者的无线站点。
- 会话劫持（或中间人攻击）。是 ARP 欺骗攻击的一种，攻击者伪装成站点并自动解决链接来断开站点和接入点的连接，然后再伪装成接入点使站点和攻击者相连接。
- 流氓接入点（或恶魔双子截取）。攻击者安装未经授权的带有正确 SSID 的接入点。如果该接入点的信号通过放大器或者高增益的天线增强，客户端将会优先和流氓接入点建立连接，敏感数据就会受到威胁。
- 密码分析攻击。攻击者利用理论上的弱点来破译密码系统。例如，RC4 密码的弱点会导致 WEP 易受攻击（参见 8.3 节）。
- 旁信道攻击。攻击者利用功率消耗、定时信息或声音和电磁发射等物理信息来获取密码系统的信息。分析上述信息，攻击者可能会直接得到密钥，或者可以计算出密钥的明文信息。

尽管威胁的范围广泛而多变，但在大多数情况下，对黑客而言进行这些攻击需要高水平的专业技术。通过采取下面所讲到的各种有效安全措施，网络安全的危险会被显著地降低。

8.2　WLAN 安全

表 8.1 总结了各种一般的安全措施，这些措施使无线局域网免受上述威胁和攻击。

表 8.1　无线局域网安全措施

安全措施	描述
用户认证	确认试图接入网络的用户与他们申明的身份一致
用户接入控制	只允许那些被认证可以接入的用户接入网络
数据保密	通过加密保证网络上传输的数据不被窃听或未授权接入
密钥管理	建立、保护以及分配密钥来加密数据和其他消息
消息完整性	检查消息在传输过程中是否没有被修改

如 8.3 节所述，IEEE 802.11 标准的最初版本只包括有限的认证和脆弱的加密。IEEE 802.11 安全性增强的过渡性发展和部署是由 Wi-Fi 联盟通过出台 WPA 和 WPA2 领导的。

IEEE 802.11 标准最初版本的缺点在 2004 年批准的 IEEE 802.11i 标准中得以指出，IEEE 802.11i 为 WPA 和 WPA2 提供了基本标准。WLAN 安全的不断增强以及这些增强所使用的技术在以下小节中描述：8.3 节、8.4 节和 8.5 节，在 8.6 节和 8.7 节又回到保证 WLAN 安全的实际措施，介绍无线热点以及 VoWLAN 安全性的一些具体情况。

8.3　有线等效加密

正如名称所描述的，WEP 的目的是提供等效于有线网络级的安全，尽管由于存在根本性的加密缺陷并不能达到这样的期望。在表 8.1 中总结的一系列安全措施中，WEP 提供了有限的接入控制和采用密钥的数据加密，一般将密码短语输入到接入点，任何试图与接入点链接的站点都必须知道这个短语。如果不知道密码短语，站点可以感知数据流量但不能进行链接或解密数据。

WEP 加密将密码短语转变为一个 40 比特的密钥，加上 24 比特的初始向量(Initialisation Vector, IV)生成 64 比特的加密密钥。为了临时性增强 WEP 加密，有些向量将密钥长度增加到 128 比特（104 比特 + 24 比特 IV）。实际上这只是表面的增强，因为不论是使用 40 比特还是 104 比特的密钥，窃听者总能通过分析大约 400 万个发送帧提取出密钥。

输入数据流，在加密术语中被称为明文，与伪随机密钥比特流进行异或(Exclusive OR, XOR)运算生成加密的密文。WEP 通过 RC4 算法生成密钥比特流，密钥比特流是从 S 序列中伪随机选择的字节，而 S 序列是所有 256 种可能的字节的排列组合。

如图 8.2 所示，RC4 通过下列方法选择密钥流的下一个字节：

步骤(1)：增加计数器 i 的值

步骤(2)：将序列中第 i 个字节的值 $S(i)$ 和 j 的原值相加作为第二个计数器 j 的值

步骤(3)：查找两个计数器指示的两个字节的值 $S(i)$ 和 $S(j)$，然后将其以模 256 相加

步骤(4)：输出由 $S(i) + S(j)$ 指示的字节 K，如 $K = S(S(i) + S(j))$

在回到步骤(1)选择密钥流中的下一个字节前，要将字节 $S(i)$ 和 $S(j)$ 的值相交换。

第 8 章 无线局域网安全

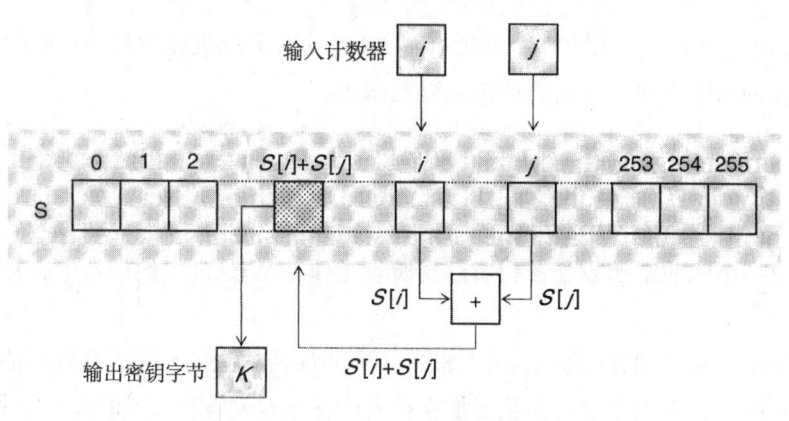

图 8.2 通过 RC4 算法生成密钥流

S 中字节的初始排列是由一种密钥调度算法决定的，该算法采用类似 S 序列中处理字节的方法，以字节的恒等排列(0, 1, 2, 3, 4, …, 255)开始，但在步骤(2)中，当计数器 j 增加时，64 比特或 128 比特的加密密钥中的一个字节也被加到了计数器中。

WEP 还提供了有限的消息完整性校验，通过使用 32 位循环冗余校验(32-bit Cyclic Redundancy Check, CRC-32)来计算一个 32 比特的完整性校验值(Integrity Check Value, ICV)，数据在加密之前将 ICV 附加到数据块中。完整的 WEP 计算序列如下（参见图 8.3）：

步骤(1)：计算帧中要发送的数据块的 ICV
步骤(2)：将 ICV 附加到数据块中
步骤(3)：初始化向量和密钥结合生成完整的加密密钥
步骤(4)：用 RC4 算法将加密密钥转变为密钥流
步骤(5)：将密钥流和步骤(2)的输出做异或运算
步骤(6)：将初始化向量(IV)和密文结合

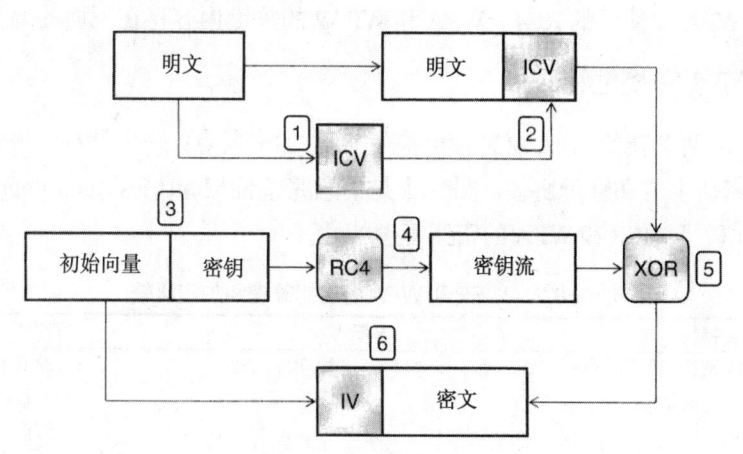

图 8.3 WEP 加密过程

尽管 WEP 提供了合理的安全级别来防范偶然窃听者，但当它作为 IEEE 802.11 标准的一部分发布后它的弱点很快就被发现了。2001 年，破译密码者 Scott Fluhrer, Itsik Mantin 和 Adi

Shamir 发现，由于 RC4 密钥调度算法的缺陷，输出的密钥流很显然是非随机的。这就使得可以通过分析大量用密钥加密过的数据包来得到密钥。

实际上，WEP 是将密钥信息作为加密消息的一部分来发送的，所以一个坚定的黑客用必要工具就可以收集分析发送的数据，从而从中提取出密钥。这需要截取和分析几百万个数据包，但在高流量的网络中，仍然可以在一小时之内完成。WEP 使用了静态共享密钥，除了人为地重新登记一个新的密钥或是密码短语到所有工作在 WLAN 中的设备中，并没有更换密钥机制。

并不是技术上的局限性限制了 IEEE 802.11 中的加密算法的长度，有意思的是，它是受美国政府出口管制的。美国政府认为数据加密技术的输出是对国家安全的威胁，因而如果 WEP 方案作为国际标准被采用，它并不是最适用的。这些限制在被提出来以后，人们发明了更新、更强大的加密方法，诸如高级加密标准(AES)，详见 8.5 节。

8.4 Wi-Fi 保护接入

为了克服 IEEE 802.11 最初版本安全方面的已知弱点，Wi-Fi 联盟开发了 Wi-Fi 保护接入(WPA)来防止有意攻击。WPA 是一种过渡方法，它基于增强的安全机制的子集，IEEE 802.11TGi 正在开发增强的安全机制作为 IEEE 802.11i 标准的一部分。

WPA 利用暂时密钥完整性协议(Temporal Key Integrity Protocol, TKIP)作为密钥管理，提供了两种选择，一种是为企业 WLAN 安全（企业模式）服务的 IEEE 802.1x 认证框架和可扩展认证协议(Extensible Authentication Protocol, EAP)，另一种是为不需要认证服务器的家用或小型办公网络（个人模式）服务的简单预共享密钥(Pre-shared Key, PSK)认证。

这些方法，可以通过固件升级到 Wi-Fi 兼容设备实现，在 2003 年初上市。在 2004 年，第二代 WPA2 中介绍了进一步增强的加密方法。它与 2004 年 6 月批准的高级加密标准(AES)一起代替了仍然在 WPA 中使用的 RC4。WPA 和 WPA2 的关键内容将在下面的部分介绍。

8.4.1 暂时密钥完整性协议

在 WPA 中的两个新的 MAC 层特性解决了 WEP 加密弱点：一个是被称为暂时密钥完整性协议(TKIP)的密钥生成和管理协议，另一个是消息完整性校验(Message Integrity Check, MIC)功能。表 8.2 比较了 WEP 和 WPA 的密钥管理特性。

表 8.2 WEP 和 WPA 的密钥管理和加密比较

安全特性	WEP	TKIP
暂时密钥/密码短语	40 比特, 104 比特	128 比特
初始化向量(IV)	24 比特	48 比特
密钥	静态	动态
加密密码	RC4	RC4

某站点被认证后，通过认证服务器或是从手动输入产生一个 128 比特的暂时密钥用于会话。TKIP 用来给站点和接入点分配密钥并为会话建立密钥管理机制。TKIP 将暂时密钥和每个

站点的 MAC 地址相结合，加上 TKIP 顺序计数器，再与 48 比特初始化向量(IV)相加来产生数据加密的初始密钥。

用这种方法每个站点使用不同的密钥来加密发送的数据。然后 TKIP 在一段设置的密钥生存时间后，管理这些密钥在所有站点的升级和分配，根据安全要求不同，可以从每个包一次到每 10 000 个包一次不等。尽管使用相同的 RC4 密码来产生密钥流，但是用 TKIP 的密钥混合和分配方法来代替 WEP 中的只有一个静态密钥显著地改善了 WLAN 的安全性，该方法能从 280 000 000 000 个可能的密钥中动态变化选择。

WPA 用消息完整性校验(MIC)补充了 TKIP，MIC 判定攻击者是否捕获、改动和重发数据包。完整性是通过发送站和接受站计算每个数据包的数学函数进行校验。

用简单的 CRC-32 计算 WEP 中的 ICV，在传输时足以用来错误检测，但它不能够很好地保证消息的完整性和防止基于伪造包的攻击。这是因为修改消息和重新计算 ICV 来掩盖变化是相对容易的。相比之下，MIC 是一个强大的密文哈希函数，它是通过 MAC 源地址和目的地址，输入数据流，MIC 密钥和 TKIP 序列计数器(TKIP Sequence Counter, TSC)来计算的。

如果接收站计算的 MIC 值和加密数据包中收到的 MIC 值不匹配，这个包会被丢弃并调用相应的对策。这些对策包括重设密钥，增加密钥更新速率以及向网络管理员发送警报。MIC 还包括可选择的对策，如果接入点连续收到一系列改动的包，该对策会解除所有站点的认证，然后关闭 BSS 的任何新的链接一分钟。整个 WPA 加密和完整性校验过程如图 8.4 所示。

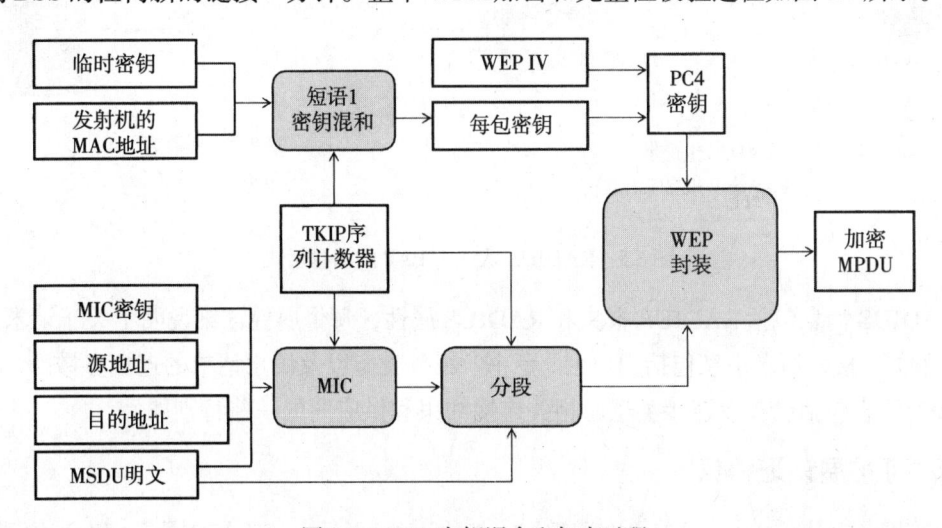

图 8.4 TKIP 密钥混合和加密过程

8.4.2 IEEE 802.1x 认证架构

IEEE 802.1x 是通过认证用户来为网络提供有保护的接入控制协议。成功认证后，接入点上会为网络接入打开一个虚端口；如果认证失败，通信会被阻断。IEEE 802.1x 认证定义了三个元素：

- 请求者，无线站点上运行的寻求认证的软件
- 认证者，代表请求者要求认证的无线接入点

■ 认证服务器，运行着RADIUS或Kerberos等认证协议的服务器，使用认证数据库来提供集中认证和接入控制

该标准定义了数据链路层如何使用可扩展认证协议(EAP)在请求者和认证服务器之间传送认证信息。实际的认证过程是根据具体使用的EAP类型来定义和处理的，作为认证者的接入点只是一个媒介，它使得请求者和认证服务器能够通信。

8.4.2.1 认证服务器

IEEE 802.1x认证在企业WLAN中的应用需要网络中有认证服务器，服务器可以通过已存的姓名列表和授权用户的证书来认证用户，最常用的认证协议是远程认证拨号用户服务(Remote Authentication Dial-in User Service, RADIUS)，由兼容WPA的接入点支持，提供集中认证、授权和计费服务。

无线客户端通过接入点认证寻求网络接入时，接入点作为RADIUS服务器的客户端，向服务器发送一个含有用户证书和请求连接参数信息的RADIUS消息（参见图8.5）。RADIUS服务器可以认证、授权或拒绝请求，任何一种情况都会送回一个响应消息。

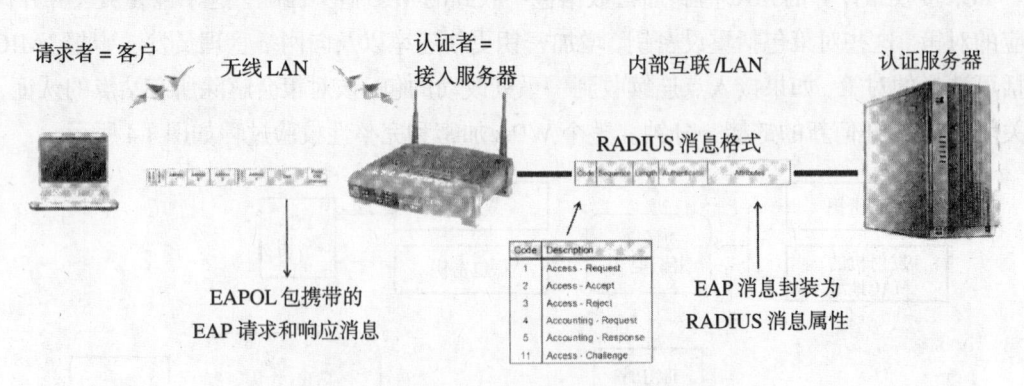

图8.5 RADIUS认证中EAP的消息格式

RADIUS消息包括RADIUS报头和RADIUS属性，每个属性详细说明了关于请求连接的信息。例如，接入请求消息包括用户名、证书、服务类型以及用户请求的连接参数等属性，而接入接受消息包括已授权连接类型、相关连接约束和供应商的一些特别属性。

8.4.3 可扩展认证协议

可扩展认证协议(EAP)是建立在远程接入架构上的，而远程接入最初是在点对点协议(Point-to-point Protocol, PPP)组中为拨号连接而建立的。

PPP拨号序列提供了链路协商和网络控制协议，以及基于要求安全等级的认证协议。例如，密码认证协议(Password Authentication Protocol, PAP)或挑战握手认证协议(Challenge Handshake Authentication Protocol, CHAP)等认证协议，在建立连接后在客户端和远程接入服务器之间协商，然后用所选择的协议认证连接。

EAP通过允许使用被称为EAP类型的任意认证机制延伸了这个结构，EAP类型为交换认证消息定义了多种多样的结构。当建立了一个WLAN连接，客户和接入点同意使用EAP来认

证，那么在开始连接认证阶段就会选定一个特定的 EAP 类型。认证过程包括客户端和认证服务器之间的一系列消息的交换，交换长度和细节取决于请求连接的参数和选择的 EAP 类型。下面描述的是一些最常用的 EAP 类型。

当 EAP 和 RADIUS 一起被用做认证协议，在接入点和认证服务器之间发送的 EAP 消息将会被压缩成 RADIUS 消息，如图 8.5 所示。

8.4.3.1　LAN 中的可扩展认证协议

在 LAN 或 WLAN 而不是拨号连接中应用 EAP，LAN 中的可扩展认证协议(Extensible Authentication Protocol over LAN, EAPoL)在 IEEE 802.1x 标准中被定义为传送认证消息的传输协议。EAPoL 定义了一套携带认证消息的包的类型，最常见的如下：

- EAPoL 开始，由认证者发送来开始认证消息交换
- EAP 包，携带每个 EAP 消息
- EAPoL 密钥，携带有关生成密钥的信息
- EAPoL 注销，通知认证者客户正在注销

8.4.3.2　EAP 类型

由 Wi-Fi 联盟互用性认证计划支持的 EAP 类型包括：EAP-TLS, EAP-TTLS/MS-CHAPv2, PEAPv0/EAP-MS-CHAPv2, PEAPv1/EAP-GTC 和 EAP-SIM。这里简要介绍一下 EAP-TLS（Transport Layer Security，传输层安全）、EAP-TTLS（Tunnelled Transport Layer Security，管道传输层安全）和 PEAP（Protected Extensible Authentication Protocol，受保护的可扩展认证协议）来说明这些 EAP 类型之间的区别。

EAP-TLS 使用客户和服务器之间的认证证书，还可以动态地生成密钥来加密后续的数据传输。

EAP-TLS 认证交换要求站点和认证服务器(RADIUS)通过公共密钥和交换数字证书（参见下一节）来证明他们的身份。客户站确认认证服务器的证书并发送含有它自己的证书的 EAP 响应消息，然后开始协商加密参数的过程，加密参数类似用来加密的密码类型。如图 8.6 所示，一旦认证服务器确认了客户的证书有效，它用会话中的加密密钥响应。

因此，EAP-TLS 在客户站和认证服务器端都需要初始的证书配置，但是只要网络管理员建立起着这样的初始证书配置，就不需要用户的参与了。在客户站，证书必须有密码短语或 PIN 保护，或者存储在智能卡中。尽管获得了很高水平的无线安全性，但是对大型的 WLAN 安装而言，对客户和服务器证书以及用来确认证书的公共密钥体系(Pubic Key Infrastrure, PKI)的管理应该是重要的网络管理任务。

EAP-TTLS 和 PEAP 可替代 EAP-TLS 分配客户端证书和进行相关的操作以及上层管理。客户站通过核实所使用的 PKI 数字证书来确认认证服务器的身份，然后建立单向的 TLS 管道，该管道允许客户的认证数据［密码、个人身份号码(Personal Identification Number, PIN)等］被压缩为 TLS 消息并安全地传送到认证服务器。

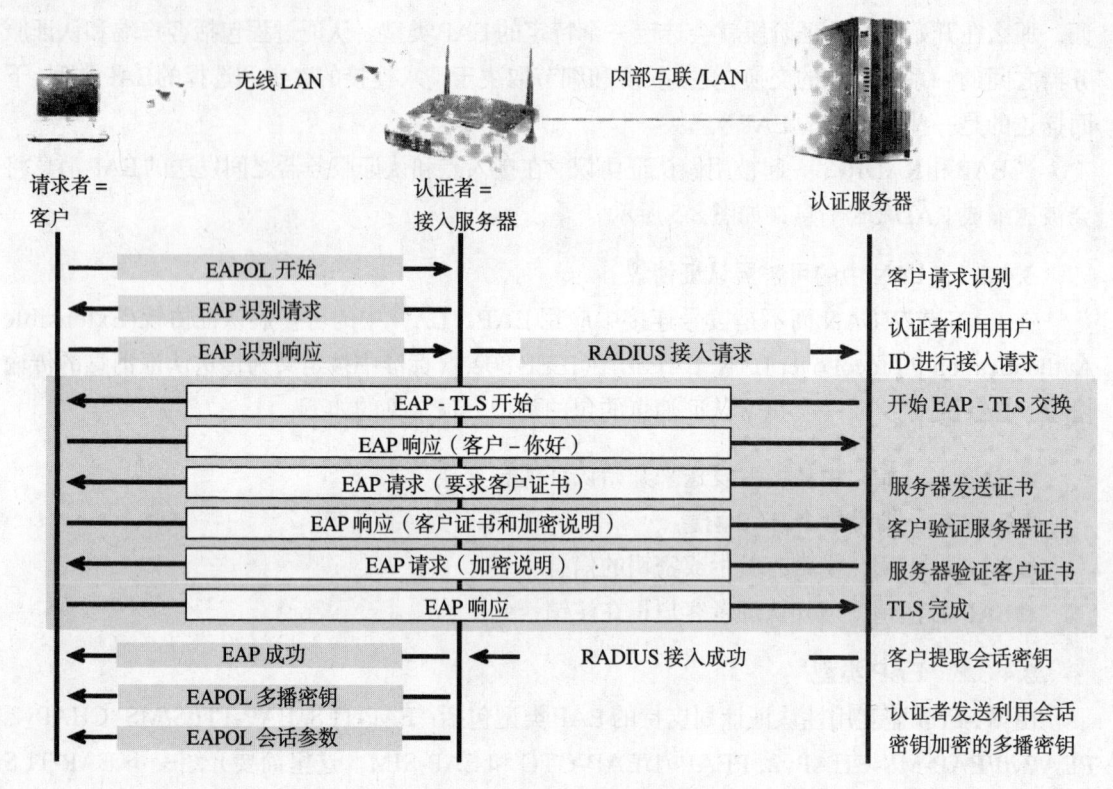

```
请求者=          认证者=              认证服务器
客户            接入服务器

←——— EAPOL 开始 ———→
←——— EAP 识别请求 ———
——— EAP 识别响应 ———→      RADIUS 接入请求        客户请求识别
                                                  认证者利用用户
                                                  ID 进行接入请求
←——— EAP - TLS 开始 ———                           开始 EAP - TLS 交换
——— EAP 响应（客户-你好）———→
←——— EAP 请求（要求客户证书）———                   服务器发送证书
——— EAP 响应（客户证书和加密说明）———→             客户验证服务器证书
←——— EAP 请求（加密说明）———                      服务器验证客户证书
——— EAP 响应 ———→                                TLS 完成
←——— EAP 成功 ———         RADIUS 接入成功         客户提取会话密钥
←——— EAPOL 多播密钥 ———                          认证者发送利用会话
←——— EAPOL 会话参数 ———                          密钥加密的多播密钥
```

图 8.6 EAP-TLS 认证交换

8.4.3.3 公共密钥体系

公共密钥体系(PKI)使可以使用数字证书来电子识别个人或组织。PKI 要求具有认证机构(Certificate Authority, CA)、注册机构(Registration Authority, RA)和证书管理系统。CA 发行和核实数字证书，当发行新的数字证书时，RA 作为 CA 的核实者。证书管理系统包括一个或多个目录服务，目录服务中存储着证书和它们的公共密钥。

当请求证书时，CA 会利用某种算法，如 RSA（Rivest-Shamir-Adleman 算法，参见术语表），同时产生一个公共的和私有的密钥。私有密钥是给请求方的，而公共密钥寄存在可用的公共目录服务中。私有密钥由请求方安全掌握，不会共享也不会通过因特网发送。它用来解密已经使用相关的公共密钥加密的消息，公共密钥是发送消息方从公共目录中获取的。

PKI 使得用户使用私有密钥加密来对消息进行数字签名，并允许接收者通过找回发送者的公共密钥来检查签名及解密消息。用这种方法各方可以不需要交换共享秘密就建立用户认证以及消息保密和完整性。

8.5 IEEE 802.11i 和 WPA2

IEEE 802.11i 标准为 IEEE 802.11WLAN 定义了安全加强，提供更强大的加密、认证和密钥管理策略，以建立一个鲁棒的安全网络(Robust Security Network, RSN)为目的。RSN 的密钥特征如下：

- 协商过程，使在设备链接期间每个选择的通信类型都有合适的机密性协议
- 密钥系统，可以生成和管理两个层次的密钥。在设备链接和认证时，通过 EAP 握手建立和认证单播的密钥对和多播消息的群密钥。
- 两个提高数据机密性的协议（即 TKIP 和 AES-CCMP）。

IEEE 802.11i 中还含有密钥缓冲和预认证，它们用来减少漫游无线站点和接入点之间链接或重链接的时间。

WPA2 是 Wi-Fi 联盟对 IEEE 802.11i 标准终稿的实现，随着 IEEE 802.11i 于 2004 年 6 月的发布，它取代了 WPA。WPA2 使用带有密码块链消息认证代码协议(Chaining Message Authentication Code Protocol, CCMP)的计数器模式实现高级加密标准(AES)加密算法。TKIP 和 IEEE 802.11 认证包括在早期的 WPA 中，已在前面讨论过，下面将讨论 AES 和 CCMP。

WPA 和 WPA2 均支持企业和个人模式，表 8.3 给出了主要参数的比较。

表 8.3　WPA 和 WPA2 的比较

	企业模式	个人模式
WPA	认证：IEEE 802.1x/EAP 加密：TKIP 完整性：MIC	认证：PSK 加密：TKIP 完整性：MIC
WPA2	认证：IEEE 802.1x/EAP 加密：AES- 计数器模式 完整性：CBC-MAC(CCMP)	认证：PSK 加密：AES- 计数器模式 完整性：CBC-MAC(CCMP)

8.5.1　RSN 安全参数协商

RSN 设备之间的安全参数协商通过 RSN 信息元素(Information Element, IE)完成，IE 可以识别广播设备在 RSN 信标、探测、链接和重链接方面的能力。

IE 识别 RSN 的具体能力，支持认证和密钥管理机制，单播消息和多播消息的密码，如表 8.4 所示。

表 8.4　RSN 信息元素内容

RSN 能力	描述
支持认证和密钥管理机制	RSN 设备能支持 IEEE 802.1x 认证和密钥管理或无认证的 IEEE 802.1x 密钥管理
支持密码	RSN 设备可以支持下述为单播消息和多播消息加密的任何密码（WEP、TKIP、WRAP 和 AES-CCMP）

通过下面的交换产生安全参数的选择：

步骤(1)：客户站广播探测请求

步骤(2)：接入点广播包括 RSN IE 的探测响应

步骤(3)：客户站向接入点发送开放系统认证请求

步骤(4)：接入点向客户站提供开放系统认证响应

步骤(5)：客户站台票发送含有 RSN IE 的关联请求，RSN IE 表明客户站对 RSN 能力的选择

步骤(6)：如果接入点支持客户站所选的安全参数，接入点发送链接响应表明成功

注意因为使用了开放系统认证（参见6.2.3节），该交换是不受保护的，在客户站和接入点之间没有有效的认证。这不会引起安全威胁，因为交换仅仅是为建立保证互动的认证和后续的数据保密的协议和加密服务。

为了向遗留下的设备提供一定的向后兼容性，使用RSN却并不要求AES的硬件的网络将使用TKIP/RC4来加密。对完全RSN而言，这个暂时性的步骤被称为过渡安全网络。

8.5.2 RSN密钥管理

安全参数协商之后，在客户站和接入点之间建立连接的下一个阶段，就是利用IEEE 802.1x或PSK进行相互认证，参见8.4.2节。在该认证交换的最后，认证服务器生成主密钥对，在个人模式中，密钥来自用户键入的密码或密码短语。

8.5.2.1 密钥对层次和四次握手协议

密钥对用来保护客户站和接入点之间的单播消息。表8.5阐述了密钥层次和握手协议的建立和安装。

表8.5 密钥对层次

密钥对	描述
主密钥对(Pairwise Master Key, PMK)	密钥对层次的开始点，由认证服务器生成，如果没有使用IEEE 802.1x认证则从用户键入的密码中提取
临时密钥对(PTK)	PTK从PMK、客户站和接入点的MAC地址以及四次握手过程中双方提供的随机数中提取
EAPoL密钥确认密钥(KCK)	KCK用来在四次握手中确认认证消息
EAPoL密钥加密密钥(KEK)	KEK通过在四次握手和群密钥握手中加密消息来确保机密性
临时密钥	临时密钥是一旦通信链路建立后在AES加密中使用的密钥

如图8.7所示，四次握手的目的是在客户站（请求者）和接入点（认证者）中安全地安装密钥层次。传送EAPoL密钥交换消息的四个步骤如下：

步骤(1)：接入点（认证者）生成伪随机数(ANonce)，然后发送给请求者。

步骤(2)：客户站（请求者）生成伪随机数(SNonce)，然后计算PTK，提取KCK（Key Confirmation Key，EAPoL密钥确认密钥）和KEK（Key Encryption Key, EAPoL密钥加密密钥）。请求者发送它的SNonce和安全参数给认证者。KCK用来计算MIC，MIC确认消息的开始。

步骤(3)：认证者回应GTK（Group Temporal Keys，群临时密钥）和一个序列数，以及它的安全参数和安装临时密钥的说明。序列数确认下一个多播或者广播帧的号码，允许请求者用来防范重放攻击。该消息也受到MIC的保护，MIC是通过KCK计算得到的。

步骤(4)：请求者响应，确认临时密钥已经安装。

8.5.2.2 群密钥层次和群密钥握手协议

群密钥用来保护从接入点到它BSS中所有站点的多播或广播消息。它的密钥层次要比密钥对简单，只包括两个密钥，如表8.6所示。

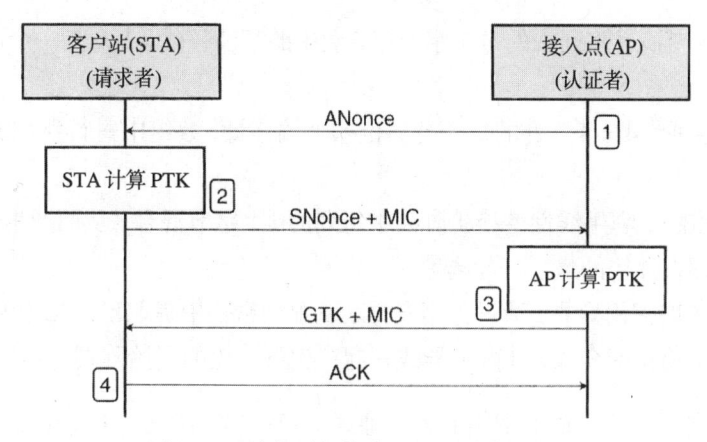

```
客户站(STA)                       接入点(AP)
(请求者)                          (认证者)
    │←────── ANonce ──────────│ ①
STA 计算 PTK ②
    │────── SNonce + MIC ────→│
                              AP 计算 PTK ③
    │←────── GTK + MIC ───────│
  ④│────────── ACK ──────────→│
```

图 8.7 四次握手协议中 EAPoL 密钥交换

表 8.6 群密钥层次

群密钥	描述
主群密钥(Group Master Key, GMK)	由认证者（接入点）生成，作为生成群临时密钥的开始点
群临时密钥(Group Temporal Keys, GTK)	GTK 是周期变化的临时密钥，例如，当一个站点离开网络后，GTK 就需要被更新来阻止再从该站点接受任何广播或多播消息

目前的 GTK 在四次握手协议的第三次 EAPoL 交换中为链接的客户站共享，但 GTK 需要更新时就需要使用群密钥握手协议。接入点通过使用 GMK 的伪随机函数和它的 MAC 地址及随机字符串(GNonce)提取出一个新的 GTK。这个新的 GTK 然后通过群密钥握手协议分配，如下所示：

步骤(1)：接入点将加密的单播消息中的新 GTK 发送给 BSS 中的每个站点。该新 GTK 通过每个节站点特有的 KEK 加密，防止数据通过 MIC 被篡改。

步骤(2)：每个站点响应来通知接入点新的 GTK 已安装。

然后所有的站点都通过使用新的 GTK 来加密后续的广播或多播消息。

8.5.3 高级加密标准(AES)

高级加密标准是由比利时密码专家 Joan Daemen 和 Vincent Rijmen 开发的一种密码，经过四年的筛选，在 2001 年 11 月被美国国家标准和技术协会(National Institute of Standards and Technology, NIST)采用为加密标准。在 2003 年 6 月，美国政府授权 AES 用来保护包括最高机密信息在内的保密信息，前提是使用长度为 192 或 256 比特的密钥。

与能加密任意长度消息的流密码 RC4 不同的是，AES 是块密码，使用大小为 128 比特的固定消息块，加密密钥长度为 128 比特、192 比特或 256 比特。这是 Daemen 和 Rijmen 的原创密码的一个具体实例，又称为 Rijndael 密码，它使用 128～256 比特大小的块和密钥，步进为 32 比特。

密码操作在 4×4 字节的阵列上（如 128 比特），每一轮加密包括四个步骤：

步骤(1)：S盒变换，阵列中的每个字节用S盒中的字节替代，S盒是一个固定的8比特的查找表。

步骤(2)：行变换，4×4阵列的每一行移位一个偏移量，数组中每行移位的偏移量的大小不同。

步骤(3)：列变换，利用线性变换将阵列中每列的4个字节混合，从而产生新的4列的输出字节。该步骤在加密的最后一轮省略。

步骤(4)：与扩展密钥异或，通过密钥安排表从加密密钥中提取出第二个4×4阵列，该阵列被称为子密钥，两个4×4阵列异或一起产生下一轮的开始阵列。

加密每个数据块的轮数根据密钥的大小确定，128比特10轮，192比特12轮，256比特14轮。

AES已经是很强大的密码，但AES-CCMP结合了另外两个加密技术：计数模式和密码分组链接消息认证代码(Cipher Block Chaining Message Authentication Code, CBC-MAC)，在无线客户站和接入点之间提供额外的安全性。

8.5.4 分组密码的计数模式

在分组密码的计数模式中，加密算法不是直接应用到数据块而是应用于任意的计数器。然后每个数据块通过与加密计数器异或操作来加密，如图8.8所示。

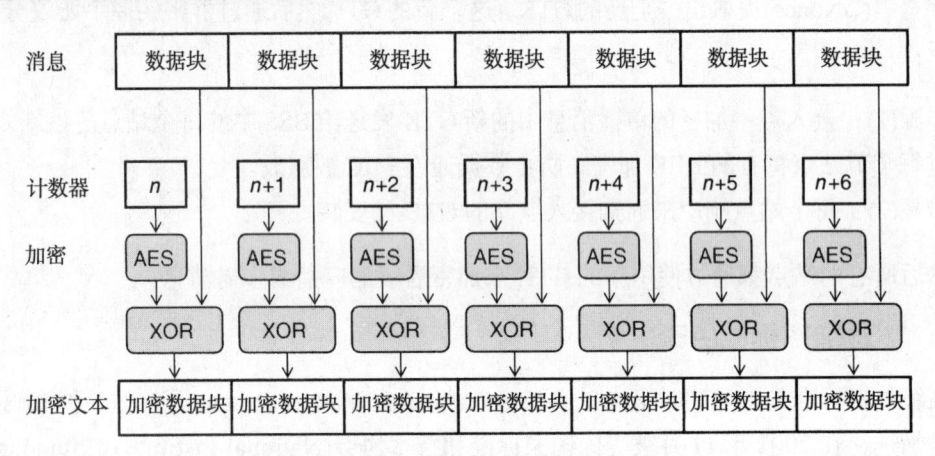

图8.8 分组加密工作模式的计数模式(AES)

对每个消息而言，计数器从任意的当前数值开始，并根据收发双方已知的方式增加。

计数模式与电子密码本(Electronic Code Book, ECB)模式（参见图8.9）的工作模式不同，ECB通常使用数据加密标准（DES，是AES的NIST前身），消息的每个相同分组用相同的密钥加密。对于ECB，输出密文和输入明文消息有一对一的对应关系，所以输入数据的模式被保存下来作为已加密数据的模式，这就简化了查找加密密钥的工作。计数模式去除了这样的对应关系，消除了这种模式带来的密钥被发现的危险。

无线鲁棒性认证协议(Wireless Robust Authenticated Protocol, WRAP)是由RSN支持的更完善的安全机制，它基于偏移码本(Offset Codebook, OCB)模式的分组密码工作模式。该方案比

AES-CCMP有很大的优势，计算起来更有效率，因为消息完整性校验、认证和加密在同一次计算中就可以完成。然而，TGi没有采用WRAP作为RSN的基本安全协议，因为OCB是专利方案，它在标准中引入许可认证的复杂性。

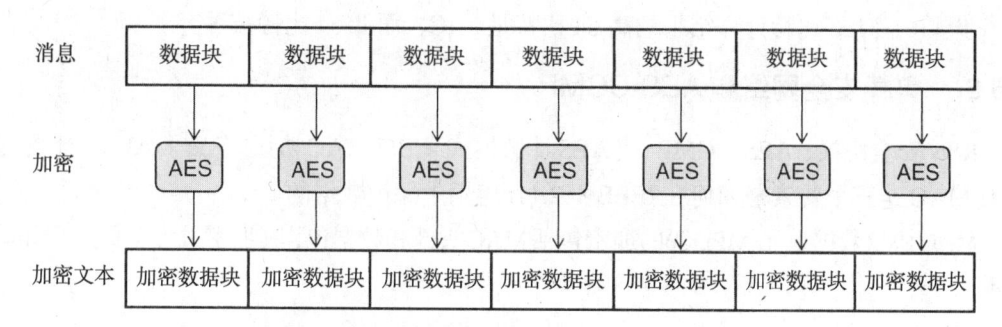

图8.9 分组加密工作模式的电子密码本(ECB)模式

8.5.5 密码分组链接消息认证代码(CBC-MAC)

CBC-MAC是一种消息认证和完整性方法，它可以与AES等分组加密方法一起使用。为了避免和MAC作为媒体接入控制(MAC)的缩略语混淆，用MIC代替MAC在消息认证代码中使用。密码分组链接(CBC)是分组密码中的一种工作模式，其中，密文的一个分组作为下个分组的加密算法的一部分，以此类推。CBC-MAC消息认证代码由以下步骤生成，如图8.10所示。

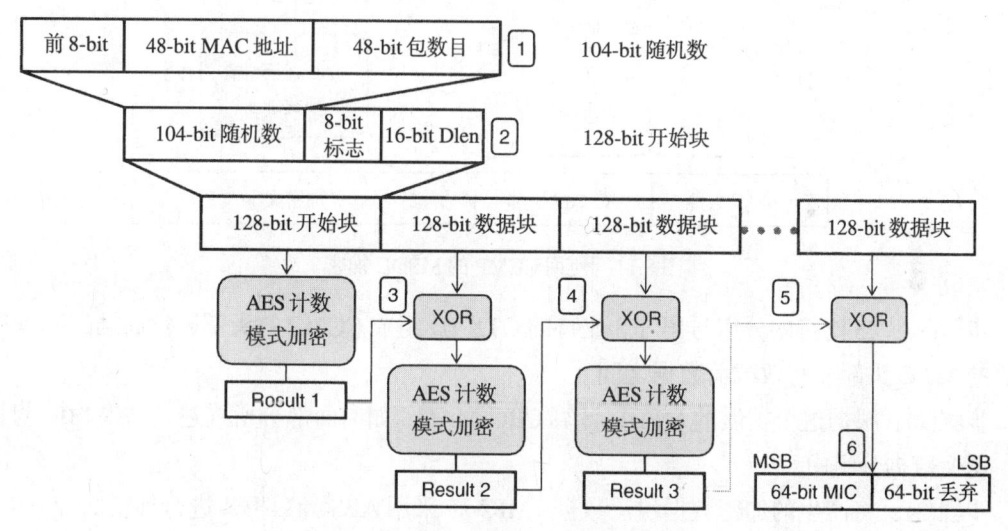

图8.10 通过AES和CBC-MAC计算MIC

步骤(1)：将8比特的优先字段和48比特的源MAC地址以及48比特的分组号结合，产生104比特的随机数。

步骤(2)：将随机数和8比特的标志以及16比特的填充字段相连来生成分组链接的128比特的起始分组，填充字段是用来填充明文数据字段的未填补长度。

步骤(3)：采用AES的计数模式（参见图8.8）对起始分组加密，再将加密结果和消息中明文数据的第一个分组进行异或运算。

步骤(4)：采用 AES 的计数模式用对结果进行加密，再和明文数据中的第二个分组进行异或运算。

步骤(5)：重复该链接直到最后一个明文分组被异或运算。

步骤(6)：128 比特计算结果的高 64 比特是 MIC，而低 64 比特被丢弃。

8.5.6 鲁棒安全网络和 AES-CCMP

RSN 安全协议、AES-CCMP (或 AES 计数模式-CBC-MAC 协议)定义了 AES、计数模式和 CBC-MAC 这三个要素是如何在 IEEE 802.11i 应用中保护数据的。

MAC 协议数据单元(MPDU)的加密包括 MAC 头部和数据包，其加密过程工作过程如图 8.11 所示。

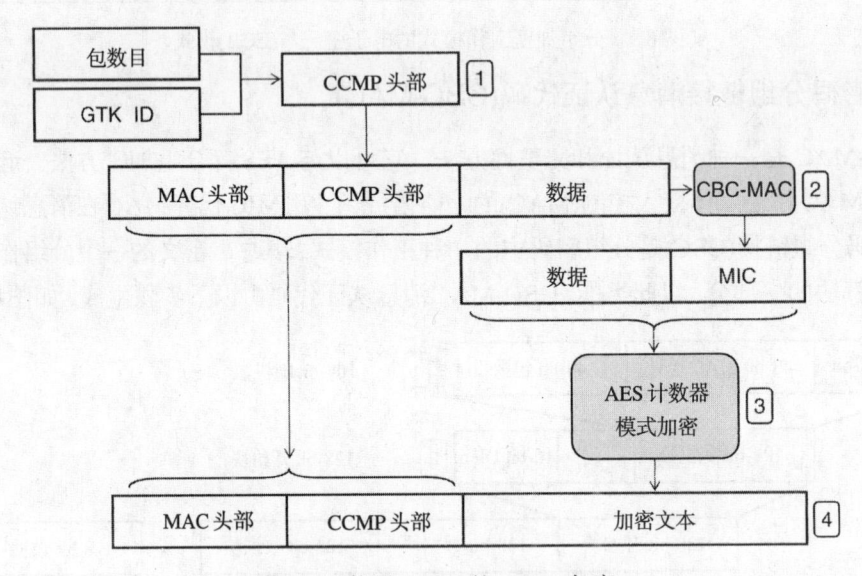

图 8.11 使用 CCMP 的 MPDU 加密

步骤(1)：48 比特的分组号码和 3 比特的 GTK ID 组成 CCMP 的头部，然后插入到 MPDU 的 MAC 头部和有效载荷数据之间。

步骤(2)：根据这个扩展的 MPDU 计算 CBC-MAC，如前面部分所描述，结果 MIC 附加到明文数据分组中。

步骤(3)：将产生的加密数据块（数据+MIC），采用 AES 计数模式进行加密。

步骤(4)：将密文附加到未加密的 MAC 和 CCMP 头部。

尽管 MAC 和 CCMP 头部是以明文传送的，但 MIC 保护数据包和头部不会出错或被恶意修改（以上步骤(2)）。

8.3 节、8.4 节和 8.5 节已经描述了目前已经开发出来的使无线局域网达到较高安全等级的密钥技术。然而，安全性只有在这些技术有实际措施支持时才能得到保证。下面的内容将讲述这些实际的安全措施。

8.6 WLAN 安全措施

为了保证识别和解决所有的安全弱点，每个 WLAN 的实现需要考虑以下三个方面的安全：管理、技术和操作。这三个领域最实用的安全措施清单已经由美国国家科学与技术协会出版（NIST 特别出版物 800-48，参见第 15 章中的"综合信息资源"）。

8.6.1 管理安全措施

管理安全措施是解决设计和实现 WLAN 时要考虑的问题。表 8.7 描述了 NIST 清单中推荐的一些实用的密钥管理安全措施。

表 8.7 WLAN 管理安全措施

管理安全措施	描述
为使用无线技术的组织开发的安全策略	安全策略为可靠的 WLAN 提供了基础，应该详细说明组织的要求，包括接入控制、密码使用、加密、设备安装控制和管理
为了解受保护组织的资产值而执行的风险评估	了解组织的资产值和未授权接入的潜在后果，为建立要求的安全等级提供基础
对所有的接入点和无线设备列出完全目录	已安装的设备的物理目录必须和 WLAN 的日志交叉校验，并进行周期 RF 扫描来识别未知设备（流氓接入点）
将接入点安放在建筑物内部而不是靠外部的墙和窗户	内部位置会限制 RF 传输在所需操作区域外围的泄漏，消除可能发生窃听的区域
在安全区域安放接入点	物理安全可以阻止未授权接入和硬件操控

8.6.2 技术安全措施

技术安全措施解决的是配置 WLAN 时需要考虑的问题。表 8.8 描述了 NIST 清单中推荐的一些主要技术安全措施。

表 8.8 WLAN 技术安全措施

技术安全措施	描述
修改默认 SSID 及禁用 SSID 广播	防止无意接入 WLAN，当试图链接时要求客户站与 SSID 值匹配
在接入点禁用所有不必要的管理协议	每个管理协议都提供了一个可能的攻击路径，因此禁用未用的协议可以最小化攻击者可能会攻击的潜在路径
保证默认共享密钥由至少 128 比特周期性变化的密钥代替	如果没有安装 TKIP（参见 8.4.1 节），则需要手动密钥管理。最好的方法是使用支持的密钥长度的最大值
配置 MAC 接入控制列表	如 "MAC 地址过滤" 一节所描述，尽管基于 MAC 过滤的接入控制提供了附加的安全性，但它并不能防止故意的技术攻击者
启用用户认证，为接入点管理接口设置强管理口令	即使不能获得比网络通信更好的保护，接入点的管理控制功能也同样需要保护。安全策略应该详细说明用户认证和强口令的要求

8.6.2.1 改变 SSID 和禁用广播

如果没有禁用，SSID 会包含在信标帧中，接入点大约每秒发送十次信标帧来通知邻近站点它的存在。每个接入点离开时都有一个默认 SSID 集，如果不改动默认值，攻击者可以利用这些 ID 来接入不可靠的网络。

这些默认值在公开的网站上都有公布，一些很常见的是 "tsunami"、"linksys"、"wireless" 和 "default"！War Drivers 和 War Flyers 报道说 60% ~ 80% 的已识别的 WLAN 会将其的安全

设置为工厂默认模式，60%没有改变默认的SSID，25%以下使用了WEP。这些数据来源于美国，但在英国可能是类似的。

修改SSID值是提高安全性的第一步，这是在接入点首次配置时完成的（参见图8.12），因为对将要与接入点连接的每个客户站来说键入SSID是配置过程的一部分。一个较好的方法是使用匿名的SSID，这不会标示出正在使用WLAN的公司或组织。

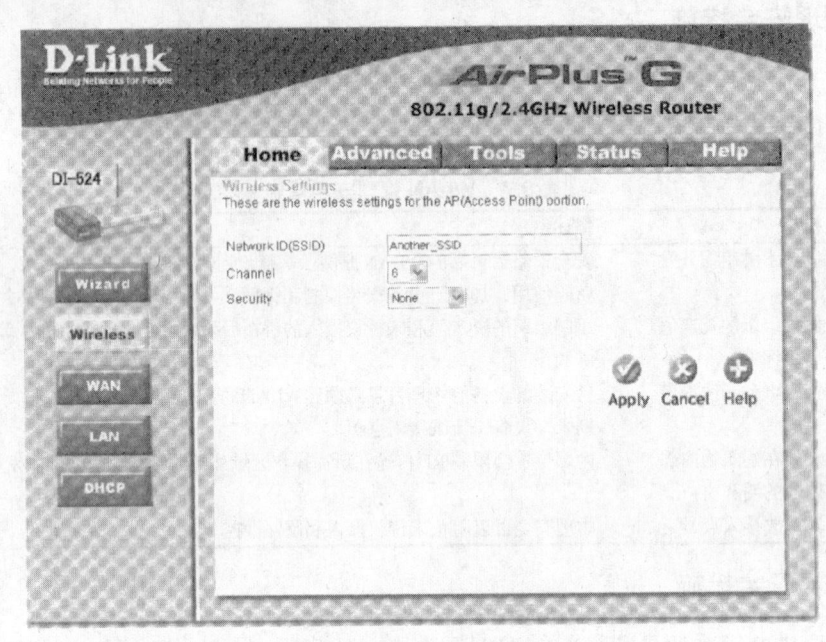

图8.12 修改SSID默认值

修改完默认的SSID之后，一些制造商提供了禁止在信标结构中广播SSID的选项。

这会防止无意的窃听者获得SSID，但是并不能阻止故意的黑客。当接入点响应由试图连接的客户站发送的探测请求时，会发送一个探测响应，SSID就包含在未加密的探测响应帧中，所以如果黑客装有"嗅探器"软件就可以从这些消息中提取出SSID。

SSID不以提供安全功能为目的，修改SSID的默认值以及禁止SSID广播只能有效地防止无意的未授权接入。要防范蓄意的攻击需要更强大的措施。

8.6.2.2 修改默认共享密钥

如8.3节所描述的，尽管基本的加密弱点已经被认识和解决，在pre-IEEE 802.11i网络中，通过有线等效加密(WEP)来进行数据加密，以及使用所支持的最长共享密钥长度仍不失为好的安全方法。

一些接入点类似于SSID，有工厂设置的默认加密密钥，建议加密时修改这些默认值。图8.13给出了典型的接入点配置屏幕，其中加密密钥基于安装时键入的密码或密码短语通过算法生成。

为了维护安全,当先前的网络用户不再被授权接入网络或者当一个已配置使用网络的设备丢失或不安全，共享密钥或密码短语必须要修改。

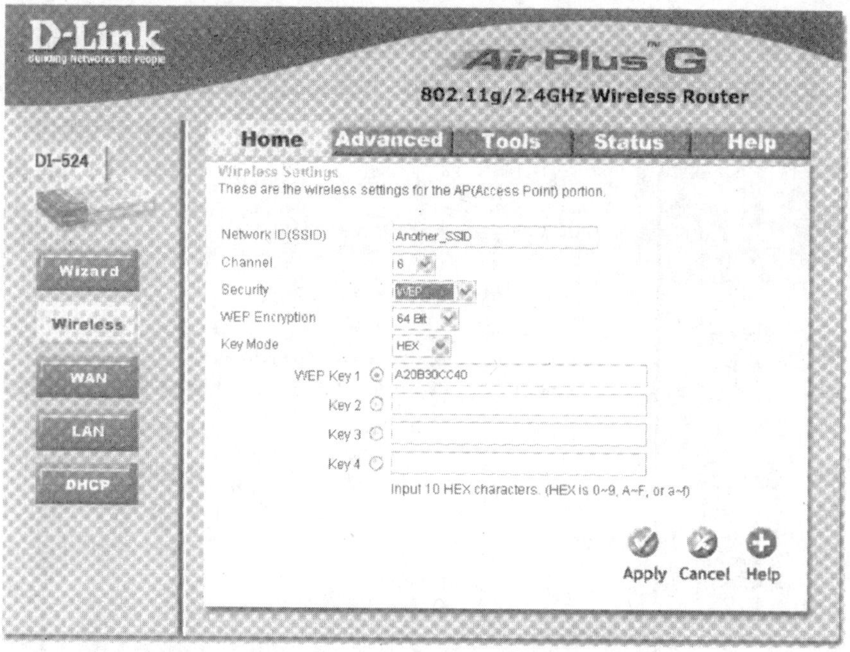

图 8.13　启用 WEP 和指定共享密钥

8.6.2.3　MAC 地址过滤

如果启用 MAC 地址过滤，接入点会根据它内存中存储的允许列表检查每个接入请求。允许列表存有所有已授权客户站的 MAC 地址，如果在列表中能找到请求 MAC 地址，接入点才同意接入。

MAC 过滤看上去是一个高效的安全措施，但是由于 MAC 地址包含在传送的数据包中，黑客仍可以通过"嗅探"无线通信恢复出允许的 MAC 地址。尽管 MAC 地址是工厂设置的标识符，即在理论上，对个人适配卡而言是唯一的，MAC 地址仍然可以通过软件临时重设，从而使得一个设备可以伪装（或欺骗）为另一个设备。

听上去这像一个内在的缺点，但它作为一些 ISP 用 MAC 地址过滤来控制客户接入时还是非常合理的。如果要利用单个 ISP 连接将不止一个设备到 Internet，就需要将所有设备的 MAC 地址重设为与 ISP 注册的相同的 MAC 地址。

启用 MAC 地址过滤只需要在接入点设置过程中简单点击，如图 8.14 所示。然而，保持接入列表的更新却是一项费时的管理工作，因为每个已授权的客户点必须将它的 MAC 地址手动地键入列表中。在家用 WLAN 中是很容易保持更新的，但在动态网络中，如企业或社区 WLAN 中，客户很可能频繁变动，管理负担的代价会很快超过它提供的安全优势。

8.6.3　操作安全措施

操作安全措施解决的是在 WLAN 路由操作时需要考虑的问题。表 8.9 总结了 NIST 清单中推荐的一些主要操作安全措施。

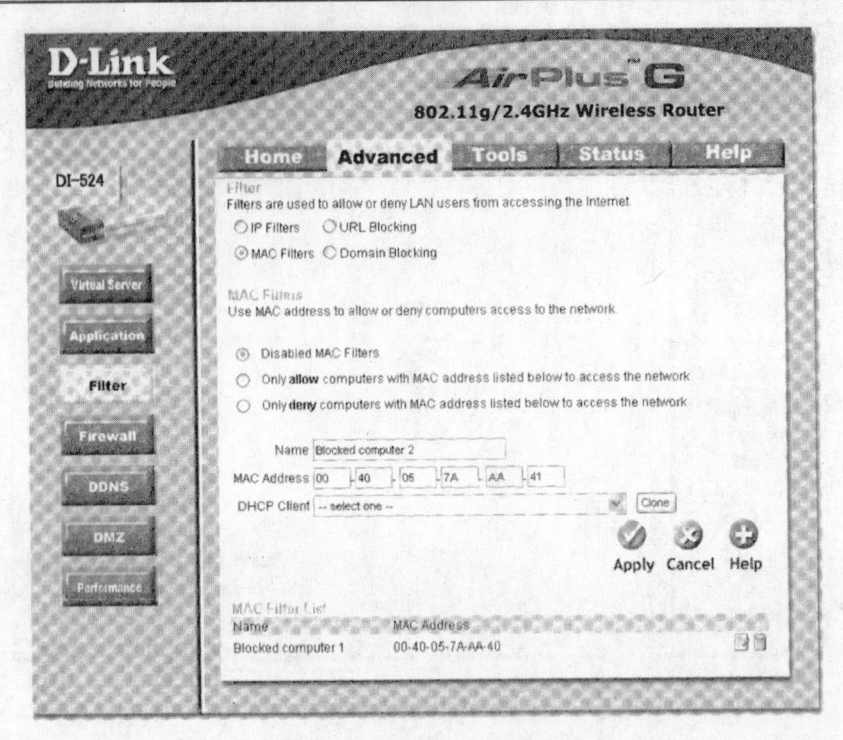

图 8.14　启用 MAC 地址过滤

表 8.9　WLAN 操作安全措施

操作安全措施	描述
在接入点配置时使用加密协议，如 SNMPv3	SNMPv3 提供接入点管理消息的加密，而 SNMPv1 和 SNMPv2 没有提供相同等级的安全
考虑其他形式的无线网络用户认证，如 RADIUS 和 Kerberos	如果风险评估将未授权接入作为主要风险，认证服务或协议，如 RADIUS 和 Kerberos，可以提供高级别的接入安全性来保护机密数据
在 WLAN 上部署入侵检测来探测非授权接入或活动	流氓接入点或其他非授权活动可以被入侵检测软件探测到。这种无线交换标准的特点在 3.3.3 节中有过描述
当硬件升级，在处理旧设备前要确认复位配置设置	如果接入点在丢弃时保留了安全设置，那么敏感信息就可能被用来攻击网络
启用并定期检查接入点日志	接入节点日志为定期审查网络流量，授权的和未授权的提供了基础。许多入侵检测工具可以配置为自动而有效地进行这项工作

8.6.3.1　强用户认证

如 8.4.2 节所描述的，远程认证拨号用户服务(RADIUS)是最常用的认证协议，它提供集中认证、授权和计费服务。

Kerberos 是由麻省理工学院(Massachusetts Institute of Technology, MIT)开发的另一种认证协议，它为认证和强加密提供工具，尤其是在客户/服务器应用中。它的源代码可以从 MIT 免费获取，而且已经应用到很多商业产品中。

8.6.3.2　入侵检测

入侵检测软件可以用来连续的监视 WLAN 中的活动，当检测到任何未授权的设备，如流氓接入点，它就会产生报警。典型的入侵检测是基于能识别正常授权的 WLAN 设备和流量的特定参数的，如表 8.10 所示。

表 8.10 入侵检测参数

安全参数	描述
已授权的 RF 物理层的详细说明	识别 WLAN 上使用的是哪个物理层标准（如 IEEE 802.11a、IEEE 802.11b/g）
已授权的 RF 信道使用	说明个人接入点被配置为使用哪个 RF 信道
已授权的设备 MAC 地址	类似于接入点层次的 MAC 接入控制，但是扩展到整个 WLAN
SSID 策略	列出已授权的 SSID
设备制造商	说明 WLAN 中使用的已授权设备的制造商。提供部分 MAC 过滤，因为 MAC 地址的第一部分说明了设备制造商

当设备或网络活动被识别为偏离特定参数，就会产生修改参数列表的警报或是警告 WLAN 管理员有入侵意图的警报，并采取对策，如阻止已识别的流氓设备链接或保持与 WLAN 的连接。

入侵检测软件还可以监视网络活动，检测出 WLAN 上任何攻击，如 DoS 攻击或会话劫持，并保证所有的已授权设备都遵守安全策略。

8.7 无线热点安全

Wi-Fi 热点在方便的地点提供公共无线连接到因特网，如咖啡厅、旅馆和机场候机室。简单的公共接入的要求是指不启用加密，在 IEEE 802.11i 之前的 IEEE 802.11 标准没有必要的密钥管理机制。因此，通过无线连接发送的信息的安全就取决于热点用户。

随着 2004 年 IEEE 802.11i 标准的发布，下一代的热点服务将提供全范围的安全措施，包括 EAP 和基于认证的 RADIUS 选项以及完整的 IEEE 802.11i 密钥对和在 8.4 节描述的群密钥管理机制。

在可靠的热点服务可用之前，人们在使用公共热点时需要考虑表 8.11 所描述的技术上和操作上的安全措施。

表 8.11 无线热点安全措施

热点安全措施	描述
只和首选的接入点建立无线网络连接	限制自动连接到可识别的首选接入点列表可以减小连接到未知接入点的危险。然而，由于 SSID 很容易被欺骗，所以这并不能消除来自流氓接入点的危险
连接到企业网络时使用 VPN	VPN 使用了附加的加密级来在不安全连接中提供受保护的"管道"，如因特网或无线热点连接
在使用热点的移动 PC 上安装个人防火墙	防火墙是阻止通过热点非授权接入移动计算机的屏障。从接入点收到的信息会根据防火墙的设置被允许或阻止。当使用公共接入点时，无线网络通信需要标示成"不被信任的"状态
在移动设备中通过密码和加密保护文件和文件夹。禁止文件共享	在 PC 的操作系统中使用可用的保密机制，即使有攻击者成功地未授权连接到移动设备，它也能够保证文件和数据受到保护
保护传输到接入点的数据	包括电子邮件在内的机密数据在发送之前应当加密，或者使用安全套接层电子邮件服务
不用时关闭无线 NIC	没有使用时关闭无线 NIC 可以消除潜在攻击路径并能为无线设备节约电池能量
小心公共场所的监视危险	在公共场所键入 PIN 或密码时要警惕，确保机密信息不被监视
保持操作系统和安全软件的更新	定期下载安全补丁保证所有安全软件，包括操作系统、防火墙和杀毒软件等的更新来对抗所有已知威胁

8.7.1 安全套接层

安全套接层(SSL)是由Netscape公司为保护在因特网上传输机密数据而开发的第6层协议，它是基于公共密钥体系(PKI)而建立的加密密钥。SSL支持包括RSA在内的一些公共密钥算法，以及包括RC4和AES在内的一些加密密钥，当可靠连接建立后可以协商选择。

使用SSL安全的Web站点和电子邮件等安全的在线服务可通过https://URL前缀和浏览器窗口显示的挂锁图标识别。

安全Web站点或服务提供者所使用的数字证书可以通过双击挂锁图标来显示证书信息，如证书所有者的名字和电子邮件地址、证书使用和有效日期、使用证书的资源的Web站点地址或电子邮件地址。同时还提供了最初的证书中个人或实体的证书ID，这样可以检查完整的证书路径。

8.8 VoWLAN 和 VoIP 安全

如前面章节所提到的，当通话从相对安全的物理电话线转移和交换到无线LAN或不可靠的因特网时，需要有额外的安全措施来保证机密语音通信。

表8.12总结了可以用来保护语音通信的具体措施，在引入语音服务之前必须在WLAN安全策略中得到解决。

表 8.12 VoWLAN/VoIP 安全措施

VoWLAN/VoIP 的安全措施	描述
使用 VLAN 将 VoWLAN 电话和其他 LAN 设备分离	将VoWLAN电话放置在单独的虚拟LAN(Virtual LAN, VLAN)中，使用私有的不可达的IP地址阻止VoWLAN系统受到因特网接入或攻击。IP电话需要支持IEEE 802.1p/q VLAN 标准
加密电话和公共电话网(Pubic Switched Telephone Network, PSTN)网关之间的语音通信	加密可以消除语音通信在电话网络中被窃听的弱点
使用防火墙来保护语音和数据WLAN之间的连接	如果要求语音和数据WLAN之间的连接，例如，允许桌面软件管理VoWLAN电话信息，使用合理配置的防火墙可以消除不必要的接入路径(端口、协议等)
使用 VPN 保护因特网上远程用户的 VoIP 通信	单独的用户登录到VoWLAN的VLAN上，可以用来保证将接入限制在必要的端口和协议
保持 VoWLAN 电话软件的更新	确保有管理系统来保持电话软件和安全补丁的更新

8.9 本章小结

从基于WEP的相对简单的IEEE 802.11安全的开始，以及很快被发现的密钥安排算法的潜在加密缺陷，WLAN安全的发展速度及当前的复杂水平与致力于提高速度、网络容量和其他功能的技术并驾齐驱。

随着2004年IEEE 802.11i安全增强的发布，以及Wi-Fi联盟发起的WPA2的应用，在固有的开放无线媒体上传送真正的等效有线加密的未来WLAN设备的基础已经奠定。

然而，这些强大的技术能力只有得到本章所阐述的实际安全措施的正确实施时，安全性才能够得到保障。

第9章 WLAN 故障排除

9.1 分析 WLAN 问题

像解决其他问题一样，解决 WLAN 问题也需要系统的方法，首先分析故障现象，缩小故障原因的范围，然后再研究可能的解决办法。

如果遵循第7章中描述的一步步网络实现的方法，那么当网络或设备发生变化时（如原先可正常工作但现在却停止工作，或者工作性能较从前发生了变化），需要进行故障排除。

首先需要询问一些问题来弄清楚故障的性质和范围（参见表9.1），这将有助于缩小故障的可能原因范围。

表 9.1　WLAN 故障排除：缩小问题范围

问题辨认	考虑事项
是连接问题吗？	主要问题是 WLAN 和客户站之间连接的问题；个人用户或组用户不能连接到先前的可接入的网络资源
是性能问题吗？	第二类问题是和性能相关的；网络覆盖、速度或响应时间达不到期望值或先前的工作状况
问题的范围有多大？	问题影响到仅仅一个设备，还是许多设备有相同的问题？例如，如果是网络连通性问题，如果仅仅一个客户受影响，要怀疑硬件和设备 NIC 的设置问题。如果整个 BSS 都受影响，就要检查接入点的硬件和配置
问题有多频繁？	问题在一天中特定时间连续发生吗？例如在中午当工作人员在餐厅使用微波炉时？

诊断开始时应该回忆一下最近所有的网络硬件或配置、工作环境或使用模式上的改动情况，如表9.2 中所总结的。

表 9.2　WLAN 故障排除：首先的考虑事项

最近 WLAN 的改动	考虑事项
硬件改动	网络中有没有增加新的硬件设备？新的硬件设备和已有硬件来自同一个制造商，还是已确认和原有设备具有互操作性？
配置改动	最近有没有改变配置设置？是否有工作信道改变、启用安全机制、改动密钥或密码短语？
软件改动	最近有没有安装软件或固件的更新？有没有由于客户电脑或网络操作系统、设备驱动程序或固件安装补丁而要求的设置改动？
物理上的环境改变	最近有没有移动硬件，如接入点可能会产生 RF 覆盖漏洞？在工作区中有没有隔墙或家具（金属档案柜）被重新排列，潜在地影响 RF 传播模式？
RF 的环境改变	在工作环境或邻近区域有没有安装新的无线网络或其他 RF 资源（例如，隔壁的快餐店在公用的墙边安放了微波炉）？
使用模式改动	有没有安装使用 WLAN 的新应用，尤其是那些需要高连续性和带宽的？网络使用有没有改变，例如一个需要高带宽的新用户群？

要回答这些问题可能需要进一步的研究，例如，如果增加的 RF 干扰是性能降低的可能原因，那就要重复检查 RF 站点。

用表9.3描述的策略来测试可能的解决问题方法时,需要继续使用系统的方法。

表9.3 WLAN 故障排除:解决策略

解决方法	描述
一次测试一种假设	不管是测试配置设定还是物理设计,一次只改动一处,这样影响可以直接归结到单个原因
利用已知的功能替代品测试硬件	辨别硬件故障的最简单的方法就是用已知的功能替代品来代替可疑部件,不论是5类双绞线(Category 5 cable, CAT 5)电缆、NIC还是接入点
做好记录	记录下所做的改变,任何初始设置的改变以及因而产生的系统响应。这可以保证时间不被浪费在重复研究老的途径上,如果改变使事情更糟还可以恢复到原来的设置
检查意外的副作用	在宣布问题解决之前,先检查原先问题的解决结果有没有被引入新的不必要的问题
当所有操作都失败,阅读说明书	阅读或重读硬件卖家的安装说明并接入他们的Web站点来获取问题诊断和故障排除的详细信息

大部分WLAN问题可以分为两类,一类是连通性,一个或多个客户站无法建立网络连接,另一类是性能,数据吞吐量和网络的响应时间不符合用户的期望或先前的工作状况。下面分别考虑这两类问题。

9.1.1 连通性问题列表

连通性问题的根本原因在PHY层或MAC层,例如由于RF硬件的物理或配置问题,或是更高层的,如由于用户认证过程的失败。表9.4所列可以作为诊断连通性问题的考虑要素。

表9.4 WLAN 故障排除:连通性问题列表

问题症状	检查点
单个用户无法连接到任何接入点	检查无线NIC是否被禁用以及站点有足够的接受信号强度
	检查其他客户站是否能够连接到问题区域
	检查客户站的无线网络连接配置,包括安全设置
	检查接入点的安全机制是否为客户站正确配置,如MAC过滤
	用已知的功能替代品代替可能有问题的无线NIC
没有用户可以连接到接入点	检查接入点的配置,包括安全设置
	暂时禁用安全设置重新检查连通性
	用已知的功能替代品代替可能有问题的接入点
用户可以连接到接入点但无法接入网络	检查客户站和接入点是否拥有有效的IP地址、子网掩码和默认网关地址,或是从DHCP服务器获得或是手动键入
	在操作系统提示符(如DOS提示符)下使用ping命令一步一步地检查连通性,从客户站到接入点以及从接入点到有线网络的电脑
	如果安装了IEEE 802.1x认证,通过有线连接改变认证服务器的配置和工作模式

9.1.2 性能问题列表

WLAN中性能问题的发生或是因为到达接受节点的传输没有足够的信噪比(SNR)用于检测和解码,或是因为接入点过载不能处理通信流量。SNR问题是由于弱信号(覆盖漏洞)或是强噪声(干扰)。表9.5所列可以作为解决性能问题的考虑要素。

表9.5 WLAN故障排除：性能问题列表

根本原因	描述
低SNR：信号强度低	使用站点检查工具（参见9.2节）在受影响的区域测试信号强度
	在调整天线位置和方向时监视信号强度
	如果信号强度仍然很低，考虑增加天线增益或发射功率（达到调整极限）或重新安放接入点
低SNR：噪声水平高	使用站点检查工具判别其他IEEE 802.11传输和非IEEE 802.11干扰信号
	如果发现噪声等级很高，寻找并消除一些可疑点（如微波炉、无绳电话、蓝牙）
接入点过载	检查用户的应用和使用模式有没有改变
	打开并检查接入点性能问题的日志
	在高SNR条件下设置高的重试次数会由于竞争流量而重试
	在不重叠的信道上考虑附加接入点，或运行双工模式的网络（如IEEE 802.11a/g）来增加容量

9.2 使用WLAN分析器排除故障

用来监视和排除故障的企业级装置称为WLAN分析器。这些系统包含的工具可以进行站点检查、安全评估、网络性能监视和故障排除，可以帮助网络管理员设计、实现、防护WLAN以及最终排除故障。分析器可以作为独立的硬件，也可以是能在笔记本电脑或手持电脑上运行的软件包。图9.1给出了一些分析器的例子。

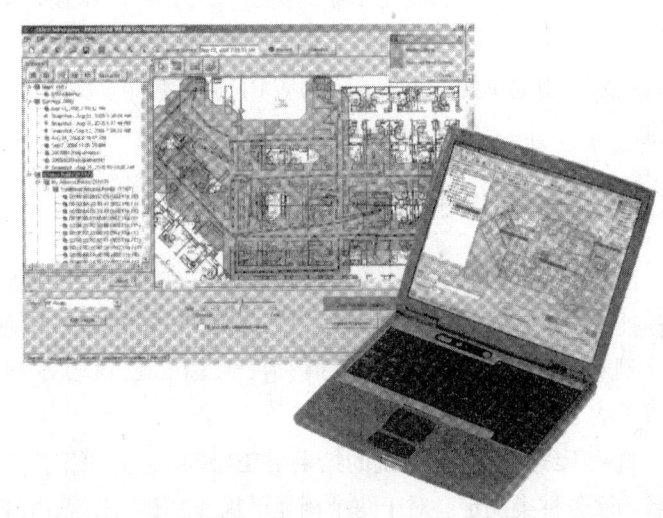

图9.1 WLAN网络分析工具（Fluke Networks提供）

一些WLAN分析器侧重于一个方面的应用，如频谱或协议的分析，而另一些是将这些具体功能结合到一起，具有更普遍的性能和安全分析工具。表9.6总结了一些典型的分析工具的应用。

随着WLAN中IEEE 802.11i的到来以及IEEE 802.1x认证使用的增加，在客户站能成功连接到网络之前，成功认证成为一个附加的步骤。WLAN分析器可以监视EAP认证过程的每一步，看看该过程的崩溃是否阻碍用户认证和接入。如果认证服务器拒绝某个用户的接入，分析器的结果将会帮助判定问题是出在用户接入权限上，还是安全配置上或是认证服务器本身。

表 9.6　WLAN 分析器：分析工具和典型应用

WLAN 分析工具	典型应用
站点检查	定位非 IEEE 802.11 干扰源
	研究由干扰引起的间歇性连接问题
	监视所有 IEEE 802.11a/g/b 信道
	改变接入点使用的信道和功率等级
	减轻信道重叠问题
	执行预安装模式，用不足的覆盖识别问题区域
	根据具体的技术要求分析站点检查结果，例如，VoWLAN 应用
安全评估	保证接入点有合适的安全配置策略
	加密网络流量的可见度(WEP、WPA、WPA2)
	检测并物理定位未授权无线站点
	无线安全攻击检测
	识别被拒绝的连接请求
	物理定位漫游站点
故障排除	链接和认证问题
	局部 WLAN 性能差
	比期望值低的网络吞吐量速率
	WLAN 性能随时间改变

除了广泛的商业工具，也有许多免费的或开源的分析工具，最流行的是 NetStumbler（参见第 15 章）。这些"非商业用途的免费"工具可以识别 SSID、信道、加密设置和所有检测到的接入点的 SNR，还可以用来改变网络配置、检测范围内的流氓站点。在小规模应用时，它还可以用来实现简单的站点检查、检查 RF 覆盖漏洞、检测其他可能造成干扰的 IEEE 802.11a/g/b 网络。

9.3　蓝牙和 IEEE 802.11WLAN 的共存

由于蓝牙(IEEE 802.15.1)无线设备和 IEEE 802.11b/g 网络共享 2.4 GHz 的 ISM 频段，在这两种技术之间存在着潜在的 RF 干扰。事实上，IEEE 802.11FHSS 和 IEEE 802.15.1 使用相同的 79 个跳频信道，如果包含邻近的信道，IEEE 802.11 DSSS 信道的 22 MHz 带宽会和 79 个跳频信道中的 24 个相互干扰。

这些无线设备之间干扰的结果由 IEEE 802.11 网络中扩频种类、两个系统的发射功率以及承载的服务种类决定。对于两个相互干扰的 FHSS 系统，IEEE 802.11 系统会变得更坏，因为它的调频速率比蓝牙无线通信慢 160 次。这意味着，在 79 个跳信道上，对每个发送的 IEEE 802.11 包，蓝牙无线通信会多次登录到相同频率的 IEEE 802.11 频段。IEEE 802.11MAC 层会连续请求重发丢失的包，网络吞吐量则会恶化。幸运的是，很少有 IEEE 802.11 系统使用可选择的 FHSS 物理层规范。

对 DSSS IEEE 802.11 系统（参见图 9.2）而言，情况有一点复杂，因为直接序列检测有更好的抗窄带干扰的内在鲁棒性，而且 FHSS 包和 DSSS 包碰撞的可能性是由 WLAN 数据包长度决定的。在这种情况下，蓝牙链路更易受到干扰，因为 DSSS 干扰会影响 79 个跳频信道中的

24 跳，因此 30% 的 WPAN 包会丢失。这会严重地降低吞吐量，尤其是对同步链路，如发送语音到蓝牙耳机。

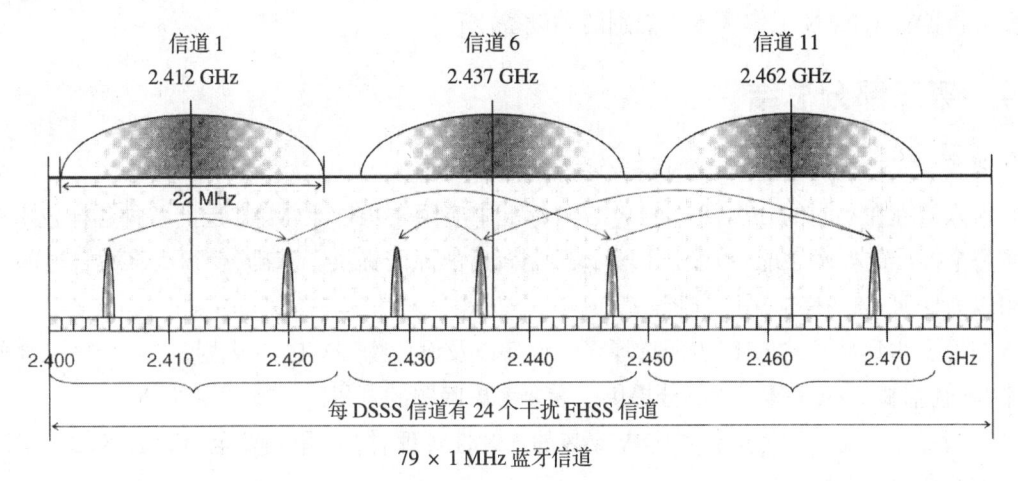

图 9.2　蓝牙和 IEEE 802.11 DSSS 频谱重叠

IEEE 802.15 工作组 TG2 已经开发了推荐的方法来减小 IEEE 802.11 和 IEEE 802.15.1 无线设备之间的干扰，使用两种共存的机制，协作的或非协作的。当用来最小化干扰的信息可以在 WLAN 和 WPAN 之间交换时就可以采用协作机制，而非协作机制不需要在两个网络之间交换信息，但效率低些。推荐的非协作方法是自适应频率跳变、自适应包选择和发送功率控制。

协作的 TDMA 模式，被称为交互无线媒体接入(Alternating Wireless Medium Access, AWMA)也被推荐，在 WLAN 和 WPAN 传输之间划分了合适的传输时间，如图 9.3 所示。由于在两个网络之间需要通信链路，该协作机制只有当两个无线设备装在同一个主设备上时才能运行，如启用了蓝牙和 Wi-Fi 的笔记本电脑。

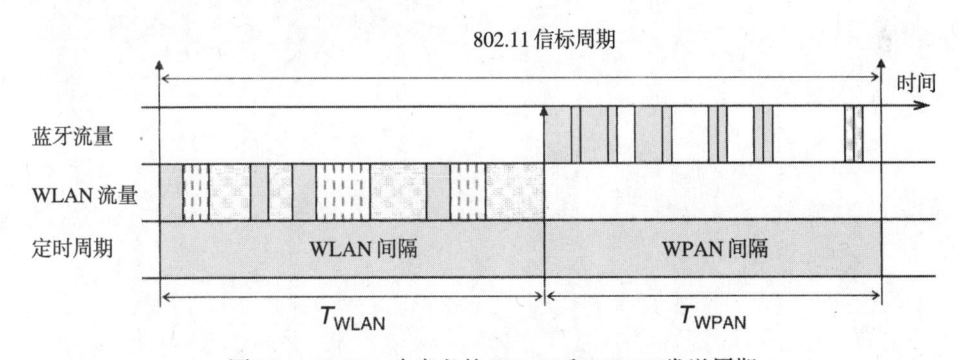

图 9.3　AWMA 中定义的 WLAN 和 WPAN 发送周期

进一步的协作机制称为确定性频率调零。这个概念是在 IEEE 802.11b 接收机上将 1 MHz 宽的某个 FHSS 信号的频率清零来减少窄带干扰。IEEE 802.11b 接收机必须遵循蓝牙发射机的跳频模式和定时，可以通过将蓝牙接收机嵌入到 IEEE 802.11b 接收机上实现。

尽管工作组现在已经正式解散，但一系列的出版物可以在http://grouper.ieee.org/groups/802/15/pub找到。如果蓝牙干扰被怀疑是WLAN性能问题的原因，可用AirMagnet的BlueSweep等免费分析器在WLAN工作区域中识别活动设备。

9.4 第三部分总结

要实现成功且安全的WLAN需要注意到很多问题。

深入研究在不同的IEEE 802.11WLAN标准中应用在PHY和MAC层的各种各样技术，为理解每个标准的技术性能，以及它们具体限制背后的原因提供了基础，使得大多数合适的技术都可以为任何WLAN应用所选择。

在为了达到足够的RF覆盖而选择天线设备以及设计物理WLAN规划时，对于第二部分中基本RF传播概念的理解，本部分提供了需要考虑问题的背景。

在确定安全要求和为运行特定WLAN的连续性管理时，应用到安全的WLAN的技术使得可以做出合适的选择。

在深刻理解这些基础概念和技术的基础上设计和运行的WLAN，最有可能满足用户的性能期望和安全要求。

第四部分 无线个域网的实现

个域网(Personal Area Network, PAN)是为人们在个人工作空间实现设备互联的技术,通常在1~10 m距离内。无线个域网的目标是实现这种互联,并且提供更灵活、更具移动性及更自由的连接以摆脱电缆的束缚。

WPAN不同于WLAN,无论在工作范围还是目前的数据容量或WLAN服务种类,都不能取代以太网类型的本地网。WPAN关注的是个人的信息和连接需求,包括将数据从台式电脑同步到便携式设备,便携式设备之间的数据交换,以及为便携式设备提供Internet连接等。

实现WPAN在技术上不像WLAN那么复杂。通常能够快速建立连接,而且对特定配置的要求很少甚至没有要求。

第10章将讨论不同的PAN技术及应用特性,从目前的实际标准蓝牙开始,到一些初具形态及具有竞争力的技术,例如无线USB和ZigBee。此外,还将介绍广泛应用的固定式串口的替代,即红外TrDA标准。

关于这些技术的技术选择、安全和其他方面的实际应用将在第11章介绍。

第10章 WPAN标准

10.1 前言

用来连接日益增多的各种个人设备的缆线会使连接中断、会破损或丢失,这些都会妨碍个人产品的工作。如何消除这些影响已成为发展个域网的主要动力,自20世纪90年代末以来很多工作组和其他组织都致力于个域网标准的研究。

在IEEE内部,成立于1999年3月的802.15工作组致力于提供支持具有互操作的低复杂度、低功耗的设备标准的研究,这些设备能够随身携带或者安置在个人工作场所(Personal Operating Space, POS),个人工作场所是指一个活动或静止的人周围10 m范围内。表10.1描述了由IEEE 802.15工作组开发的WPAN标准。

表 10.1 IEEE 802.15 WPAN 标准和任务组

标准	描述	应用
IEEE 802.15.1	最初的2.4 GHz FHSS规范。2002年发布	蓝牙
IEEE 802.15.2	推荐的实践可使IEEE 802.15 WPAN和IEEE 802.11 WLAN共存,2003年发布	
IEEE 802.15.3a	高速率的WPAN,物理层使用DS-UWB和正在讨论中的OFDM技术,草案于2003年发布。被MBOA和无线USB超过。工作组在2006年1月解散	
IEEE 802.15.3b	MAC改进工作组,提高IEEE 802.15 MAC的实现和兼容性	
IEEE 802.15.3c	毫米波段作为可选物理层。使用57~64 GHz的未授权频段,1 Gbps数据速率和可选的2 Gbps的数据速率。2005年3月形成	
IEEE 802.15.4	低速率WPAN。DSSS 2.4 GHz,915 MHz和868 MHz。2003年发布	ZigBee
IEEE 802.15.4a	该工作组主要是来发展可选择的物理层技术,有两种正在考虑中的可选物理层规范,UWB脉冲无线电和工作于2.4 GHz ISM波段的扫频扩频	
IEEE 802.15.4b	该工作组主要是要加强及改进IEEE 802.15.4标准	
IEEE 802.15.5	开发MAC和PHY机制使符合WPAN网状网络	

在PAN中使用的设备种类有已经普遍存在的移动电话和不断增长的普通个人立体声系统、寻呼机以及掌上电脑(Personal Digital Assistant, PDA)。考虑到一个人如果带着手表、移动电话、立体声系统、寻呼机和PDA可能装备两个输入键盘、四个扬声器、两个麦克风和潜在的5个LCD显示屏,因此通过设备之间的互兼容性进行简化是非常必要的。

自从20世纪90年代末以来,开发了很多不同的PAN标准,最有代表性的是蓝牙和IrDA,最近ZigBee和无线USB已经进入人们的视野。这些技术都有各自的优点和缺点,主要的挑战是使之方便易用。在这一章中将从技术和实际应用的立场介绍这些技术。

10.2 蓝牙(IEEE 802.15.1)

10.2.1 起源及其主要特征

对移动电话及其附件间无线连接的研究是由爱立信公司在1994年开始的，但是直到四年后，由爱立信、IBM、诺基亚和东芝等公司成立蓝牙特殊利益集团(Special Interest Group, SIG)后，这种概念才开始不仅应用于移动电话，而且也开始用于PC和其他设备的连接。

1999年，IEEE 802.15工作组成立，其任务是开发WPAN标准，之后，蓝牙SIG成为唯一响应WG 15的组织，蓝牙和IEEE 802.15.1不久后成了同一个概念。自从2000年蓝牙无线耳机问市，其价格和功耗都大大降低。蓝牙已成为很多移动电话和PDA的普遍附加特性。

蓝牙1.1版本是PAN标准，它工作于2.4 GHz ISM频段，物理层数据速率达到1 Mbps，具有有效的非对称的721/56 kbps的传输速率或432 kbps的全双工通信。2004年11月份发布了蓝牙2.0版本，该版本引入了增强数据速率(EDR)，使得物理层数据速率达到1、2或3 Mbps。

在一个微微网中，蓝牙PAN最多可支持8个蓝牙设备，其中一个作为主设备，其他七个设备作为从设备。因为一个蓝牙设备既可以成为一个微微网中的主设备又可以成为另一个主设备的从设备，因此微微网可以通过共享公共的设备链接形成分散式网络。每个设备管理微微网的720 kbps容量，而一个分散式网络因为由多个主控设备控制可以达到更高的分布式数据容量。

蓝牙技术支持各种不同的设备和使用模式，从移动电话耳机到同步PDA。而不同的使用模式需要用到蓝牙协议栈的不同部分。

应用模型是蓝牙协议栈的垂直部分，如图10.1所示。它描述了某个特定应用模式的要求协议。应用模型为蓝牙设备之间的互兼容提供了基础，任何给定的蓝牙设备可能支持不同的应用模式，也对应着不同的模型。最重要的应用模型在表10.2中给出。

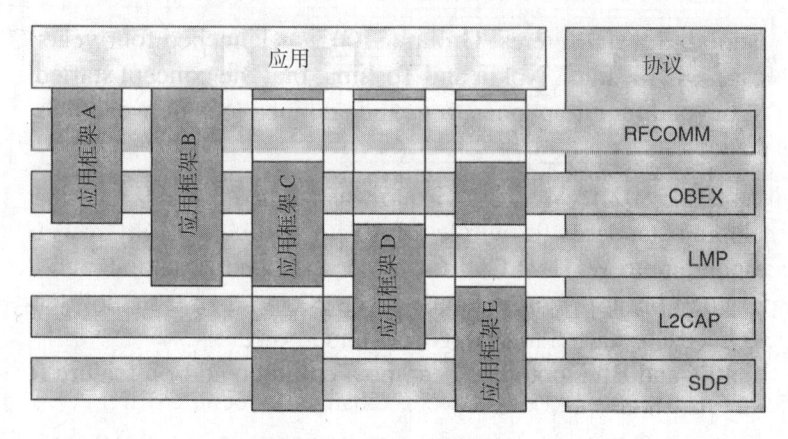

图10.1 蓝牙应用框架

通过设置有限的传输范围和适当的传输速率，蓝牙可以降低部件成本并延长电池的使用寿命。然而，它在普通PAN任务中(如电话和短距离网络)的高效性已经使得蓝牙在可用的PAN方案中占据了强大的位置。

表 10.2　主要蓝牙框架

应用模型	描述
PAN	在 ad-hoc 微微网中启用一般的 IP 网络（包括安全）
同步模型	在设备之间启用个人信息的交换，如日历表和地址簿数据
基本打印模型	启用从设备到打印机之间的简单打印 因为启用蓝牙的打印机能够解码数据并发送至产生打印要求格式，因此发送设备不需要打印驱动
文件传输模型	启用一个设备执行另一个设备的文件系统的文件管理操作，包括传输、创建、删除文件或文件夹
耳机模型	启用音频数据在设备之间的传输，如 PDA 或移动电话与无线耳机之间
拨号网络模型	启用 PDA 或其他设备与网络之间的拨号网络链接
LAN 接入模型	启用设备接入网络资源的能力，如通过点对点协议(PPP)连接 LAN 中的另一个设备的存储器或打印机

10.2.2　协议栈

蓝牙协议栈描述如图 10.2 所示，在蓝牙无线通信（物理层）之上是基带层，链路管理协议(Link Manager Protocol, LMP)层，以及逻辑链路控制和适配协议(Logical Link Control and Adaptation, L2CAP)层，L2CAP 层与 OSI 参考模型的数据链路层(LLC + MAC)相对应。

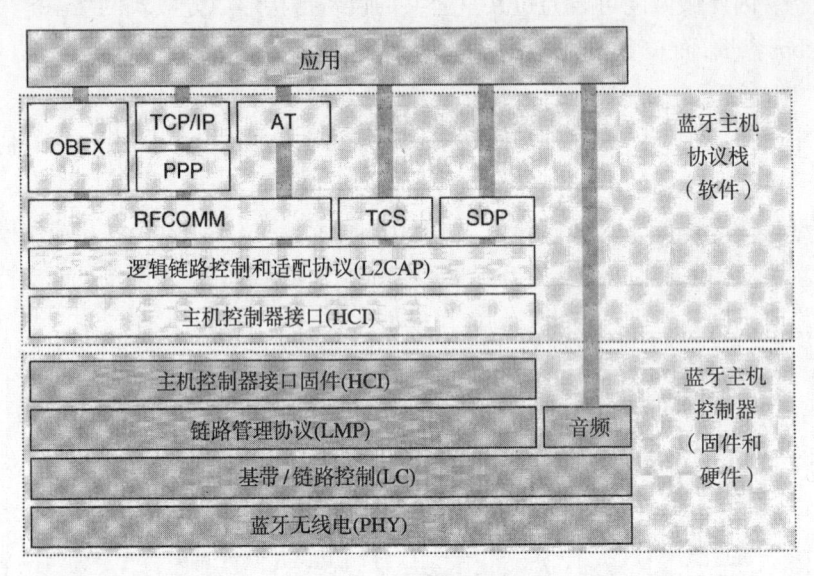

图 10.2　蓝牙协议栈

接下的部分将描述物理层、数据链路层，并将概述较高层的协议直至电缆替代协议(RFCOMM)和服务发现协议(Service Discovery Protocol, SDP)。蓝牙协议栈也从其他的技术中引用了一些协议，比如目标交换协议(Object Exchange Protocol, OBEX)，来源于 IrDA（参见 10.5.5 节）和无线应用协议(Wireless Application Protocol, WAP)，是 WAP 论坛开发的支持通过无线链接接入到 Internet 的协议，主要是用移动电话，包含了 WAP 的蓝牙协议栈，使得在无线应用环境中为 WAP 电话开发的软件可以在蓝牙方面得到重复应用。

10.2.3 蓝牙无线通信

在物理层，蓝牙技术使用 IEEE 802.15.1 无线频率，802.15.1 中规定了每秒跳 1600 次的跳频扩频系统，在 2.40~2.48 GHz ISM 频段之间有 79 个信道，跳频模式由主设备的 48 比特 MAC 地址控制。在一些国家，为了遵守本国的使用规定，跳频模式减少到只覆盖 23 个信道。

高斯移频键控(GFSK)用做 1 Mbps 物理层数据速率的标准（蓝牙1.2），而增强的数据速率（蓝牙 2.0）在 2 Mbps 时采用 π/4-DQPSK，在 3 Mbps 时采用 8-DPSK 调制技术。在蓝牙 2.0 设备上都使用了 2 Mbps 速率，而依赖于 8-DPSK 的 3 Mbps 具有较低的传输功耗，因此也具有低信噪比，该技术作为可选技术而且仅用在充分健壮的链路上。为了能与蓝牙 1.2 后向兼容，蓝牙 2.0 的设备中依然使用 GFSK 调制技术传输数据报头信息。

射频发射功率从 0~20 dBm(1~100 mW)被定义为三个级别，参见表 10.3。尽管第 1 级也可用，但相比于 IEEE 802.11b/g 网络，绝大多数蓝牙设备都采用第 3 级无线电发射功率来提供 PAN 的工作范围。

表 10.3 蓝牙 RF 发射功率级别

级别	最大 RF 功率	范围（英尺，ft）[①]
1	100 mW(20 dBm)	0~300
2	2.5 mW(4 dBm)	0~30
3	1.0 mW(0 dBm)	0.3~3

对于第 1 级设备必须强制性的要求其具有功率控制能力（第 2,3 级功率控制则是可选的），为了降低干扰，要求发射设备具有动态调整发射功率的能力。这同时也有助于降低功耗，增加便携设备的电池寿命。功率控制是通过接收信号强度指示器(RSSI)实现的，RSSI 判别接收信号是否在定义的"黄金接收功率范围"内，该范围一般是 6~20 dBm，高于接收机的灵敏度基准。如果接收功率在这个范围以外，接收机发送链路管理协议(LMP)指令给发射机，使其调整发射功率。

10.2.4 基带层

在蓝牙协议栈（参见图 10.2）中，蓝牙基带层在物理层之上，管理物理信道和链路，包括蓝牙设备的发现、链路连接与管理及功率控制。

在微微网中，用时分复用方式来划分设备的接入信道，时间被划分成 650 μs 的时隙，时隙按照主控设备的时钟进行编号，并由主设备分配给链路和设备。

主从设备之间可以建立两种基本的物理链路类型，同步面向连接(Synchronous Connection-oriented, SCO)和异步无连接(Asynchronous Connection-less, ACL)。SCO 链路主要用来传送语音数据，是主设备和单个从设备之间的对称链路。要维持这个链路，在规定的时间间隔内主设备预留发射/接收时隙，由于链路是同步的，所以，数据包出错时也不进行重传操作。

在微微网中，ACL 链路连接主设备和所有的从设备。主设备可以使用未预留给任何活动的 SCO 链路的时隙建立 ACL 链路。在同一时刻，只能建立一条 ACL 链路，但是如果已经建

[①] 1 英尺(ft) = 0.3048 m ——编者注。

立了到主设备的SCO连接,那么这个ACL链路也可以作为一个从链路。对于大多数的ACL数据包,如果出现数据包错误时,会进行重传。

蓝牙基带定义了13种分组类型,其中由4种专门用做传输高质量的语音和语音+数据。每个分组包括一个68~72比特的接入码、一个54比特的分组头以及最高2745比特的有效载荷。接入码用在蓝牙设备发现期间以及接入到微微网时。分组头携带了从设备的地址以及分组的确认、编号和检错等信息。

通过查询程序和寻呼程序,基带控制设备的发现过程。查询程序能使得蓝牙设备发现一定范围内的其他设备,并判断它们的地址和时钟偏移量;寻呼程序使得主从设备之间建立连接,并将从设备的时钟与主设备同步。一旦建立连接,蓝牙设备将处于以下四种状态中的一种:激活、呼吸、保持及休眠(为了降低功耗)。表10.4给出了简要描述。

表10.4 蓝牙连接状态

状态	描述
激活	激活状态的设备参与信道通信。激活状态的主设备规划传输过程,包括规律性发送指令使从设备保持同步。激活的从设备在ACL时隙内监听数据包。激活的从设备如果未被寻址到,则休眠直到下一次ACL传输
呼吸	设备在"呼吸"状态时,以一种降低的速率监听传输以节省能量。这个非激活状态的时间长短是可编程控制的,同时信赖特定的设备类型及应用
保持	在从设备的请求下或主设备的指示下,数据传输可以进入保持的节能状态。在保持状态,从设备只有内部定时器仍旧工作。当从设备重新进入到激活状态时,数据传输将会很快恢复
休眠	设备处于休眠状态时仍然保持同步,但并不参与微微网通信。进入该状态后从设备放弃3比特的活动成员设备地址。休眠的设备周期性地醒来监听传输信道以便进行重同步和检测其他的广播信息

10.2.5 高层协议

10.2.5.1 链路管理器协议

链路管理器协议(LMP)用来建立和管理基带连接,包括链路配置、认证和功率管理功能。这些功能通过两个已配对设备的链路管理器之间交换协议数据单元(PDU)来实现。协议数据单元包括:配对控制、认证、初始化呼吸、保持和休眠模式、功率增加或降低请求、首选的分组编码的选择以及优化的数据吞吐量的大小。

10.2.5.2 主机控制接口

主机控制接口(Host Controller Interface, HCI)为链路管理器和基带层提供了统一的命令接口,允许在两个硬件之间划分协议栈,例如一个处理器主机高层软件和一个蓝牙模块。主设备执行高层协议软件的功能,蓝牙模块主要是完成LMP、基带层及物理层的功能。这两部分通过主机控制器传输层连接,可以是UART、RS232或USB接口。

10.2.5.3 逻辑链路控制与适配协议(L2CAP)

逻辑链路控制与适配协议能够产生高层协议与基带协议之间的逻辑连接,它给信道的每个端点分配信道标识符(Channel Identifier, CID)。连接建立的过程包括设备之间期望的QoS信息交换,以及L2CAP监控资源的使用来确保达到QoS要求。L2CAP也为高层协议管理数据的分段与重组,高层协议数据包要大于341字节的基带最大传输单元(MTU)。

10.2.5.4 RFCOMM

蓝牙 RFCOMM 协议基于 ETSI TS 07.10 标准的子集，在 L2CAP 协议层之上为电缆替代应用提供串口仿真。RFCOMM 将串行的比特流组装成字节和数据分组，提供可靠的排序的串行比特流传输，使用请求发送/清除发送(RTS/CTS)和数据终端准备就绪/数据设置准备就绪(Data Terminal Ready/Data Set Ready, DTR/DSR)控制信号。

应用到 RFCOMM 中的 ETSI 的标准的一个修改是基于信誉的流量控制机制，该机制通过限制帧的传输速率来保证接收设备的输入缓冲区不会溢出。如果一个连接的信誉计数到 0，RFCOMM 将停止并等待直到它从接收设备中得到更多的信誉量，表明输入缓冲区能够接收数据。

10.2.5.5 SDP

服务发现协议(SDP)在微微网中用来发现蓝牙设备中的可用服务，并确定这些可用服务的属性。

服务发现可以通过请求/响应模式来完成，一个应用在特定的 L2CAP 连接上针对可用的服务发出协议数据单元请求信息，然后等待目标设备的响应。

服务发现可以针对特定要求的服务通过搜索、请求信息来实现，也可以针对所有的可用服务中通过浏览、请求信息来实现。

10.2.6 蓝牙的实际应用

蓝牙微微网的建立是通过设备发现过程和主设备与被发现的从设备的配对实现。不断的重复上述过程，可以建立含有 7 个激活的从设备的蓝牙 PAN，在休眠状态下可以有 255 个从设备可保持与微微网的连接。

在配对过程中，从设备会收到一个跳频同步数据包，该数据包基于主设备的 48 比特 MAC 地址，目的是让从设备遵循这种跳频模式。一旦这种低等级的连接形成，那么主设备将会建立起服务发现协议(SDP)连接用来确定采用哪个应用模型与从设备建立连接。而后 LMP 协议依据特定服务要求来配置链路。

两个设备之间也交换密码短语，密码短语用来产生加密密钥以保证安全通信，关于安全性将在第 11 章讨论。

蓝牙微微网以及用来各种设备配对的相关应用模型如表 10.5 所示。

表 10.5 蓝牙 PAN（微微网）和相关应用模型的实例

设备	主设备/从设备	应用模型
便携式电脑	主设备	
打印机	从设备	串口应用模型
PDA	从设备	同步应用模型
便携式电脑	从设备	文件传输应用模型
移动电话	从设备	拨号上网应用模型

如果上面的例子中的移动电话和蓝牙耳机建立了配对，它将在另外一个微微网中成为主设备，如此这般就形成了散射网。这个移动电话在这两个微微网中将会时间共享。第一个微微网

中,由主设备为其分配时隙,在第二个微微网中移动电话轮流为蓝牙耳机和其他的配对设备分配时隙。

因为在两个微微网中,跳频模式由不同的主设备的 MAC 地址决定,因此它们不能相互协调工作,当选择同一个频率时还会导致数据的碰撞。但这种情况并不经常发生(统计表明,每 79 × 79 = 6241 个数据包才发生一次),因此它对数据吞吐量并没有实际意义的影响。

10.2.6.1 蓝牙应用实例

下面通过一个应用实例来理解蓝牙在实际中的应用,给出从开始建链到不同的应用等一步一步的工作过程,理解这些步骤对于实际工作是非常有用的。

(1) 蓝牙同步 PDA

该服务的建立步骤如表 10.6 所示。采用了串口和同步应用框架。

表 10.6 应用模式:PDA 同步

步骤	描述
1	将两个设备(PDA 和便携式或台式电脑)配对,交换 PIN/密钥
2	使用台式机/便携式电脑上已安装的蓝牙软件,用一个特别的串口(如串口3)来关联输入蓝牙串口。链路的安全性(加密)通常在这一步完成,同时完成连接的自动同步
3	使用台式机/便携式电脑上的同步软件(例如 Microsoft ActiveSync)来识别串口与步骤(2)中的指定串口进行同步
4	建立台式机/便携式电脑和 PDA 的连接
5	初始化同步,除非步骤(2)中选择的连接已经自动同步

(2) PDA 通过蓝牙与 Internet 的连接

该服务的建立步骤如表 10.7 所示,采用 LAN 接入应用框架。

表 10.7 应用模式:PDA 与 Internet 的连接

步骤	描述
1	将两个设备(PDA 和便携式或台式电脑)配对,交换 PIN/密钥
2	使用台式机/便携式电脑上已安装的蓝牙软件来配置网络接入,目的是允许其他设备能够通过台式机/便携式电脑上连接到 Internet/LAN
3	使用 PDA 上的相关的连接软件通过主机建立与 Internet 的连接(这个主机并非如移动电话之类的拨号上网设备)
4	当 PDA 试图去连接主计算机时,通过主机认证连接
5	如果需要,输入拨号/登录信息完成连接

(3) 蓝牙移动电话拨号上网

该服务的建立步骤如表 10.8 所示,采用拨号网络应用框架。

表 10.8 应用模式:通过蓝牙移动电话拨号上网

步骤	描述
1	将两个设备(PDA 和便携式或台式电脑)配对,交换 PIN/密钥
2	使用计算机上已安装的蓝牙软件通过拨号网络的属性来确认蓝牙调制器已经安装在移动电话上。如果没有安装,可以通过手机制造商的软件网站上下载
3	在计算机上,完成拨号网络连接(例如在 Windows 中,在蓝牙设备的文件夹中双击拨号网络的图标)
4	按照要求提示输入用户名、密码以及 ISP 拨号号码,接下来拨号、用户认证和注册

拨号上网和Internet连接等应用软件可能会提供可选项,在移动设备上保存用户名和密码。如果移动设备遗失或者没有采用登录密码保护,则会带来安全风险。关于蓝牙的安全问题,包括操作安全措施列表,将会在下一章详细讨论。

10.2.7 蓝牙的发展现状和展望

在与其他基于PAN标准的无线USB和UWB等较高的数据速率竞争时,蓝牙的FHSS物理层规范限制了蓝牙的应用范围。在蓝牙2.0中的数据传输速率已经达到了3 Mbps,但是随着两个设备之间所传输数据容量的不断增加,用户期望得到更高的数据传输速率。

在2005年5月,蓝牙SIG声明,正与UWB开发者们协作增强蓝牙的功能,以达到更高的数据传输速率来适应需要高传输速率的应用,如在PAN内与便携式设备传输数字视频信号。这个发展的目的是要加强蓝牙品牌的效应,蓝牙品牌被认为具有市场实力,但从消费者的观点看,后向兼容还是非常昂贵的,因为UWB和目前的2.4 GHz FHSS物理层是不能互操作的。

10.3 无线USB

10.3.1 起源和主要特征

无线USB是USB实现者论坛推动的结果,目的是为了将已经很成功的有线USB接口推进到无线领域。为了促进无线USB的发展,无线USB推广组于2004年2月成立,将USB的简单易用、兼容性好以及低成本的原理应用到高速的无线技术。USB强大的工业支持和品牌效应是该技术发展的资本,推广组的目标是使得无线USB(Wireless USB, WUSB)能在WPAN中处于领先地位。保持与有线USB之间强大的连接功能是无线USB设计的核心(参见表10.9)。

表10.9 无线USB设计目标

设计目标	描述
保持USB软件架构	无线USB设计成与有线USB使用相同的软件接口和设备驱动程序
保持智能主机简单设备模式	与USB设备一样,无线USB保持设备简单性,将网络复杂性管理交给主机来处理
启用电源有效性	许多设备是通过有线USB连接来获得电源的,在无线USB情况下将变成电池供电 要求具有有效电源管理机制
提供与有线USB相同的安全性	设备认证和数据加密的目的是提供与有线USB同样等级的安全性
简单易用	即插即用是使用者对USB设备的期望,而无线USB的设计中继承了这个传统
保留USB兼容性	无线USB定义了一种特定的设备类别(有线适配器)允许有线USB设备或主机支持无线USB设备

WUSB使用超宽带(UWB)无线通信技术,使物理层数据速率达到了480 Mbps,而且功耗低、传输范围可达10 m。这使得无线UWB可用来向多媒体消费者电子设备传输较好的视频数据,而且提供与PC外围设备和其他移动设备之间的高速连接。

无线UWB规范的1.0版本在2005年5月发行。WUSB设备通过基于媒体接入协议的主机安排TDMA方式共享带宽。使用集线器和星形拓扑结构,每个主机支持最多127个设备,与有线 USB 一样，需要设计出系统软件来处理任何时候设备与主机之间的连接或断开。"双重"身份的设备同样能够被定义启用点对点的连接。

10.3.2 协议栈

无线 USB 协议栈的基础是由 MBOA-SIG 开发的 PHY 层和 MAC 层规范。自从 2005 年 3 月 MBOA-SIG 和 WiMedia 联盟合并以后，这些规范被最后确定，并由 WiMedia-MBOA 联盟继续发展。

无线 USB 是众多的高等级技术之一，运行在 MBOA PHY 层和 MAC 层之上（参见图 10.3），无线 USB 规范定义了采用这些底层协议建立的 WUSB 通信信道的方式。在应用等级上，无线 USB 与 USB 2.0 的功能是一样的，除了允许相比有线 USB 连接相对不可靠的无线物理层上的一些对同步数据通信模式的增强措施以外。

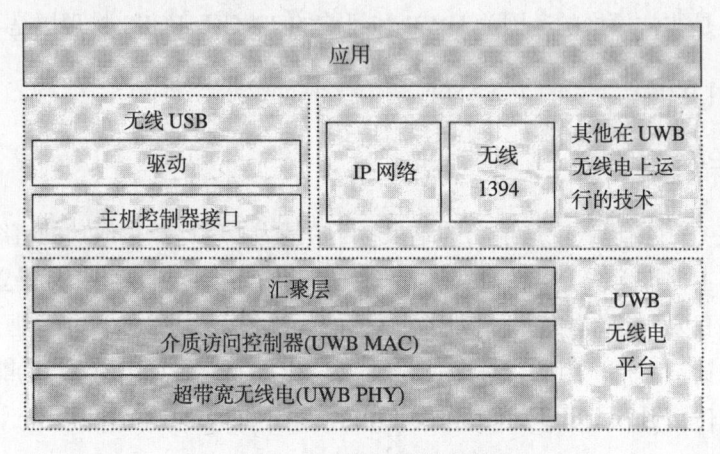

图 10.3　无线 USB 协议栈

10.3.3 WUSB 无线技术

无线 USB 物理层应用了 MB-OFDM 联盟(MBOA)的 UWB 无线技术，工作在 3.1～10.6 GHz 的频段上。支持无线 USB 设备上强制使用的 53.3 Mbps，106.7 Mbps 和 200 Mbps 数据速率，另外，附加的高达 480 Mbps 的数据速率在设备上是可选项，而在主机上是强制使用的。

支持所有的无线 USB 设备强制使用的 1～3 频段（信道 1，如图 10.4 所示），支持可选的其他频段组，也必须支持每个频段组的所有时频码(TFC)。

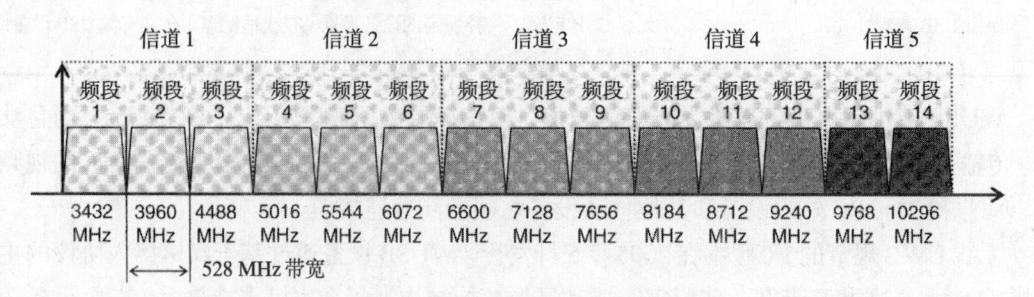

图 10.4　无线 USB MBOA 频段

10.3.4 媒体接入控制层

为了解决先前的 MAC 的缺点，特别开发了 WiMedia MAC，如 802.11e Wi-Fi 和蓝牙，为实时视频和音频流应用提供QoS保障，同时提高了改变网络拓扑结构的鲁棒性。WiMedia MAC 的主要设计特性见表 10.10。

表 10.10　WiMedia MAC 关键设计特性

设计特性	描述
分布式网络控制	在 MAC 层，媒体控制由所有设备共同负责，减少了单点失败带来的弱点，消除了维持中心控制的带宽浪费
优先接入机制	TDMA 系统允许设备预留保证媒体接入的时隙，或者在优先竞争期间竞争接入
高效的网络管理	带宽负载与 MAC 协议规模及设备数量有关，使用少量设备以使网络负载较低

在图 10.15 所示的超帧结构中定义了 MAC 层时隙。每 65 ms 的超帧被划分成 256 个媒体接入时隙(Media Access Slot, MAS)，每个时隙持续 256 μs。每个超帧中的前导 MAS 作为信标期，在信标期设备根据其能力和资源请求和主机交换信息。在信标期设备可以使用分配预留协议(Distributed Reservation Protocol, DRP)为信息预留一个或多个媒体接入时隙。使得应用时可以保证与数据流同步的媒体接入。

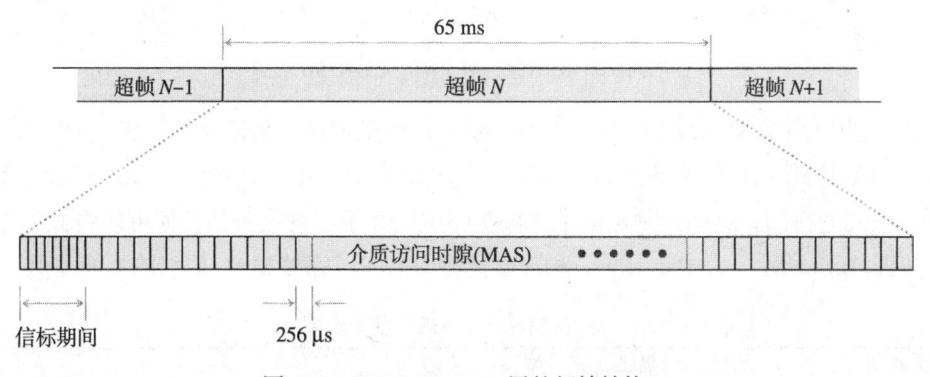

图 10.5　WiMedia MAC 层的超帧结构

未预留的媒体接入时隙可以被任何基于优先竞争接入(Prioritized Contention Access, PCA)的设备使用。这里的优先机制保证了异步但对时间敏感的传输，例如，那些从用户接口设备输入输出的数据会优先于其他非时间敏感设备的数据。同时通过在DRP周期中为MAC层提供重传失败的数据包的机会，竞争接入周期也提高了同步连接的鲁棒性。

10.3.5 无线 USB 信道

无线 USB 规范定义了无线 USB 信道在超帧结构和相关的 MAS 预留，以及控制机制中建立的方法。

主机通过DRP预留媒体接入时间的时隙来产生无线USB信道，这样的时隙可以被集群中的所有设备用来通信。主机使用一个被称为微调度管理指令(Micro-scheduled Management Command, MMC)的控制包序列来控制信道，MMC在预留的媒体接入时隙中发送。这些命令用来为集群中主机和设备之间的通信动态地规划及控制信道时间。

MMC是一个包含集群ID的广播数据包，使得设备能够识别其所属集群的控制包。每一个MMC规定了直到下一个MMC时，预留时间的微调度信道时间分配(MS-CTA)的分类。在前一个MMC规定的每个MS-CTA的指导和应用下，这些分配可以用来在集群中进行数据通信。

如图10.6所示，尽管支持信道的MAC层媒体接入时隙在时间上是非连续的，但在集群内的通信中，MMC能有效地将这些时隙合并为相近的信道。

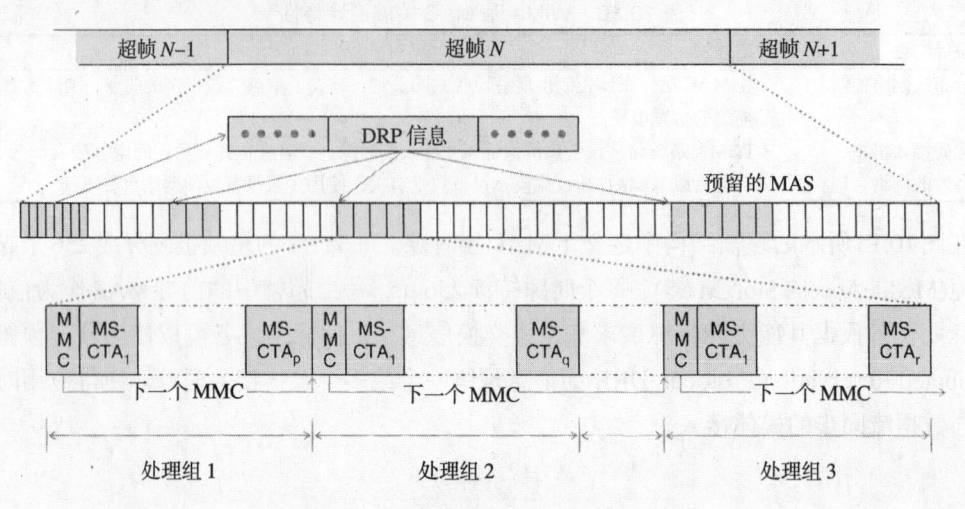

图10.6 MAC层超帧中的无线USB信道

为保证严格满足MAC层的要求，如信标和分布式控制，要求无线USB主机执行完整的WiMedia MAC协议。其他设备只需要实现在无线USB信道中工作的无线USB协议。无线USB定义了一系列的机制，这些机制保证了主机能够识别其集群内设备的任何可能隐藏节点的DRP预留。如表10.11所示，表中定义了三种设备类型，描述了完整MAC协议的不同"识别"水平。

表10.11 无线USB设备类型

设备类型	描述
独立的信标设备	这些设备完全符合MAC协议，能完成所有的相关的信标
受主机引导的信标设备	在无线USB主机设备的引导下，这些设备可以完成信标和其他的MAC功能
非信标设备	这些设备降低了传输功率和接收机的灵敏度，且只能够在接近主机时工作

受主机引导的信标设备具有捕获集群外设备发送的控制协议信息的能力，并且能够通过无线USB信道将信息传回主机。这使主机能够周期地检查在其覆盖范围之外遵循WiMedia MAC设备的出现，并能保证主机和集群外设备所做的MAC预留相互可见及相互重视。

受主机引导的信标设备要具备这些性能，必须支持以下三个功能：

- 数据包计数功能：在信标周期内，通过周期地计算数据包数目，主机能够确认一个受引导的信标设备是否有隐藏邻点。
- 数据包捕获功能：通过捕获隐藏邻点的信标，主机可以确认DRP预留，如果需要它会调整自己的预留。
- 数据包传输功能：在传输数据时，通过提供适当的信标数据和引导受引导信标，主机可以通知当前的隐藏邻点和集群中附近设备的DRP预留。

这些控制机制同时也能确保多个无线 USB 集群能够在空间上以最小的干扰交叠。

无线 USB 协议定义了数据包的格式，在微调度无线 USB 信道内控制不同种类的数据传输（封装、同步和控制）。该协议同时提供多种方法来降低相互间的影响或传输时的 RF 干扰，包括发送功率控制、比特率和发送的数据包中数据有效载荷的大小，以及带宽和 RF 信道的切换。

10.3.6 无线 USB 的应用

无线 USB 的一个设计目标就是它应该保持有线 USB "即插即用" 的快捷方便的功能。同样无线概念中的 "开机即用" 要求无线 USB 设备在第一次使用时，能够自动地安装驱动和安全特性，同时能够以最小的用户输入认证来识别并和其他设备连接。

除了使用星形拓扑结构能让一个主机可以控制多达 127 个终端设备外，无线 USB 还允许具有双重角色设备(Dual Role Device, DRD)的功能，即同时具有主机和设备的功能。这就使得两个双重角色设备可以通过简单的点到点方式连接，每一个作为主机角色的设备通过公用的 MAC 层信道来管理单独的无线 USB 信道（称之为默认反向链接）。

DRD 还可以作为设备角色连接到一个或多个无线 USB 信道，同时作为主机角色为其他设备提供无线 USB 信道。例如，无线 USB 打印机对于笔记本电脑来说是设备，对于数码相机来说是主机。

尽管无线 USB 设备还在开发当中，但规范中的一些特性，特别是 MAC 层，指向了将会具有实际应用的一些重要特征。

WiMedia PHY 和 MAC 层的特征使得可以通过测量设备间消息的双向传输时间(Two-Way Transfer Time, TWTT)来确定设备间的距离。简单的 MAC 到 MAC 传输允许设备间交换测量帧，并且将距离计算上传到应用层。几个分布于 3D 空间中的设备，三角测量法可用来确定每个设备的空间位置。这可以推广到很多的应用，从微不足道的（如帮助寻找丢失的 PDA）到重要的特殊定位服务。

10.3.7 现状和未来发展

尽管无线 USB 还处于发展的初始阶段，但是在有线 USB 和 MBOA UWB 无线电平台（为一些包括 W1394 在内的其他技术所共有）建立的基础上，无线 USB 很可能很快成为 PC 外围设备以及其他消费电子设备的无线连接标准。

无线 USB 体系结构和协议对更高的数据率是可升级的，而且由于涉及到 MBOA UWB 无线电平台，可以达到 1 Gbps 以及更高的数据率。

10.4 ZigBee(IEEE 802.15.4)

10.4.1 起源和主要特征

ZigBee 是基于处理远程监控和控制以及传感器网络需求的技术标准。为了开发 IEEE 802.15.4，ZigBee 联盟于 2002 年 11 月成立。2005 年 3 月发布了 ZigBee 1.0 规范。ZigBee 主要用于传输低数据速率的通信,传输速率最高为 250 Kbps。具有超低的功率损耗,它的目标是提供设备控制信道,而不像无线 USB 技术是以高速率数据流信道为目的。

为了实现超低功率损耗,采取了以下的一些具体步骤:

- 减少包括报头(地址和其他的头部信息)在内的传输数据量
- 减少收发信机的任务周期,包括断电和睡眠模式中的功率管理机制
- 目标是 30 m 左右的有限的工作范围

因此,ZigBee 网络所需功率一般只相当于蓝牙 PAN 功率的 1%,所以电池寿命可长达数月到数年。

ZigBee 定义了两种设备:一种是完全功能设备,它实现全部的协议栈,能够与节点同步,与任何拓扑结构的任意类型的设备相连;另一种是简化功能的设备,它实现简化的协议集,在简单的连接拓扑结构中(星形或点到点结构)只能作为端节点。

每个 ZigBee 网络都有特定的具有全功能的个域网协调器(与蓝牙网络的主设备相似),这个协调器主要负责网络的管理,例如新设备的关联和信标的传输。在星形网络中,所有设备都与 PAN 协调器进行通信,而在点到点的通信网络中,每个单独的全功能设备都能够互相通信。

非常低的目标成本(1~5美元)使得 ZigBee 技术非常适合于无线监控和控制应用。例如,个人住宅和商业楼的自动化(智能家居)以及工业生产过程的控制。在家庭应用中,ZigBee 可以用来建立家用网络(Home Area Network, HAN),允许在单个控制单元的命令下用扩散的非协调远程控制器去控制多个设备。

10.4.2 协议栈

ZigBee 1.0 规范包括一个高层协议栈(参见图 10.7),该协议栈建立在 2003 年 5 月定稿的 IEEE 802.15.4 PHY 和 MAC 层规范的基础之上。逻辑网络控制、网络安全和应用层都为实时要求高的应用进行了优化,优化措施有:设备唤醒速度快;网络连接时间短,一般分别在 15 ms 和 30 ms 的范围内。

网络层负责网络的启动、关联、断开关联、设备地址的分配、网络安全、帧路由等一般工作。网络层可以支持多重的网络拓扑结构,如图 10.8 所示。通过使用 ZigBee 路由器,网状拓扑结构可使网络达到 64 000 个节点,通过请求-响应算法达到高效路由,而不是通过路由表。

通用操作框架(General Operating Framework, GOF)是连接着应用层和网络层的综合层,维护着设备描述、地址、事件、数据格式和其他的一些信息,应用层使用这些信息命令及响应网络层设备。

最后,与蓝牙相似,在协议栈的顶层,应用层应用模型定义为支持特定的应用模式。例如,照明应用模型包括表示光线等级和覆盖范围的传感器以及负载控制器的开关和变暗。

第 10 章 WPAN 标准

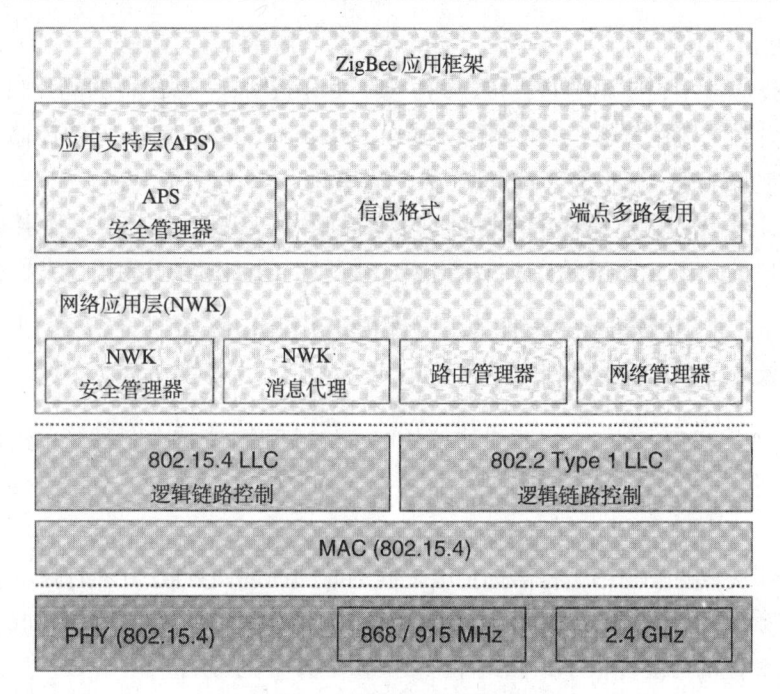

图 10.7 ZigBee 协议栈概要

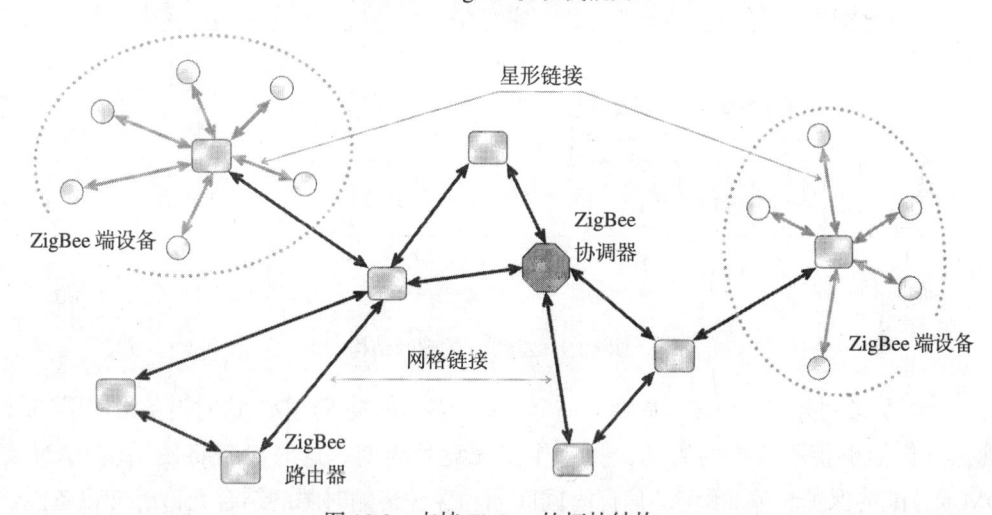

图 10.8 支持 ZigBee 的拓扑结构

10.4.3 ZigBee PHY 层

IEEE 802.15.4 规范是 ZigBee 物理层的基础，使用的 RF 频段和数据速率如表 10.12 所示。

表 10.12 IEEE 802.15.4 的无线频段和数据速率

带宽	覆盖范围	信道数	数据速率
2.4 GHz	世界范围	16	250 Kbps
915 MHz	美洲	10	40 Kbps
868 MHz	欧洲	1	20 Kbps

2.4 GHz ISM 频段中的 16 个非重叠信道允许 16 个 PAN 同时工作。

在 2.4 GHz 频段中，使用的是直接序列扩频，每 16 比特、32 比特的码片映射为 4 比特的数据符号。码片数据流用偏移 QPSK 调制方式以 2 Mcps(million chips/sec)的传输速率调制到载波上。该码片速率转化为 244 Kbps 的原始数据速率。

IEEE 802.15.4 无线电通信规定发射机的功率最低为 −3 dBm(0.5 mW)，而接收机的灵敏度为 2.4 GHz 频段的 −85 dBm 以及在 915/868 MHz 频段下的 −91 dBm。根据发射机的功率和环境条件，ZigBee 网络的有效工作范围为 10 ~ 70 m。

10.4.4　媒体接入和链路控制层

ZigBee 将使用 IEEE 802.15.4 MAC 协议的 15.4a 修订版，支持在各种简单连接的拓扑结构上最多 64 000 个节点。在扩展的网络中，设备接入物理信道由 TDMA 和 CSMA/CA 相结合进行控制。

"超帧结构"（参见图 10.9）将信标传输之间的时间周期划分成 16 个时隙。信标是由 PAN 协调器在预先确定的 15 ~ 252 ms 时间间隔中传输，它用来在网络中实现设备间的识别和同步。这些信标消息碰撞的可能性很小，因此不会受 CSMA/CA 的影响。

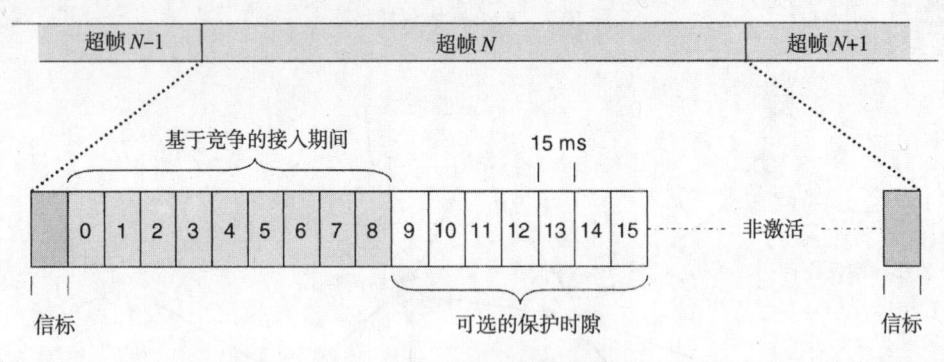

图 10.9　ZigBee 的超帧结构

16 个时隙被划分成两个接入周期：一个是基于竞争的接入周期，这时设备将使用 CSMA/CA 来确定它们能够传输数据的周期；另一个是无竞争周期，这时设备将使用由 PAN 协调器(TDMA)分配的保护时隙。预定的信标时间间隔和保护传输时隙的结合允许感知设备能够在睡眠时间内节约功率，仅当有信标登记或是使用保护传输时隙时激活。

在竞争接入周期中使用的 CSMA/CA 与在 IEEE 802.11 网络中使用的非常相似。设备在信息传输前要进行监听并退避一个随机时隙。每次发生碰撞时退避时间要加倍。发送设备可以在报头比特中设置请求消息确认(ACK)，如果在固定的时间内没有收到 ACK 它将重发消息。

在控制器不需要节能以及设备的数据传输很少，根本不需要碰撞避免机制的应用中，还定义了非信标模式。安全系统就是这样的一个例子，在安全系统中有一个电力网控制器以及极少出现的安全警报。

在 IEEE 802.15.4 MAC 规范中可以识别三种设备类型：完全功能设备；网络协调器——特殊的完全功能设备；简化的功能设备。表 10.13 中描述了这些设备类型。

表 10.13 ZigBee 设备类型

设备类型	描述
全功能设备(Full Function Device, FFD)	FFD 具有 IEEE 802.15.4 标准的所有特征。它们具有额外的存储器以及能执行网络路由功能的计算能力，当网络与外部设备进行通信时它还能充当边缘设备
网络协调器	PAN 协调器是具有最大存储器和计算能力的最复杂的设备，它是维护整个网络控制的完全功能设备
简化功能设备(Reduced Function Device, RFD)	为降低设备的复杂度和成本，RFD 只具有有限的功能，它们只能与 FFD 进行通信，通常作为边缘设备使用

设备既可以是全 64 比特的地址，也可以是短 16 比特的地址，传输帧中包括目的地址和源地址。这对于点对点的连接是必要的，同时对网格网络也非常重要，它为网络中单点失败提供了鲁棒性。

10.4.5 ZigBee 的实际应用

ZigBee 网络能够覆盖多种小范围和低数据速率的应用，从 PC 的外围接口到工业控制，如表 10.14 所示。

表 10.14 ZigBee 的应用领域

应用领域	应用实例
PC 外围设备	鼠标、键盘、操纵杆接口
消费电子产品	家庭娱乐系统（电视、VCR、DVD、音响系统）遥控
住宅和其他建筑的自动化	安全及进入控制、照明、供热、通风、空调设备(Heating, Ventilation and Air Conditioning, HVAC)、浇花
医疗护理	病人监控、健康监视
工业控制	资产管理、工业过程控制、能源管理

一个典型的 ZigBee 家庭自动化网络具有前三种应用领域，将照明、安全、家庭娱乐以及各种 PC 外围设备集合到一个网络中。

尽管 ZigBee 网络要与 Wi-Fi、蓝牙网络以及其他一系列的控制和通信设备竞争接入 2.4 GHz ISM 频段，但是由于一般 ZigBee 设备的任务周期非常短，因此对于潜在的干扰，它具有很好的鲁棒性。CSMA/CA 机制、退避机制以及当未收到确认的重传机制使得即使干扰存在，ZigBee 设备也可以等待并不断重传，直到数据包被确认已经正确接收为止。同时，低任务周期和低数据容量意味着 ZigBee 设备不太可能产生严重的干扰叠加到 Wi-Fi 或蓝牙网络上。

10.4.5.1 网状网络实现的一些考虑

为了确保成功地实现一个功能强的、健壮的和可靠的 ZigBee 网状网络，例如一个开阔的建筑或者工业自动化应用，出现了很多特殊考虑。

网状网络的功能要求每个设备都能够至少与一个设备，最好能够与其他多个设备进行通信，提供一个或更多的路径与中心控制器或者网络的出口点相连。显然，这是 WLAN 所具有的功能，但是在 ZigBee 网状网络中，设备通过机械和管道就可以安装或者隐藏，特别需要测量信号的强度。

在网状结构中，不稳定或断开的链路将会导致一个（孤立）或者一组（分裂网格）设备和主网格的分离。同时网格的鲁棒性还将受到单个链接失败的影响。在设计时，应当仔细检查网格拓扑中的单点漏洞，同时完成安装后，为确保足够的信号强度应当检查每个链路的信号强度，特别是在数据吞吐量较高的集合点。

在几十或者几百个安装设备的大量安装中，保持设备位置和服务历史的记录同样也是很重要的，它能高效地维持网络的可靠性。

10.4.6 现状和未来发展

ZigBee 是传感器网络和远程控制领域有竞争力的技术中的一种。ZigBee 的优势是基于 IEEE 标准，而且广泛的工业联盟保证了它在大量产品中的互操作性。

有竞争力的传感网络技术，比如由 Dust Networks、Millennial Net 和 Insteon 提供的都是专有的，尽管 Z-Wave 同样也被工业联盟支持，但它的目标是发展基于 IEEE 802.15.4 的产品。每个专有技术有它自身特定的优势，如表 10.15 所示。

表 10.15 传感网络技术-具体功能

技术/联盟	技术优势及核心特征
Insteon	132 kHz 电力线调制和无线网络（915 MHz ISM 频带）的结合，向下兼容 X-10 系家庭自动化系统
Dust Networks	全网状网络——每个设备都具有路由功能。在 915 MHz ISM 频段有专用的 25 个信道 FHSS 射频
Z-Wave	全网状网络，专有 868/915 MHz ISM 频段射频（9.6 kbps，BFSK 调制）及 IEEE 802.15.4 相关产品

ZigBee 联盟未来发展目标中包括了 ZigBee 2.0 规范，该规范基于目前由 IEEE 802.15 TG4a 开发的增强的低数据速率规范。这个工作小组致力于基于 IEEE 802.15.4 标准的可选物理层规范，目标是 1 m 或者更好的定位精确度、更高的数据吞吐量、超低的功率、更远的范围以及更低成本。

10.5 IrDA

10.5.1 起源和主要特征

红外数据协会(IrDA)作为一个非营利组织机构成立于1993年，其目标是通过发展和支持一些保证硬件和软件协同工作的标准来促进 PC 与其他设备之间的红外线通信链路的使用。该组织于1994年6月发布了它的第一个标准，该标准中包括串行红外链路规范(Serial Ir Link, SIR)，SIR 采用红外替代串口接口缆线。从此，IrDA 发展成为使用最广泛的无线连接技术，2004年安装了超过 250 000 000 个 IrDA 兼容接口。

IrDA 是一种低成本、低功耗的串行数据连接标准，支持半双工、点到点的连接，覆盖范围至少 1 m，数据速率最大达 115 Kbps（SIR 和标准功率模式）。在 2.4 GHz 频段，IrDA 的工作波长只有 1 μm，而蓝牙的工作波长则为 12.5 cm。

与射频发射机全方位覆盖不同的是，IrDA 点到点的连接模式要求 Ir 收发机的校准要在±30°的范围内，以便接收机能在要求的最小功率密度启动（参见图 10.10）。这种物理的要求使得 IrDA 非常适合一些应用，如安全的简单对象交换，但是也不适合一些其他的应用，如 ad-hoc 网络、支持音频或电话的耳机。

图 10.10　IrDA 设备校准

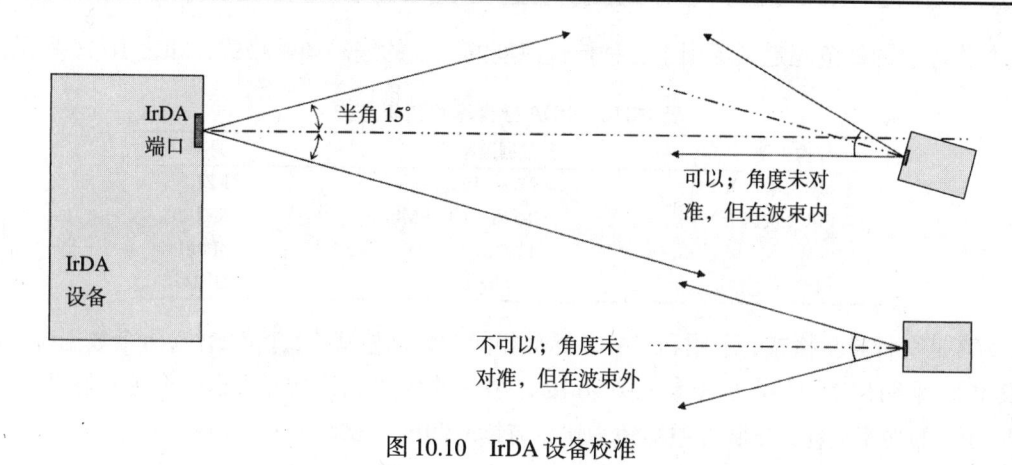

IrDA 在开发一般的协议中同样取得了成功，例如对象交换协议(OBEX)，允许设备交换诸如商务名片、文件、图片、日历等对象。这是由 IrDA 于 1997 年提出的，并作为一种对象交换的简单方案在包括 TCP/IP 和蓝牙在内的多种传输选择中得到了广泛的采用。

10.5.2　协议栈

IrDA 栈支持数据链路的初始化、关闭、连接启动、断开连接、设备地址发现和冲突解决、数据速率协商以及信息交换。

在物理层规范之上，IrDA 在 MAC 层有两个强制协议，以及一些在特定应用模型中可选择的层次。这两个强制协议是链接接入协议(IrLAP)和链接管理(IrLMP)协议（参见图 10.11）。

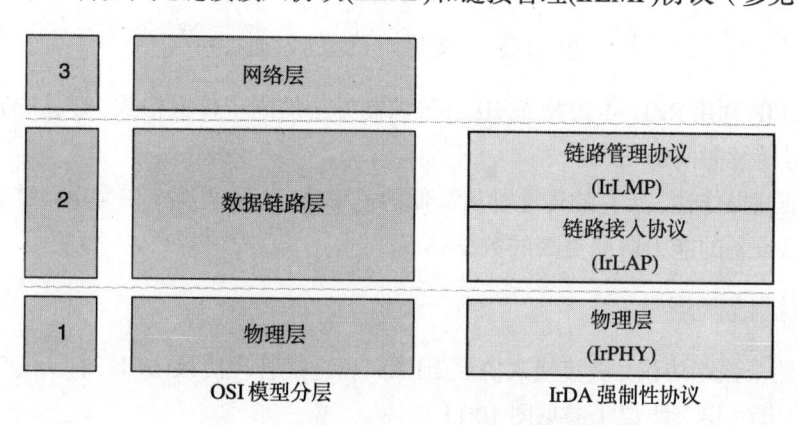

图 10.11　IrDA 强制协议栈和 OSI 模型

10.5.3　IrDA 物理层

IrDA 红外物理规范(IrPHY)包括红外光束的许多方面，如波长、最大最小功率等级、发光功率 mW/sr（毫瓦每弧度）和光束角度，以及光学组件的物理配置。规定红外线波长为 0.85～0.90 μm，因为这种波长的光发射二极管和光学的检测器容易制造而且成本低。还规定了两种功率模式，标准和低功耗。在低功耗模式中，链路距离可以达到 0.2 m，最大功率强度可以达到 28.2 mW/sr；在标准模式中，链路距离可以达到 1 m，最大功率强度可以达到 500 mW/sr。

Ir 物理层的规范还定义了用于各种传输速度的数据的编码和帧格式,如表 10.16 所示。

表 10.16 IrDA 数据率和调制方法

传输类型	数据速率	调制
SIR(串行 Ir)	9.6 ~ 115.2 Kbps	RZI
FIR(快速 Ir)	0.576 ~ 1.152 Mbps	RZI
	4 Mbps	4PPM
VFIR(更快速 Ir)	16 Mbps	HHH

SIR 是一种异步格式,采用和 UART 标准相同的数据格式(1 个开始位,8 个数据位,1 个结束位)。采用 RZI 调制方法(参见图 10.12),在每个零数据比特时发送一个短 Ir 脉冲。为了减少 LED 的功率损耗,Ir 脉冲被缩短为比特持续时间的 3/16。

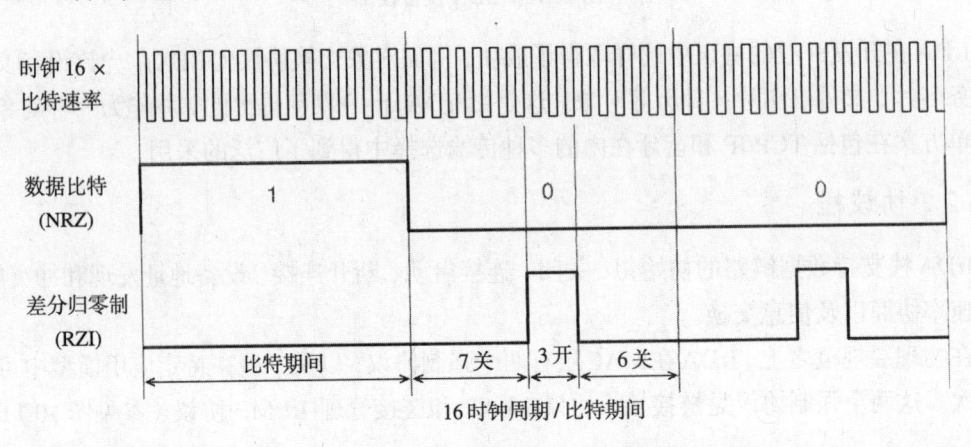

图 10.12 IR 短脉冲(SIR RZI 调制)

FIR 和 VFIR 利用 RZI,4-PPM 或 HHH 等调制方法的同步传输格式。Ir 脉冲的持续时间只是比特或符号持续时间的 25%。

为了保证互操作性,所有的传输都从最低的速率 9.6 Kbps 开始,作为建立链路过程的一部分,根据通信设备的能力协商更高的数据率。

10.5.4 数据链接层

IrDA 的两个强制协议,链接接入协议(IrLAP)和链接管理协议(IrLMP),是 OSI 参考模型中的数据链路(第 2 层)协议(参见图 10.11)。

IrLAP 建立了设备到设备的连接,用于在一定范围内控制设备发现和设备寻址,并建立最佳的公共数据传输速率。关于设备发现,设备随机的选择和交换 32 位的 IrLAP 地址。IrLAP 连接中的设备拥有主从关系,主设备负责发送命令帧、初始化连接以及传输、组织和控制数据流,包括处理数据链路的错误。

从设备发送响应帧,响应主设备的命令和请求。一旦 IrLAP 连接启动,媒体接入则通过时分复用(TDMA)控制,此时主从设备交替占据 500 ms 的时隙。

主从设备之间的区别与数据链路等级有关。然而,在应用等级上,一旦两个设备建立起连接,在从设备上的应用可以对主设备发起操作,就像主设备对从设备的操作一样。

IrLMP，链接管理协议，将 IrLAP 建立的链接中的服务和应用多元化。IrLMP 还用于解决当发现一台新的设备要求同样的 IrLAP 地址时的地址冲突。

10.5.5　IrDA 可选协议栈

IrDA 的选择协议栈（参见图 10.13）为应用提供了一些新服务以及一些传统服务的仿真，下面将描述一些重要的特征。

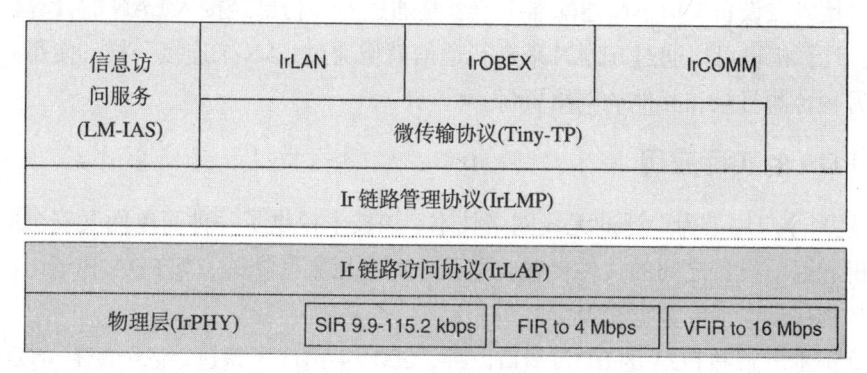

信息访问服务(LM-IAS)	IrLAN	IrOBEX	IrCOMM
	微传输协议(Tiny-TP)		
Ir 链路管理协议(IrLMP)			
Ir 链路访问协议(IrLAP)			
物理层(IrPHY)	SIR 9.9-115.2 kbps	FIR to 4 Mbps	VFIR to 16 Mbps

图 10.13　IrDA 可选协议栈

10.5.5.1　LM-IAS

链路管理信息访问服务(Link Management Information Access Service, LM-IAS)提供数据库，使得应用能够发现设备并且能够访问设备特定信息，本质上就是设备的"黄页"以及它们能够提供的服务。所有通过连接提供的服务或应用必须在 LM-IAS 数据库中有一个入口，查询 LM-IAS 数据库可以获得这些服务的有关信息。例如，网络资源目前的加载情况或串行链路仿真的属性。

10.5.5.2　Tiny-TP

Tiny-TP 是中间协议层，提供简单的传输协议来控制 IrLMP 连接上的流量。它同时还提供了分割–重组服务，来阻止由于有限的设备缓冲空间而导致的死锁情况。Tiny-TP 通过在每个传输帧的头部加一位"信任"位来控制流量。当接受设备的一个应用需要把 LMP 帧发回给其他设备时就要用到该"信任"位。这个简单的系统类似于上文描述的蓝牙 RFCOMM 协议中的流量控制机制，它可以保证当设备缓冲空间溢出时通信不中断。

10.5.5.3　IrCOMM

红外线电缆替代(IrCOMM)可以仿真传统的串行（并行）端口连接，应用于像打印这类的服务。安装后，IrCOMM 建立一个虚拟端口，在主机或应用看来，就像一个标准的串行或是并行的端口连接。IrCOMM 包含了包括 RS232（Recommended Standard 232，推荐标准 232）和中心 LPT（Line Print Terminal，打印终端，又称并口）在内的一些传统接口仿真。

10.5.5.4　IrOBEX

IrOBEX 是一种可选择的应用层协议，用来使应用能够交换大量的专用数据对象，如文件、电子商务卡片和数字图像。它定义任何文件转换为一般对象以及提供工具使得这些对象在链路的接收端可以被正确识别和处理。IrOBEX 扮演类似因特网协议中超文本传输协议(Hypertext Transfer Protocol, HTTP)的角色。

10.5.5.5 IrLAN

通过仿真低级别的包括 TCP/IP（Transmission Control Protocol/Internet Protocol，传输控制协议/因特网协议）在内的以太网连接，IrLAN 允许设备接入局域网。利用 IrLAN，计算机可以经由一台接入点设备（IrLAN 适配器）或者是通过另一台已经接入 LAN 的计算机来连接到 LAN。两台计算机也可以通过 IrLAN 来进行通信就像通过 LAN 来连接一样，使每一台计算机可以接入另一台的目录和其他的网络资源。

10.5.6 IrDA 的实际应用

IrDA 是当今应用最为广泛的无线网络技术。该技术提供了一种简单而又安全的方法用于个人计算机和通信设备之间的文件传输，并且一些应用紧密相关，如 PDA 和笔记本电脑的同步、商务卡和移动电话的数据交换等。

除了笔记本电脑和 PDA 的 IrDA 端口以外，2004 年出产了超过 2 亿个配有 IrDA 的移动电话。随着个人移动电话的不断普及以及移动电话中数码摄像头像素的提高，这些 IrDA 链接也可直接用于照片打印和图像文件的传输。

10.5.7 IrDA 的现状和未来发展

2003 年以来，IrDA IrBurst 和超快 IR(Ultra Fast IR, UFIR)特别兴趣小组都致力于下一代 IrDA 规范的研究，IrDA IrBurst 的目标是数据速率达到 100 Mbps，UFIR 的目标是数据速率达到 500 Mbps。

这些规范也需要新的 Ir 协议栈，因为测试表明，现在的 IrCOMM 和 Tiny-IP 协议的最大吞吐量在 3 Mbps 左右。

用户要求在设备之间传输压缩的视频文件是这些发展的市场的驱动，它的目标是手持设备在不到 10 秒钟的时间内传输播放 1 小时的 MPEG2（Moving Pictures Experts Group，动态图像专家组）。压缩视频文件（100~200 MB）。一种使用模式是假设消费者将使用手持设备，例如移动电话从街上的自动机器上下载视频内容。

未来的发展是突破目前 1 m 的传输范围的限制，增加 IrDA 有效的覆盖范围。这就使得"移动电话可以作为数字钱包使用"的应用模式能够在室外使用，能够应用在高速公路的收费系统。

10.6 近场通信

10.6.1 起源和主要特征

近场通信(NFC)是一个超短范围的无线通信技术，它是用磁场感应使得两个设备物理上接触的，或者是在几厘米范围内的设备能互相通信。NFC 是作为一项实现消费电子设备之间互联技术出现的，它是从集中的无连接识别（如RFID）和网络技术发展而来的，目标是通过自动连接和配置实现简单的点到点的连接。

NFC和标准RF无线通信的本质区别在于：RF信号是在收发设备之间传送的，如4.5节所述。标准的RF通信，例如Wi-Fi，被称为"远场"通信，因为通信距离与它的天线尺寸相比很大。近场通信是基于两个设备之间的直接磁场或者电场的耦合来实现的，而不是通过无线电波在自由空间的传播。

由于距离非常短，NFC设备之间的通信只需要极低的电场或磁场强度，完全低于正常的噪声发射门限，因此它对于使用的频带不受授权限制。

NFC技术是由飞利浦公司和索尼公司联合发起的，基于欧洲计算机制造商协会(European Computer Manufacturers Association, ECMA 340)标准。该项技术由NFC论坛不断推动，该论坛的发起成员包括万事达信用卡、摩托罗拉、诺基亚、Visa国际等。

ECMA 340标准由ECMA共同组织在2004年12月采用，定义了NFC的通信模式，该模式使用工作在13.56 MHz中心频率的感应耦合设备。这个定义也被称为近场通信接口和协议1 (Near Field Communication Interface and Protocol 1, NFCIP-1)。与我们更熟悉的IEEE标准相似，ECMA 340规定了NFC设备接口的调制方式、数据编码方案、数据速率和帧结构。简单的链路管理协议负责链路的初始化和碰撞避免，而传输协议覆盖了协议激活、数据交换和解除激活。

10.6.2 NFC物理层

ECMA 340规定了磁场感应接口工作在13.56 MHz，数据速率为106 Kbps、212 Kbps和424 Kbps，它与飞利浦公司的MIFARE和索尼公司的FeliCa非接触式智能卡接口相兼容。

与在远场RF通信中测量传输功率和接收判决门限使用dBm不同，NFC测量磁场强度(H)用安培/米(A/m)表示。

ECMA 340规定的场值如表10.17所示

表10.17 ECMA 340 NFC磁场强度标准

磁场等级	磁场强度	描述
$H_{门限}$	0.1875 A/m	最小磁场检测等级
H_{min}	1.5 A/m rms	最小无调制场强
H_{max}	7.5 A/m rms	最大无调制场强

ECMA 340标准定义了两种通信模式，主动式和被动式。在主动模式中，通信是由起始设备（发起者）产生的RF场发起的，目标设备（目标）也产生一个调制RF场来响应发起者的命令。表10.18列出了主动模式的调制方式及比特编码方案。

表10.18 ECMA 340主动模式的调制和比特编码方案

比特率	调制方式	比特编码方案
106 kbps	ASK（100%调制）	脉冲位置编码（改进的Miller）——脉冲在每个1比特的比特周期的中心时间发送，或者在0比特或重复的0比特的比特周期的开始发送
212/424 kbps	ASK（8%～30%调制）	曼彻斯特编码——在每个比特周期的中心时间传输；低电平到高电平是0比特，高电平到低电平是1比特；相反极性（低电平到高电平是1比特，高电平到低电平是0比特）也是可以的

在被动模式中（参见表10.19），发起者通过RF场开始通信，但是目标设备通过负载调制而不是产生电磁场场进行响应。负载调制，如4.8.4节所述，发起设备的RF场施加到目标设备从而调制其负载，这将在初始载波频率(13.56 MHz)两旁产生边频，从而能够被检测。

表 10.19　ECMA340 被动模式调制和比特编码方法

比特率	调制方式	子载波频率	比特编码方法
106 Kbps	负载调制	$f_c/16 = 847.5$ kHz	使用曼彻斯特编码进行子载波调制，不允许反极性码
212/424 Kbps	负载调制	-	使用曼彻斯特编码进行载波调制，允许反极性码

10.6.3　协议栈

因为NFC没有提供OSI模型中全部的网络特性，因此协议栈很有限，只有一个简单传输协议，它定义了NFC链路的激活、数据交换以及解除激活。

数据链路层的痕迹在基于CSMA/CA的媒体接入控制的构架里也很明显。发起设备在连接通信前检查RF场，同样，在主动模式中目标设备在响应前也要检查存在的RF场。

单个发起设备可以和多个目标设备相互作用，每个目标设备在设备选择进程的开始阶段产生一个40比特的ID。发现目标设备ID的过程包括一个解决冲突的进程。当多个目标设备在同一个时间内响应时就可能会产生冲突，特别是在被动模式中（参见图10.14）。

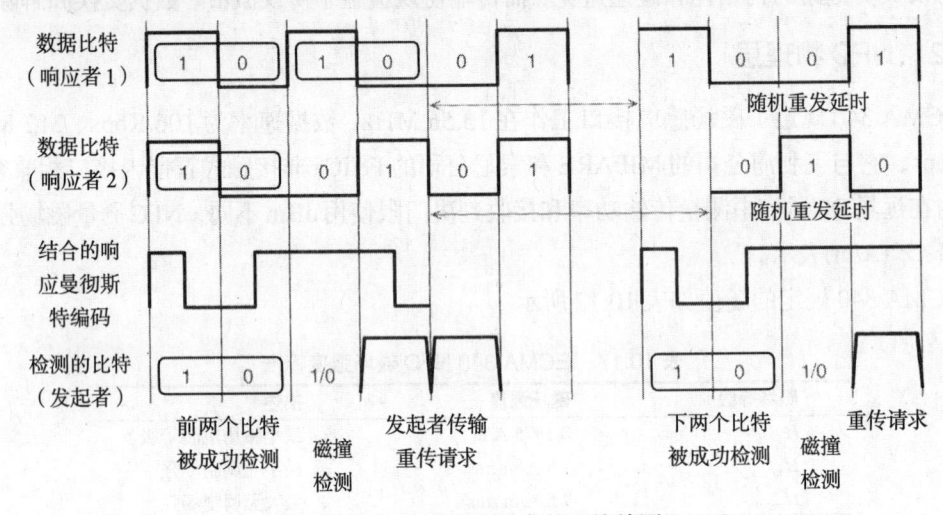

图 10.14　NFC多响应设备的碰撞检测

通过使用曼彻斯特编码可以进行比特级的碰撞检测，因为在一个完全比特周期没有感知到电平的转变时就检测到了碰撞。这种情况仅仅发生在当一个目标设备发送的0比特与另外一个目标设备发送的1比特冲突时。冲突发生之前接收的比特可被恢复，目标设备被要求从不可恢复的比特开始重发数据。响应的目标设备使用随机延时来确保这个过程不会陷入重复的碰撞循环中。

在发起设备和终端设备发生单个数据传输时，两个设备之间的数据链路将会建立。发起者和目标设备之间将在传输协议的初始化的参数选择阶段协商通信速率，从最低(106 Kbps)的速率开始。

10.6.4 NFC 的实际应用

目前正设想有 4 种基本的 NFC 使用模式，如表 10.20 所示。

表 10.20 NFC 的使用模式

使用模式	描述	实例
接触离开	用户使用存有票据或者接入码的设备靠近读卡器，例如运输售票和进入控制，或者只是简单的数据捕获，例如从海报或其他的广告上获得 Internet URL 以用来得到更多的信息	如从海报上看到一个你想参加的音乐会，拿出你的 PDA 或者移动电话，接近海报，可以从海报的智能芯片上下载详细的信息
接触确认	例如移动付款这样的交易，用户需要输入密码或者其他确认信息来认证相互作用	可以在线或者从存储到手持设备中的电子信箱中购票
接触连接	两个 NFC 设备可以被链接实现点对点的数据传输，例如交换图片或者同步合同信息等	如果用移动电话中内置的相机拍照，可以去接触带 NFC 功能的电脑或者电视来播放图片，或者可以将图片传输到朋友的移动电话中
接触探测	带有 NFC 功能的设备还可以提供很多可能的功能，包括其他的一些高速连接选择。简单的 NFC 连接允许用户能探测其他设备的性能以及接入其他可用服务或功能	通过简单地使两个设备相接触，可以在设备之间传输大的文件，例如用 NFC 识别和配置独立的高速无线连接

除了这些使用 NFC 连接传输终端用户数据的使用模式外，NFC 同样可以用来在两个 NFC 设备之间安全地发起另一个连接。例如，具有 NFC 的蓝牙和 Wi-Fi 设备可以用 NFC 来发起和配置一个更大范围的链路。安全性由 NFC 操作的近场要求保证。一旦蓝牙或 Wi-Fi 链接配置完成，设备可以被分开来实现更远距离的传输。

10.6.5 NFC 的现状及未来发展

第一个商业应用的 NFC 已经在德国 Hanau 的公交车系统的运输票务和付费，以及中国台湾的"台北密集运输系统"的商业开发中试验。这些试验是基于诺基亚 NFC 构架，被嵌入在诺基亚 3220 移动电话里。

目前的规划是未来的数据速率达到 1.7 Mbps，接近蓝牙 2.0 的 3 Mbps，市场调查表明，到 2010 年 50% 的移动电话会有 NFC 功能。

10.7 本章小结

由 IrDA 和蓝牙占主导地位的简单 PAN 的蓝图变得越来越多样化。如图 10.15 所示，随着越来越多的新技术的发展，消费者可以在广阔的空间去选择那些具有大数据吞吐量、大范围、低功耗、长寿命电池的设备。

其中的一些技术，例如 ZigBee 和 NFC，已经有了一些小范围的应用，在短期内，个域网技术主要还是选择蓝牙和基于如无线 USB 技术的高速 UWB 无线电通信。

展望未来的发展，IEEE 802.15 工作组已经有一个常设的委员会（IEEE P802.15 SCwng）来关注这些引领下一代 WPAN 的技术。

下一章将要关注在给定的应用中影响选择 PAN 技术的因素，以及进一步讨论一些实际因素，比如各种 PAN 技术的安全性和弱点。

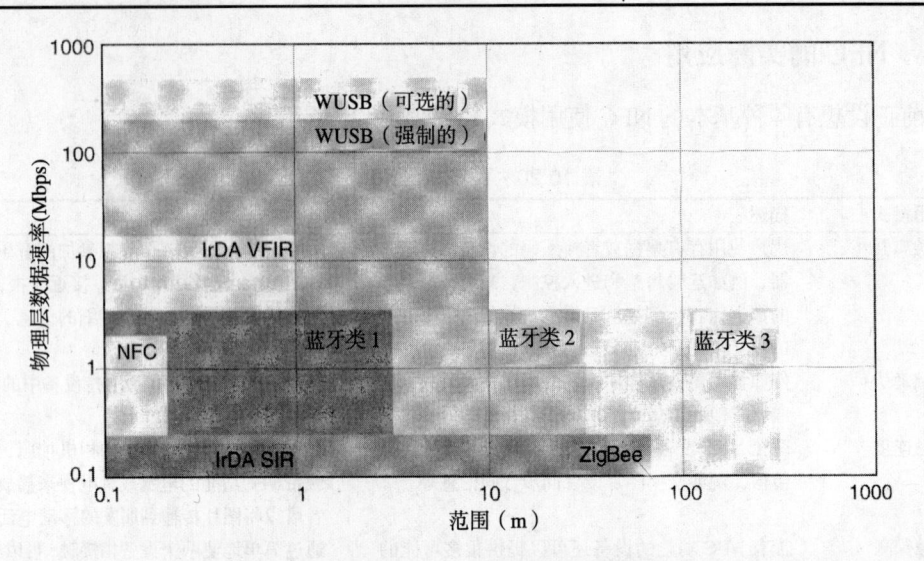

图 10.15 PAN 技术；范围对比数据速率

第 11 章 无线个域网实现

11.1 无线 PAN 的技术选择

规划和实现无线 PAN 的任务远比第 7 章中无线 LAN 的相应过程要简单,但其中的三个基本初始步骤依然适用:

- 确定用户需求:用户希望通过 PAN 实现什么,以及用户期望的性能是什么?
- 确定技术需求:技术方案应具有怎样的特征才能满足用户需求?
- 评估现有的技术:现有的 PAN 技术在哪些方面不符合技术需求?

11.1.1 确定用户需求

用户需求不受所用技术的影响,并且需通过用户经验而不是通过技术方案或特定技术特征表达出来。例如,对于移动设备的电池寿命问题,能量消耗是技术特征,而电池充电的时间间隔才是用户真正关心的。

对于拥有大用户群的 PAN 实现工程来说,广泛收集用户需求是至关重要的,例如采用问卷或访问形式。首先,有必要对未来用户群讲解技术以引起他们的关注,这样有利于他们对要求给出更好的见解。

用户需求的一般类型如表 11.1 所示。

表 11.1 PAN 用户需求类型

需求类型	考虑因素
应用模型	搞清 PAN 将做何种类型的应用是至关重要的,例如可移动设备与台式电脑或膝上电脑的同步,可移动设备间的传输,等等。应用模型在将来还会改动么?用户需求已定义好就不变么?
设备类型	PAN 中将使用何种设备?例如,膝上电脑、PDA、移动电话、免提耳机、个人视频播放器。也许还需连接非移动设备,例如台式机或 LAN 及其相关资源
性能期望	用户的性能期望是什么?如果应用模型包括传输大型数据文件或媒体流,性能期望就会尤其重要
设备重量和大小	尤其对于需要携带的 PAN 设备来说,最小化设备的尺寸和重量也会是一项要求,例如免提耳机
连接的简易性	连接或重连接的简易性很重要。如果某设备经常间断地使用,那么用户可能不希望每次连接时都进行接口激活和授权,比如 IrDA 连接所需求的那样。蓝牙的优先设备模式能满足此需求
移动性	网络需要移动吗?或者在用户移动时仍可以工作吗?例如,从端口分配需要的观点来看,如果有设备移动,IrDA 连接将不适用
设备互操作	为了实现互操作,需要双方设备都具有所需功能。例如,移动电话可能带有与蓝牙耳机互操作的耳机,但如果没有安装网络拨号功能,那么它就不支持 Internet 连接
工作环境	对 PAN 的工作环境有无特别要求,例如它是否需要工作在有窄带或其他 RF 干扰的环境中,干扰可能来自在同一区域的无线 LAN
电池寿命	用户需多久充电一次?节约电池能量的特性是否易于使用和配置
费用	在选择方案时,毫无疑问,用户要考虑物有所值,但是一些其他的因素也将起一定的作用。特别对于 PAN 设备,个人用品的审美方面也将有意无意地作为一项要求

11.1.2 确定技术需求

技术需求依据用户需求,并将其转化为相关的技术特性,参见表 11.2。例如,如果用户需要由移动设备接入 Internet,那么所需的技术特性就是 IP 网络功能。相应地,若用户需要媒体播放器播放视频流,则对应的技术特性为 QoS 和高数据传输率。

表 11.2 PAN 技术特性

需求类型	考虑因素
应用支持	技术是否支持用户所需要的使用模型?
有效的数据传输率	所需的数据传输率由使用模型确定,特别是通过 PAN 传输的数据对象的一般大小,以及用户对性能的期望,对应于上传/下载的时间
服务质量	如果使用模型包括传输实时数据的应用,那么为了保证满足用户的性能需求,确保服务质量需作为一项重要的技术特性。
干扰与共存	如果 PAN 需要和其他无线网络(例如 IEEE 802.11 WLAN)工作在同一环境,那么就需要考虑共存问题
能量消耗	在移动设备上使用 PAN 功能可能会显著增加能量消耗,并且由于电池的消耗而减损设备的整体性能。像搜索其他设备这样的网络功能,在不需要时应易于关闭以延长电池寿命,比如使用蓝牙的 PDA
操作系统和其他软件的兼容性	当需要在 PAN 链路上进行互操作的应用时,操作系统的兼容性需要考虑。也许会需要额外的软件,例如用于移动电话和 PDA 间交换数据
技术成熟度	不同的技术成熟阶段需要考虑的因素不同;在标准达成之前,早期的产品有互操作的风险;完全成熟的技术在将来发展上受到限制,并且当新的应用模型出现时会有提早废弃的风险
工作距离	对于 PAN 来说这点不太重要,因为按其定义只允许有限的工作距离——个人工作空间。然而,各种 PAN 技术达到的距离各异——从 NFC 的 0.1 m 到 ZigBee 的 100 m
费用	随着未来几年更多范围的技术产品进入市场,各种 PAN 技术的价格将会有很大差异。如果像 ZigBee 和 NFC 这样的选择能够满足用户需求,那么它们将比选择蓝牙或 UWB 更便宜

11.1.3 评估现有的技术

在确定满足用户需求的技术特性后,可以依据这些特性来直接评估可行的技术。可以用表 11.3 所示的表格来进行比较。

表 11.3 PAN 技术特性比较

需求类型	蓝牙	WUSB	ZigBee	NFC	IrDA
有效数据传输率	大约 3 Mbps(2.0)	480 Mbps	250 kbps	大约 2 Mbps	16 Mbps(VFIR)
服务质量	−	++			−
干扰与共存	−	++	−	++	++
能量消耗	高	低	很低	很低	低
技术成熟度	很成熟	新	新	新	很成熟
工作范围	小于 10 m	10 ~ 30 m	70 ~ 300 m	小于 0.2 m	1 m

尽管 PAN 可用技术的范围在扩大,但不增加评估方法复杂度的选择面依然很窄,例如给不同需求以相关的权重。

这样可以对现有的解决方案进行客观透明的比较,进行独立的实际考察对鉴定提出的方案也很有帮助——可以确保没有遗漏需求,也没有忽视某一特殊技术的限制。

研究为满足类似需求其他人采用的方案也是十分有帮助的。如果实际中找不到采用此方案的使用例子（IrDA 最后一英里[①]宽带接入技术？），那么有可能是因为选择了新技术或评估中有所遗漏。

11.2 试验测试

如果 PAN 的安装工程将用于大量用户，那么类似于无线 LAN 的安装，进行测试将会很有益。这将保证用户需求得以明确与完成，用户的性能期望得以定义，并且通过方案得以实现。

进行测试的用户对象应包括最终用户群中的具有各种技术能力的使用者——从性能期望最难满足的技术者，到对性能要求不高但关注其简易性的使用者。综合考虑多种用户的需求意见而做出的方案，将使安装工作更具有挑战性，但最终结果会让更多用户满意。

11.3 无线 PAN 安全

尽管无线 PAN 比无线 LAN 的使用范围更加受限（ZigBee 网络可能例外），但保证安全性仍然是安装中的重要一项，因为多数无线 PAN 技术更易受各种安全威胁的攻击。

下面部分概括了各种 PAN 技术的安全特性和已知的攻击薄弱点，并对安装过程中的安全设置进行了指导。

11.3.1 蓝牙安全

11.3.1.1 蓝牙安全概况

蓝牙包括综合的安全措施用来确保对业务接入的保护，并且确保经过适当的授权后再允许接入其他设备。如表 11.4 所示，定义了三种业务安全级别。

表 11.4 蓝牙业务安全级别

安全模式	服务类型	安全级别
1	开放的业务	任何设备都可以接入此业务，没有安全需求，并且跳过鉴权和加密过程
2	鉴权的业务	只有通过鉴权的设备才能接入此业务
3	需要授权与鉴权的业务	只有可信任的设备才能接入此业务

建立蓝牙安全连接的第一步是进行鉴权，这需要先进行设备配对，进而产生两设备共享的半永久性鉴权密钥。第二步是授权，这需要在某设备允许指定设备访问某项业务时进行。如果指定设备是"可信的"，那么授权可以不经过用户干涉而自动完成。通常，设备"可信的"是在用户初始确认时赋予的。

表 11.5 所示为三种设备安全级别。

表 11.5 蓝牙设备安全级别

设备类型	安全级别
可信任设备	设备在安全数据库中标示为"可信任"，可以无限制的访问所有的业务
不可信任设备	设备已通过配对或鉴权，但在数据库中没有标识为"可信任"，访问业务是受限的
未知设备	设备未经过配对，没有安全性信息，仅能访问开放的业务

[①] 1 英里 ≈ 1.609 km ——编者注。

用已有的鉴权密钥来生成密钥可以对传输的数据进行加密,这是安全的第三步。密钥最长可达128比特,开始加密时主从设备协商决定密钥的最大长度。虽然无线传输数据不可避免地会被截取,但FHSS的应用实际上使蓝牙免于被不服从相同跳变模式的设备侦听。

11.3.1.2 蓝牙的薄弱点

假定蓝牙工作在安全模式1以上,并且使用合理的长密码或个人识别码,这样蓝牙安全就会阻止访问数据或使用设备的未授权业务。然而,它还有两项已知的弱点,尽管生产商已对受其影响的手机软件进行了升级,bluesnarfing和bluebugging还是影响了某些移动电话。严格意义上说,bluejacking并非安全弱点,而是表示正常配对过程发生混乱,即配对到了不希望连接的设备上。

Bluesnarfing黑客利用蓝牙无线技术,在没有警告手机用户已连接至设备的情况下,访问存储在手机中的电话簿、日历及其他数据。

Bluebugging允许黑客利用蓝牙无线技术,在事先不通知或警告用户的情况下,访问手机命令。此缺陷可以使黑客通过手机拨打电话、发送和接收文本信息、阅读和编写电话簿、窃听通话内容。

Bluejacking利用配对的第一步,给另一蓝牙手机发送248字符的信息,该信息很可能包含初始设备的名称。此信息可以要求接收端回复发送端的密码,这样就导致了不希望的误配对。

使手机设为不可发现模式,虽然bluesnarfing和bluebugging还可以攻击,但会使它们变得更加困难。设为此模式的手机,不易收到bluejacking的攻击。

11.3.1.3 蓝牙安全措施

使用蓝牙设备时,要确保设备中存储的数据和设备间传输数据的安全,有许多方法可用,如表11.6所示。

表11.6 蓝牙安全措施

安全措施	描述
安全配对定位	在配对的开始阶段,需要向匹配的设备输入密码或PIN,这时蓝牙安全最薄弱。只有当在安全环境下需要配对时,才回复输入PIN码的请求
不可发现模式	如果蓝牙设备不能被潜在的攻击者发现,那么它们将会更安全。在日常使用时,将设备设为不可发现状态。当在安全环境下,需要建立新的连接时,再将设备设为可发现
最大PIN长度	使用4字符PIN最小长度,可以使信息更易被截获。克服这项弱点可以通过使用至少8字符的PIN或允许的最大长度。确定没有设备使用默认的PIN
安全模式	对任何机密通信采用鉴权与加密(安全模式3)。在多跳连接时,确保通信链路中的所有连接都使用所要求的安全模式
反病毒软件和安全升级	像安装在个人电脑上一样,反病毒软件可以安装在许多蓝牙设备上。反病毒软件同设备操作软件一样,都应更新生产商的修改与安全升级
软件下载	只从可信任的地方下载和安装软件。在软件安装过程中应特别注意安全警告
取消与丢失设备的配对	如果某蓝牙设备丢失或被盗,所有以前同它配对的设备应与其取消配对,并将其从这些设备的配对设备表中删除。如果不这样做,这些设备很可能会被先前配对的设备攻击

11.3.2 无线 USB 安全

无线 USB 的安全目标是让用户像使用有线 USB 连接时对其有同样的信心，确信只连接到用户希望连接的设备，并且使传输的数据免于被不希望的外界监视或修改。

鉴权包括用户手动输入或确认连接密钥（PIN或密码），以保证当需要或允许建立连接时，主机和设备互相取得信任。有三种可能的不同类型的鉴权"仪式"，取决于连接密钥是否是直接由用户分配给主机和设备，或是由有线线路连接到设备，还是主从设备间交换公共密钥。

鉴权方法中最能反映出有线连接建立过程的是第二种。它基于共享固定对称密钥(Fixed Symmetric Key, FSK)，在生产时通过有线线路输入设备。此鉴权方法的步骤如表 11.7 所示。

表 11.7 固定对称密钥鉴权步骤

鉴权步骤	描述
设备将 FSK 分配给用户	此密钥也许印在设备上，也许包含在安装软件中
用户将 FSK 传给主机	用户确认有此 FSK 的设备可信，并使主机允许新的连接
主机向设备确认允许新的连接	有了设备密钥，主机就可以验证同样具有用户可信的设备
用户命令设备开始新的连接	例如，按下设备上的"连接"键

公共密钥鉴权方法与此类似，只是设备与主机都需要将其公共密钥提供给用户作为软件驱动安装过程的一部分。

进行了上述鉴权步骤后，双方通过握手过程继续联系，并产生 128 比特 AES 加密密钥，可用来保护连接。这种智能临时密钥对(PTK)对于连接是唯一的，它用于主机和设备对传输数据包的加密，以及对接收数据包的解密。

11.3.3 ZigBee 安全

IEEE 802.15.4 MAC 层指出，在 ZigBee 安全软件工具箱中有用户可用的 4 种服务，它们可以保证安全和数据完整，如表 11.8 所示。利用这些服务，可以开发出特定的安全工具。

表 11.8 IEEE 802.15.4 MAC 安全服务

安全服务	描述
接入控制	网络调度者相当于"信用中心"，维护网络整体信息，包括网络中的信任设备列表，以及维护和分配网络密钥
数据加密	128 比特 AES 使用设备间的连接密钥或通常的网络密钥
帧完整性检查	检查一帧中的数据是否被改动
顺序全新检查	顺序升级的全新值可使网络管理者检查或拒绝任何重复的数据帧

ZigBee 标准中定义了两种安全模式：商业模式和住宅模式。网络调度者或信用中心的安全接入控制功能只在商业安全模式中才有。在住宅模式中，网络调度员控制设备接入网络，但不建立或维护密钥，以减小信任中心设备的内存损耗。

11.3.4 IrDA 安全

IrDA 标准由于短距离视距化的要求，相应的安全水平很低，所以它不包含链路级的安全描述。任何未经授权从接入点访问数据的威胁，可以通过在不使用时关闭 IrDA 接口，或仅在私人环境中传输敏感数据等措施来轻易克服。

其他的安全措施，例如鉴权和加密在应用层执行。比如 IrDA OBEX 鉴权机制，要求用户先输入欲存储在双方设备中的 OBEX 密码，然后才能建立 OBEX 连接。当建立连接时，双方设备通过这个密码来鉴权。

11.4 第四部分总结

与无线 LAN 相同，系统地确定需求并选择最合适的技术对无线 PAN 的实现大有裨益。进行测试也是安装中的重要步骤，尤其是为大量的或多种类型的用户部署无线 PAN 时。

尽管无线 PAN 工作距离短，但它对一定的安全威胁也很敏感，所以应该考虑根据非授权接入对用户数据产生的危险级别采取适当的安全措施。

第五部分　无线城域网的实现

虽然 Wi-Fi 提供了很多小规模和中规模 MAN 提案的基础，但它只是完成了旨在提供无线"最后一英里[①]"解决方案的标准，例如 IEEE 802.16，开始了对更为广泛的 MAN 应用的展望。

MAN 的关键要求是：

- 对成百上千的用户有可伸缩性，而不是仅针对局域网的几十或上百的用户。
- 能够提供很广泛的不同服务接入的灵活性，包括请求和分配带宽机制。
- 在个人用户或服务请求时保证服务质量(QoS)。

尽管在第 6 章讨论了最新的进展，例如 IEEE 802.11 等 LAN 标准仍然没有这些要求，因此急需针对这些要求制定具体的 MAN 标准。

第 12 章将介绍 IEEE 802.16 标准，主要讨论这些关键要求是如何达到的。802.16 的欧洲姊妹版本 HIPERMAN 是由 ETSI 并行于 IEEE 标准提出的，也将在这一章中简要介绍。

第 13 章将介绍 MAN 的实现，包括无线 MAN 或乡村类似网络的设计以及启动。这将涵盖技术计划和实施方面包括现场调查、设备规划和安装，还有商业计划方面，包括客户映射、竞争对手分析以及管理和财政规划。

---

① 1 英里 ≈ 1.609 km ——编者注。

第12章 无线城域网标准

12.1 IEEE 802.16 无线城域网标准

12.1.1 起源和主要特征

为了应对 xDSL 和电缆调制解调器对家用和小型商业的无线宽带接入方案的补充需要,从 1998 年开始提出了 IEEE 802.16 系列标准。"最后一英里"的宽带无线接入方案可以以最小的基础设施费用提供广阔的地理覆盖,因此也同时加快了宽带技术的兴起。

IEEE 802.16 系列标准的演化过程如表 12.1 所示。提出该标准的宽带无线接入(Broadband Wireless Access, BWA)IEEE 工作组最初关注的是 10~66 GHz 的频率范围,这主要是由全球可用的频谱资源决定的。2001 年,最初的 IEEE 802.16 标准获得批准,并于 2002 年 3 月公布。

表 12.1 IEEE 802.16 系列标准

标准	主要特征
802.16	最初的标准,2001 年批准通过,10~66 GHz 上视距传输,速率可达 134 Mbps
802.16a	2002 年 2 月批准通过,11 GHz 上非视距传输,速率可达 70 Mbps
802.16b	802.16a 的升级版本,解决在 5 GHz 上非授权应用问题
802.16c	802.16 的升级版本,解决在 10~66 GHz 上系统的互操作问题
802.16d	WiMAX 的基础,IEEE 802.16a 的替代版本,支持高级天线系统(MIMO)。2004 年 6 月批准通过 802.16-2004
802.16e	扩展后能提供移动服务,包括对时变传输环境的快速自适应
802.16f	扩展后能支持网状网要求的多跳能力
802.16g	对移动网络提供高效转发和 QoS
802.16h	增强的 MAC 层使得基于 IEEE 802.16 的非授权系统和授权频带上的主用户能够共存

随后,工作组将注意力转移到 2~11 GHz 频段,在该段频率范围内,实现的低成本和非视距传输的优势超过了由于射频拥挤带来的潜在困难。这样做的结果是 IEEE 802.16a 标准的诞生,并于 2002 年获得批准,2003 年 3 月公布。

IEEE 802.16 的设计目标是在物理层提供相当大的灵活性,从而在不同的规则下能适应不断变化的需求(比如信道带宽)。

这些不同的空中接口由共同的 MAC 层支持,而 MAC 层就是用来提供 MAN 的关键需求——可伸缩性、灵活的服务类型和服务质量。

12.1.2 IEEE 802.16 物理层

12.1.2.1 10~66 GHz 频谱的物理层

在这个非常高的频率范围内,对于所有的实际应用,射频传播要求在发射机和接收机之间存在视距传播。在这样的限制条件下,没有必要考虑使用复杂技术(如 OFDM 技术)来克服发生在没有视距环境下的多径影响，因此，工作组为这些接口选用了简单的单载波调制(Single Carrier, SC)技术（参见表12.2）。

表 12.2　IEEE 802.16 关键参数

参数	IEEE 802.16 标准
射频带宽	10～66 GHz
调制	单载波调制(SC)(QPSK, 16- & 64-QAM)
数据速率	速率最大 134 Mbps
信道化	20 MHz, 25 MHz 或 28 MHz 信道带宽
双工方式	TDD 和 FDD，以及可用 TDMA 的半双工
网络拓扑	点对多点
带宽分配	每用户站授予(Grant Per Subscriber Station, GPSS)，参见12.1.2节

在下行传输时［从基站(Base Station, BS)到用户站(Subscriber Station, SS)］采用时分复用(Time Division Multiplexing, TDM)，每个时隙被分配给单独的用户，这样可为延迟敏感的服务保证带宽。在上行链路方向（从SS到BS）采用时分多址接入(TDMA)。

时分双工或频分双工（TDD或FDD）都能使上行和下行链路实现双工。半双工用户，即发射和接收在同一个信道上，也可以从跟在每个下行链路数据帧TDM部分后面可选的TDMA上行链路部分获得支持。

有一系列的调制和编码方案可供选用（包括QPSK、16-QAM和64-QAM）。并且用户站和基站可以根据特殊的效率需求（取决于数据速率）和鲁棒性需求（取决于信号传播环境/信号强度）来协商选择一个方案。

这样产生的结果是由基站发送的一个下行帧中（参见图12.1），发往不同用户站的不同的数据突发将使用不同的编码和调制方式——一种自适应的突发配置。不同的调制方式可达到的数据速率如表12.3所示。

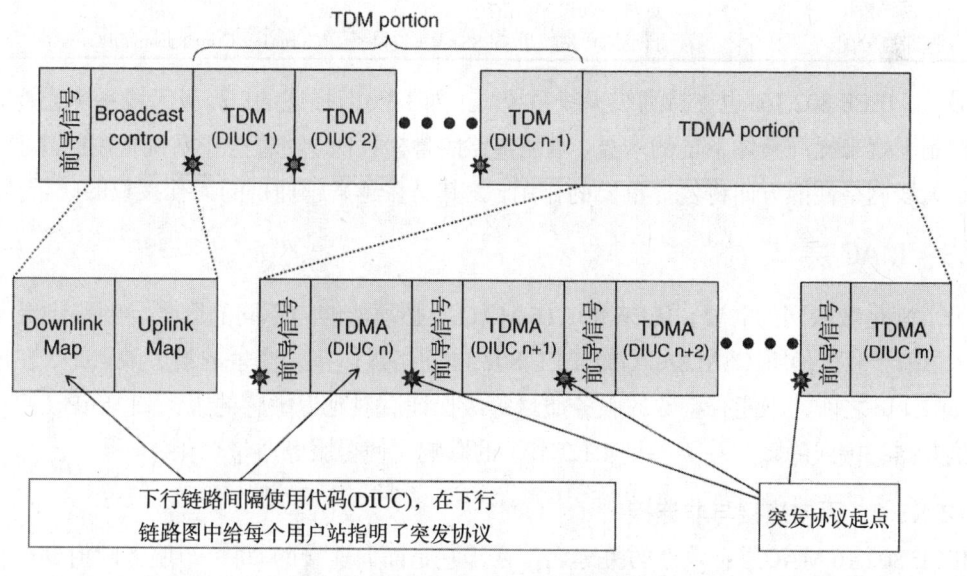

图 12.1　IEEE 802.16 下行链路帧结构

表 12.3　IEEE 802.16 比特速率与信道带宽和调制方法

信道带宽(MHz)	各种调制方式下的比特速率(Mbps)		
	QPSK	16-QAM	64-QAM
20	32	64	96
25	40	80	120
28	44.8	89.6	134.4

12.1.2.2　2～11 GHz 频谱的物理层

与高达 66 GHz 的极高频(EHF)范围相比，在 2～11 GHz 范围内，不同的传播特性要求空中接口非视距环境下能够适应大量的多径传播的影响。在 802.16a 标准中定义了三种可选的物理层规范，此标准涵盖了授权和未授权的频谱，如表 12.4 所示。

表 12.4　IEEE 802.16a 可用的空中接口

空中接口	总结
无线 MAN SC2	单载波调制方式，提供与 10～66 GHz 单载波空中接口的互操作
无线 MAN OFDM	正交频分复用、时分多址的多用户接入。这个接口对非授权频带来说是强制的
无线 MAN OFDMA	用户接入的 OFDM 接口，这些接口是通过将可用载波频率的一个子集分配给不同用户来控制的

IEEE 802.16a 标准中大部分的关键参数与更高频率标准是共用的，如表 12.5 所示。

表 12.5　IEEE 802.16a 的关键参数

参数	IEEE 802.16a 标准
射频带宽	2～11 GHz
调制方式	单载波调制，OFDM
数据速率	峰值数据速率可达 70 Mbps
多址接入	OFDMA, TDMA
信道化	灵活的信道带宽，1.75～20 MHz
双工方式	TDD 和 FDD，以及采用 TDMA 的半双工
网络拓扑	点对多点和网状拓扑
带宽分配	每个用户站授予(GPSS)或每连接授予(Grant Per Connection, GPC)

另外，IEEE 802.16a 也支持高级天线系统。正如 3.3.6 节描述的，高级天线系统或智能天线通过抑制干扰来提高整体系统的增益、增强链路的鲁棒性能。随着这些系统费用的降低，它们在提高无线网络性能方面将发挥重要的作用，尤其是在越来越拥挤的无须授权的频带范围内。

12.1.3　MAC 层

为了满足城域网的需要，IEEE 802.16 MAC 层必须能够为不同的服务类型提供灵活高效的接入。基于载波侦听(CSMA/CA)的 IEEE 802.11 网络媒体接入竞争的最大缺点是，在增强型 IEEE 802.11e 之前，不能有特殊的服务质量等级保证。对延迟敏感的服务如 VoIP，用户可能会受到暴露终端或隐藏终端（参见 4.1.2 节）的影响，使得服务质量恶化。

12.1.3.1　面向连接与非连接

IEEE 802.16 MAC 层有效性的关键之一在于它是面向连接的。每一个服务映射到一个连接上，并使用 16 比特的连接标志(Connection ID, CID)。这包括了无连接的服务如用户数据报协议(User Datagram Protocol, UDP)（比如 RIP, SNMP 或 DHCP 消息）。每一个连接都与具体的参数相联系，比如：

- 带宽授权机制（连续的或按需的）
- 相关的 QoS 参数
- 路由和传输数据

这是一种典型的单向连接，因此可以为上行和下行链路方向定义不同的 QoS 和其他传输参数。

当一个新的用户站(SS)加入 IEEE 802.16 网络时，最初打开三条连接以承载管理层面的消息，如表 12.6 所示。

表 12.6　IEEE 802.16 SS 管理连接

连接	用途
基本管理连接	短的、对时间敏感的 MAC 和射频链路控制(Radio Link Control, RLC)消息
主要管理连接	能容忍时延的消息，比如认证、连接建立
次要管理连接	基于标准的管理消息，比如 DHCP、SNMP、RIP

当具体的服务确定后，需要给用户分配一些额外的连接，通常以上行链路和下行链路成对的形式。MAC 层也为其他一般目的保留一些连接，比如初始竞争接入和广播或组播传输，包括轮询 SS 的带宽需求。

12.1.3.2　无线链路控制

射频链路控制(RLC)是 IEEE 802.16 MAC 层的另一个关键要素，能够提供自适应的突发控制和传统的功率调节功能(TPC)。

当用户加入网络时，SS 和 BS 通过基本的管理连接交换信息以建立发送功率和时钟的初始设置。SS 也需要具体的初始突发协议来定义基于设备能力和下行链路信号质量的信号调制参数。初始化建立后，RLC 将继续监视信号质量。如果环境条件恶化，SS 或 BS 可能会要求更加鲁棒性的突发应用协议（例如，暂时从 64-QAM 转换到 16-QAM），或者如果条件改善了，较低的鲁棒性可以容忍时，也可采用一种更有效的协议。

上行链路的突发协议受 BS 的直接控制，这种控制在每次 BS 分配带宽给 SS 时实现，与此同时，也指定了 SS 所使用的突发协议。虽然下行链路的协议根据 SS 的要求而改变，每个 SS 能够单独监视接收信号的强度，但它也受 BS 的控制。

12.1.3.3　带宽分配

在用户间灵活分配可利用的带宽资源是 IEEE 802.16 MAC 层的第三个关键要素。每个 BS 潜在的上百个用户的不同服务以及可伸缩性都会对带宽的有效利用产生大量的需求。

当连接建立后，不同用户的带宽需求就确定了。标准中的许多消息选项使得 SS 可以申请额外的上行链路带宽，并通知 BS 总共的带宽要求，允许 BS 轮询不同的 SS，或通过组播来确定这些要求。这些机制保证了可用带宽的有效利用以及灵活地适应多种服务或应对不同服务变化的需求。

MAC层定义了SS的两个分类（参见表12.7）：每连接授予(GPC)和每用户站授予(GPSS)，其区别在于SS使用分配带宽的灵活性。

表 12.7　IEEE 802.16 GPC 和 GPSS 分类

SS 分	能力
GPC 用户站	分配给 SS 的带宽只能用于申请它的连接
GPSS 用户站	由 BS 分配给 SS 的带宽不必仅用于申请它的连接，也可用于 SS 的任何连接

以一些额外复杂度为代价，GPSS 比 GPC 提供更高的有效性和更大的可伸缩性，例如允许 SS 对改变的环境条件做出更快的响应。GPSS 需要 SS 的额外信息来管理连接的 QoS，很明显，这是网状网络中的 SS 自治的一个方面。

12.1.4　移动 WiMAX

IEEE 802.16 任务组 TGe 宣称将把移动性增加到 IEEE 802.16 标准中。2002 年移动宽带无线接入研究组成立，他们的目标是在高达 125 km/h 时利用授权频段能够提供移动接入。由此产生了 IEEE 802.16e 标准，定名为 IEEE 802.16-2005，在 2005 年 12 月获得了 IEEE 的批准，并且制定了新的调制和多址接入方案以保证移动的非视距处理。IEEE 802.16e 通过增加一些新的性能，增强了 IEEE 802.16 初始的 OFDMA 接口，这些性能在表 12.8 中进行了总结。

表 12.8　IEEE 802.16e 增强版

增强	能力
固定的子载波间隔	保持子载波间隔为固定值并独立于信道带宽，可以提高在移动传输中对抗多径衰落和多普勒频移的能力。这导致了随着信道带宽的不同子载波的数目也要做相应的缩放
改善的室内传输	使用较高功率的可用 OFDM 载波的子集来改善室内接收
覆盖范围和容量间的灵活性	下行链路的子信道化允许在数据容量和工作范围之间折中
高级天线支持	高级多天线分集技术、自适应天线系统以及 MIMO 无线技术使得非视距覆盖和性能得以提高
改进的纠错机制	新的编码技术[比如 Turbo 码和低密度校验码(LDPC)]的使用改善了移动和非视距性能
快速差错恢复	使用混合自动重传请求(Hybrid-automatic Retransmission Request, HARR)以改善差错恢复

IEEE 802.16e 增强版的两个关键思想是固定的子载波间隔与带宽（可扩展的 OFDMA）无关，以及使用子信道化在覆盖范围和容量之间的折中。

12.1.4.1　可扩展的 OFDMA

前面提到，IEEE 802.16a 指明了 OFDM 接口具有从 1.75 MHz 到 20 MHz 灵活的信道带宽。每个信道被分成 256 个子载波(OFDMA 256)，因此，子载波间隔取决于信道带宽，在 6.8 kHz 到 78.1 kHz 之间变化。

在移动应用中，根据 SNR 和 BER，变化的多普勒频移和多径产生的时延将导致性能的下降，尤其是子载波间隔很小时。相反，在信道带宽较宽时，使用更多的子载波可以提高信道容量。

通过使用 11.2 kHz 的固定子载波间隔和根据信道带宽改变子载波数目,从 1.25 kHz 的 128 个到 20 MHz 的 2048 个,可扩展的 OFDMA(Scalable OFDMA, S-OFDMA)解决了上述问题。这样使带宽较宽的信道达到最大的信道容量,并且保证了所有的信道带宽都能同等地容忍移动站产生的延时扩展。

S-OFDMA 和 OFDMA 256 并不兼容,因此为了支持基于 S-OFDMA 的移动应用,必须更换无线 MAN 设备。

12.1.4.2 子信道化

子信道化是指使用 OFDM 可用子载波的一个子集,将可用的发射功率集中到较少的子载波上,从而使每个子载波可以以较高的发射功率发射出去。这个额外的链路余量要么用来扩展链路的范围,允许室内移动设备克服传输损耗,要么用来降低发射设备的消耗功率。

这些好处是以降低链路容量为代价的,因为只有子载波的一个子集用来携带数据,允许在吞吐量和移动性之间折中。

可以使用很多方法给子信道来分配子载波——主要是使用相邻的或分布式的子载波(参见图 12.2)。移动应用中使用分布式的子载波的分配方法,这主要是因为大范围的频率(频率分集)的使用能使链路受快衰落的影响小,而快衰落又是移动应用的特征。

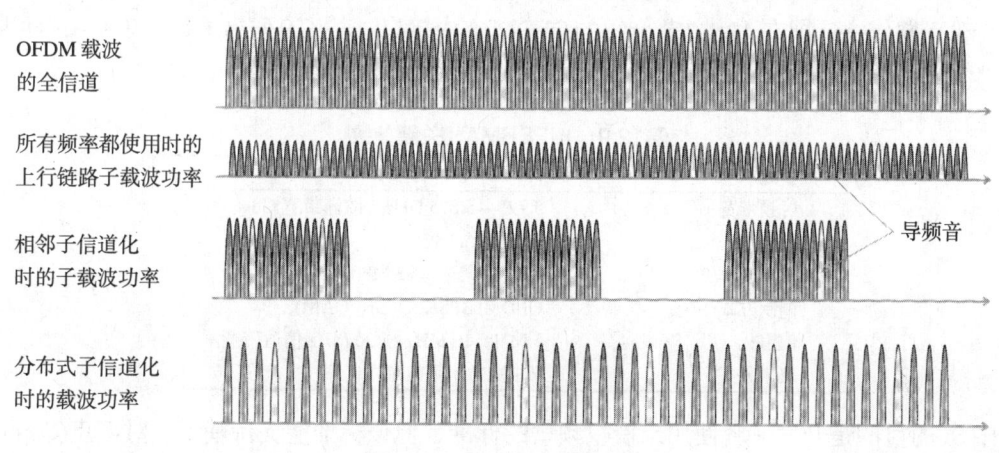

图 12.2 WiMAX 子信道化

固定 WiMAX 也可以选择子信道化,其中使用子信道化的上行链路将吞吐量折中到覆盖范围上,从而达到较大的覆盖范围或者对于给定的 CPE 发射功率提高对建筑物的穿透能力。

12.1.5 应用中的 IEEE 802.16

贸易组织采用某个 IEEE 标准后,推广其产品以及开发其市场的这个熟悉模式对于 802.16 也同样适用。WiMAX 论坛的目的是起到与 Wi-Fi 联盟在 802.11 标准组中的类似作用,即一致性和互操作的测试和认证。

WiMAX 论坛在 WiMAX 商标下经营 IEEE 802.16d 网络,提供固定的、便携的以及没有要求与基站有视距离传播的移动宽带无线接入。每个信道 40 Mbps 的数据传输能力足以支持数以千计的 DSL 连接速度下的固定用户,而移动网络的速度预期达到 15 Mbps。

WiMAX 论坛成员起初的认证工作重点在于工作在 3.5 GHz 频带上具有 3.5 MHz 的信道带宽,并且基于 TDD 和 FDD 的设备。除此之外的扩展取决于以后市场的需求和卖方的产品提交。

12.1.6 未来发展

目前,TGf 和 TGg 任务组正在开发 IEEE 802.16 标准系列的新内容。IEEE 802.16f 的目标是当 SS 在固定无线网络的 BS 间移动时提高多跳的能力,而 IEEE 802.16g 将更快、更有效地转发并提高移动连接的 QoS。

12.2 其他 WMAN 标准

12.2.1 ETSI HIPERMAN

欧洲电信标准机构(ETSI)提出了一种高性能的无线MAN(High Performance Radio Metropolitan Area Networks, HIPERMAN)旨在提供中小型企业和住宅市场的"最后一英里"固定无线接入,其主要目的是加快欧洲宽带因特网接入的更新。

该标准是在与 IEEE 802.16 工作组密切合作的基础上提出的,目的与 IEEE 802.16a 标准的子集实现互操作——即在 12.1.2 节介绍的 OFDM 空中接口。表 12.9 列出了 HIPERMAN 标准中的关键参数。

表 12.9 HIPERMAN 关键参数

参数	HIPERMAN 标准
射频带宽	5.725 ~ 5.875 GHz(欧洲带宽 C)
EIRP	<30 dBm(1 W)
数据速率	峰值数据速率>2 Mbps
调制方式	OFDM(BPSK, QPSK, QAM)
信道化	5 MHz, 10 MHz 或 20 MHz 信道带宽
双工方式	支持 TDD 和 FDD

ETSI 的目的是开发一套使用未授权频谱的标准,但该标准能支持基于点对多点(Point-to-multipoint, PMP)或网状网络结构的固定无线接入的商业提供方式。定义的信道要保证至少有两个竞争的服务提供商提供城市区域覆盖,如果使用更窄的信道(5 MHz 或 10 MHz),要能保证有更多的服务提供商。

HIPERMAN 只定义了物理层和链路控制层,正如 IEEE 802.16d 和 WiMAX 论坛指出的,网络层和更高层规范期望由其他组织开发。类似的 HIPERMAN 论坛即将成立,但是 WiMAX 论坛承诺解决互操作问题,因此 HIPERMAN 包含于 WiMAX 标准中。WiMAX 论坛将有效地履行两个无线 MAN 标准的商业作用。

12.2.2 TTA WiBro

WiBro 是无线宽带的简称,它是由韩国电信技术协会(Telecommunication Technology Association, TTA)提出的无线 MAN 标准,其中草案 1 已于 2004 年 11 月获得批准。该标准是为了填补3G和WLAN标准间的空白而提出的,通过手持设备,它提供从Internet接入到移动客户所需的数据速率、移动性以及覆盖性要求。

该标准使用从2.30 GHz到2.40 GHz带宽为100 MHz的授权频带,该频段由韩国信息通信部分配以供移动无线Internet使用,并与国际上未授权的2.4 GHz ISM频段相邻。IEEE 802.16-2004和802.16e草案3是WiBro开发的基础,表12.10所示的物理层关键参数在两个标准中是兼容的。

表 12.10　WiBro 物理层关键参数

参数	WiBro 标准
射频带宽	2.300 ~ 2.400 GHz
网络拓扑	蜂窝结构,1 km 范围
最大数据速率:用户	下行链路:6 Mbps,上行链路:1 Mbps
最大数据速率:小区	下行链路:18.4 Mbps,上行链路:6.1 Mbps
多址接入	OFDMA
调制方式	QPSK, 16-QAM, 64-QAM
信道化	9 MHz 信道带宽
双工方式	TDD

WiBro的MAC层支持三种服务等级,包括对时延敏感应用的有保证的QoS,基于SS要求的实时轮询,和对时延不敏感但要求保证最小数据速率应用的中间QoS等级。

该标准的草案2旨在注重网络容量的提高技术,包括MIMO射频、自适应天线系统和空时编码,以及与IEEE 802.16e-WiMAX进一步的标准化。

12.3　城域网状网络

上面介绍的无线MAN标准利用在专门基站提供中心控制,能够解决MAN中的点对点或点对多点的问题。虽然目前没有开发出城域网状网络标准,但是IEEE 802.11任务组TG在6.4.5节中描述的工作模糊了LAN和MAN的界限,使得基于IEEE 802.11的网状网络在城市区域内能够高效地运行。

与传统MAN拓扑结构相比,基于网状的方法有许多优点,例如,可以通过网状选择一条最优路径以最大化网络吞吐量,以及能够自动利用在网状区域内任何新的变为活跃状态的回程链路。

私有(比如不基于任何标准的)设备可以运行伪IEEE 802.11b网状,该网状具有固定的"网状路由器"为移动IEEE 802.11b设备提供城市范围覆盖(参见15.3节)。

12.4　本章小结

虽然WiMAX论坛成员还未把符合IEEE 802.16标准的产品推向市场,但看来在无线网络市场这一部分,它将会成为事实标准。

IEEE 802.16 MAC层保证了指定给不同连接的带宽分配和服务质量,提供自适应的突发协议,从而根据每个用户站的能力和环境条件,允许使用最高效的调制和编码方法,同时根据不同用户站的要求，提供大量的改变带宽分配的机制。通过这些特性，IEEE 802.16 标准满足了 MAN 的可伸缩性、灵活性和服务质量的要求。

由韩国消费电子产业推动而快速发展的 WiBro 标准成为 IEEE "盔甲"上的第一个可见的裂纹，其目标在于满足高度网络化的韩国消费市场的特殊需要，它说明 IEEE 标准化进程的速度不能满足市场的需要。然而，WiMAX 依然基于 IEEE 802.16 规范，强调了标准化在全球市场中的重要性。

第 13 章将转向无线 MAN 的规划和实现部分。

第13章 无线城域网的实现

谈到无线MAN实现时，出发点应该是把设想的一个具体的区域视为网络的通用目标区域。这个区域可能是潜在用户相对集中的城镇或者市中心，也可能是较分散的乡村。在第一种情况下，无线MAN很可能与其他宽带接入技术竞争，比如电缆或xDSL，而在乡村背景下，无线方式或许是用户唯一可用的"最后一英里"接入方式。

在实现无线MAN时需要注意两个方面——技术计划和商业计划。前者关注的是从技术的角度构建一个高效的MAN所需要的物理硬件、规范、地点、安装和运作。而后者关注的是将MAN运营成一个成功的有利润的商业需要什么，了解市场、洞察竞争状况以及周密的商业财政计划是保证其在该领域获得成功的最重要的因素。

13.1 技术计划

获得将要建设MAN区域的人口统计数是技术计划的起点。基于此信息以及对目标地区自然情况和射频情况的调查后，就可以制定以最小资金成本实现最有效覆盖的设备计划。在这个层面上进行的低成本移植路径计划的考虑也使MAN的未来发展变得容易，即使这看上去还不成熟。

13.1.1 现场调查

无线MAN现场调查的目的是评估用户站将要工作的物理与射频环境，譬如根据物理障碍和可能的干扰源。

在技术计划的初始阶段，一般现场调查应在整个的目标区域上进行，以评价将来会影响到整个网络设计的主要限制和考虑。之后，在启动与进行阶段，针对用户现场会进行具体调查，目的是为了在着手物理安装之前保证达到的服务质量。

许多模拟程序可以在线获得，通常是基于AT&T无线模型以及较新的SUI模型，可以对调查过程展开协助，参见15.3节。这些工具可以提供最初始的覆盖估计，但是必须谨慎使用，因为网络的工作性能很大程度上是由当地的环境条件决定的，这些只有通过现场的物理与射频调查才能获得。

物理和射频调查的结果为网络计划提供必要的输入，以此来决定最佳网络设备的规范与配置，以避免可能的视线障碍和干扰源，同时也考虑了一些其他的限制条件。

正如下面所讨论的，天线选择在设备规划中可能是最重要的因素，选择适当的基站和用户天线是决定网络最终性能的关键性因素。这种选择部分依赖于现场调查的结果。

13.1.1.1 物理现场调查

物理现场调查主要是检测可见视线——从目标区域诸多点至可能的基站点,菲涅耳波带间隙(参见4.5.4节)也应该列入调查范围之内,如图13.1所示。

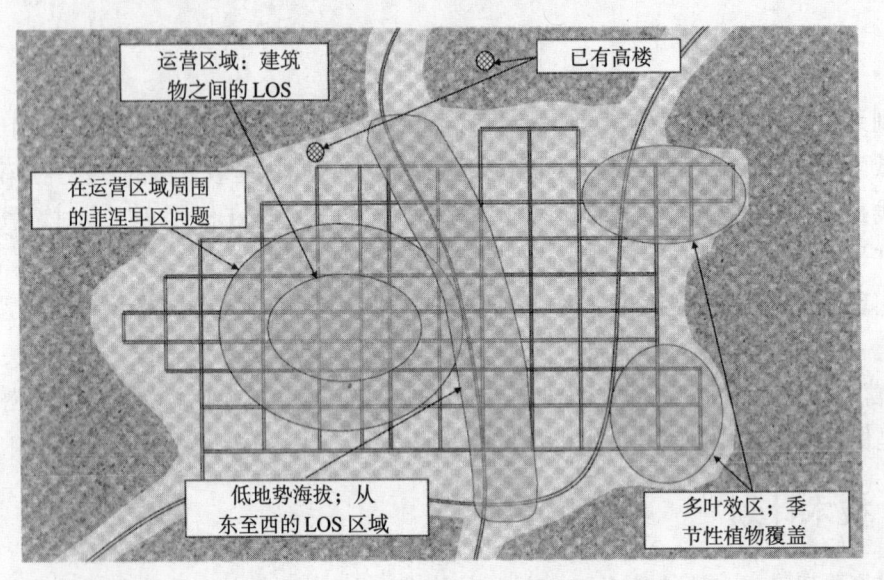

图13.1 MAN布局的物理现场调查图

调查应该考虑当地地形:可能的障碍物,譬如高层建筑物,以及邻近的像飞机场之类的场所,在那里雷达可能会成为干扰源,在射频调查中这也会被检测。

在用户建立阶段,物理现场调查应包括用户驻地设备、电缆路由的选择以及其他需求例如暴露区域的闪电保护等。

13.1.1.2 射频现场调查

这部分调查是针对用户站所在的射频环境,主要是噪声和干扰。当形成了这个目标,这项调查的指导方案类似于驻地设备,将天线安装在用户区中。

射频现场调查可以利用频谱分析仪,它可以在目标区域和感兴趣的频域范围内识别无线传输。图13.2是频谱分析仪显示的一个例子,表示了OFDM信号的矢量分析。和背景噪音一样(参见4.5.3节),任何干扰网络的足够强的信号的强度、方向以及极化都会被记录下来。

频谱分析软件在台式机和笔记本上都可以运行,可以分析从PCI或者PC卡接收器接收到的信号,这些接收器都安装有外置天线。

射频现场调查结果是MAN设计时重要考虑之处,可能会影响到频带选择、基站设备规范和选址等方面。

13.1.2 设备选择与选址

完成了物理与射频现场调查,并且服务于目标区域的基站位置确定后,就可以为目标区域的一般用户位置和极端用户位置进行链路预算。

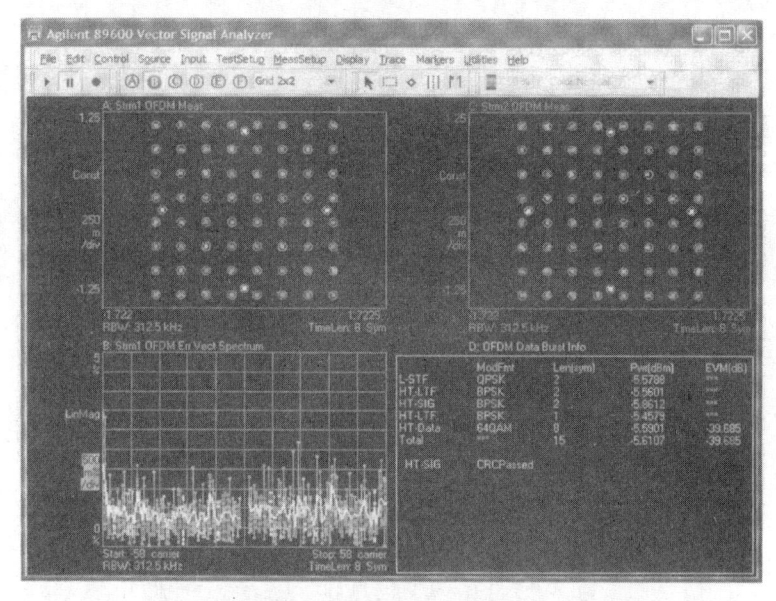

图 13.2　Agilent 频谱分析软件显示图（感谢 Agilent 科技公司提供）

这就需要在每个基站计算发射功率、所需要的天线增益以及获得目标系统性能所需要的客户终端设备天线增益，同时考虑所有设备的规则与限制（例如 EIRP）。

在首要设备的选择与选址过程中应注意的 4 个关键因素：

■ 基站发射机与接收机
■ 基站天线
■ 基站天线选址
■ 客户终端设备

13.1.2.1　基站发射机与接收机的选择

为了在目标区域获得最大有效覆盖，基站的发射机与接收机（参见图 13.3）的选择是很关键的。除了发射功率、接收机灵敏度以外，质量和可靠性也是决定整个系统性能的因素。同时通过保持正常运作、停工时间最短也可以降低运营成本和保证客户的满意度。

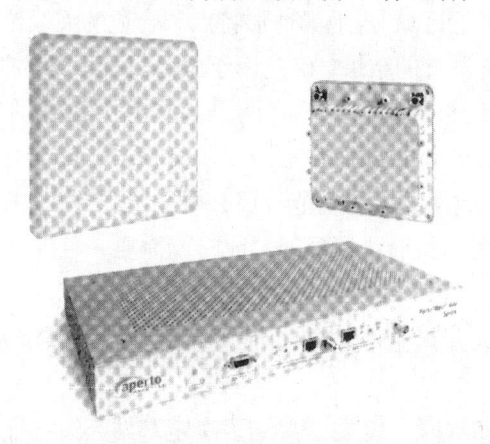

图 13.3　基站发射机（感谢 Aperto 网络公司提供）

13.1.2.2 基站天线的选择

基站天线有不同的形状和大小,但是在大多数无线城域网的应用中,全方位覆盖是应该满足的。这可以通过使用全向天线或多扇区天线来实现,如图 13.4 所示。

图 13.4 基站扇区天线阵列(感谢 European Antennas 公司提供)

定向天线也会使用到,譬如用点到点的桥接扩展城域网。

总体来说,由于本地规则限制,在基站获取最大天线增益是比较可取的。因为在给定链路预算的前提下,这样会减少用户终端设备的限制与花费。在提供相同增益的情况下,相比较进行更多用户选址,在较少基站范围中安装较昂贵的天线是一种更为经济的做法。

13.1.2.3 基站天线选址

当规划好了城域网的目标区域,当地的地形特点和合适的天线位置应作为物理现场调查进行评估的一部分。通过分析调查的结果,确定用于服务目标区域的基站最少数目和最佳位置。

在决定如何实现目标区域的覆盖时,有两个基本的选择可供参考:从外围覆盖(参见图 13.5)和从中心覆盖(参见表 13.1)。

若 IEEE 802.16 是对城域网技术的规范,那么覆盖范围为 3~10 km 的独立基站就需要特别考虑了。受目标区域的大小与形状的限制,此时就需要一种混合型的覆盖方案,如图 13.6 所示。

当目标区域存在高楼或者其他障碍物时,使用桥接基站可以作为上述两种选择的补充,以填充覆盖部分区域。

当确定了基站的基本布局时,表 13.2 总结了决定基站天线选址的注意点。

第13章 无线城域网的实现

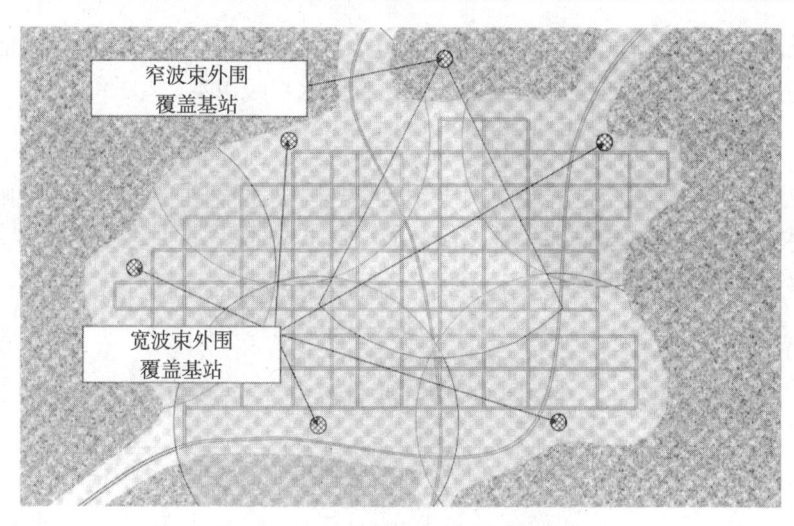

图 13.5 MAN 目标区域的外围覆盖

表 13.1 MAN 目标区域覆盖选择

选择	考虑因素
从目标区域外围覆盖	采用这种方式基站的位置可有很多选择。优点在于，当地形处于山脉周围，可以提供一个宽广的视线覆盖范围；同时，允许用户在诸多不同的方向中选择最佳的基站
从目标区域中心覆盖	在这种方式中一个或者多个基站安置在目标区域内，最好是在接近中心的高大建筑物上

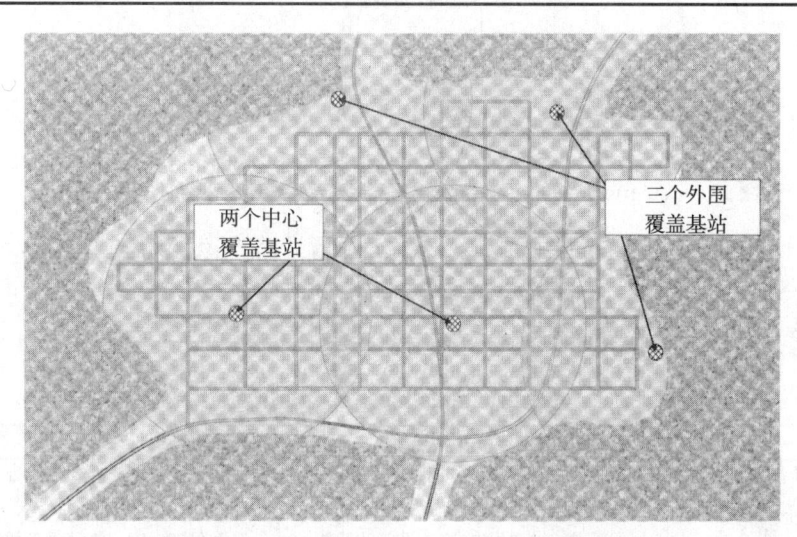

图 13.6 MAN 目标区域的中心与外围相混合的覆盖

表 13.2 MAN 基站天线选址考虑

问题	影响
现有高楼	作为基站天线，此方案会比较经济
新的高楼	可以获得最佳选址。改进的覆盖方案可以抵消由于租借已有建筑群上的空间所花费的费用。在现场需要对规范进行细致的考虑
当地地形	不管对目标区域是采取外围覆盖还是中心覆盖,有利的地理海拔可以增加天线的有效高度，从而帮助来自一个地区的覆盖

当安置基站天线时,高度是最重要的。但是仍然需要谨慎,确保天线的波束能够直接覆盖高楼的地基附近,譬如将天线绕轴线向下旋转,应至水平线以下。

13.1.2.4 客户终端设备

一个常见的客户终端设备的安装由天线和无线电构成,屏蔽在一个可以防风雨的封闭单元里,典型地安装在建筑物的表面或者烟囱的侧面(参见图 13.7)。天线大小不等,小至微带贴片天线,对于短距离链路可以获得 8~14 dB 增益;大至抛物面天线,对于长距离链路至少可以获得 24 dB 的增益。

图 13.7 Aperto 典型的客户终端设备安装(感谢 Aperto 网络公司提供)

发射功率主要取决于当地的管理限值,主要为 100~200 mW。布线要求在室外为 Cat 5 线以太网电缆,在室内为低电压的直流电压线。

在选择客户终端设备时有两种方案:通用型和用户定制型,详见表 13.3。

表 13.3 客户终端设备选择方案

问题	通用型	用户定制型
客户终端设备类型(天线、前置放大器、接收器)	适用于所有客户(例如 14 dB 微带贴片天线)	适用于特定用户的现场调查(例如城域网覆盖的高增益天线)
覆盖	受限于所选客户终端设备的性能	最大限度由客户终端设备的定制情况确定
安装的复杂性与费用	低	高,需要单独进行现场调查选择最佳设备
资金成本	低于用户平均成本	高于用户平均成本
用户满意度	标准驻地设备性能受限	定制安装可以获得较高级别的服务

选择通用型时,一般会要求用户离基站比较近,并且随着网络的扩展会引进一定数量的较高性能的客户终端设备。

对于每一位新的用户而言,客户终端设备的安装费用是整个建立阶段开支的重要部分。因此,在决定使用什么样的设备时,安装的简易性是一个重要的考虑因素。

13.1.3 基干线路设施

基干线路(Backhaul)设施提供了一条连接网络基站至Internet网关的链路——用户业务的第一个目的地（参见图13.8）。若附近存在Internet服务提供商(Internet Service Provider, ISP)或Internet电话接入网点(Point of Presence, POP)，这条链路就很容易实现。

若当地没有POP，这时就必须考虑租借电缆或光纤。此外，在偏僻的郊区没有基干线路设施需要考察使用长距离无线连接，譬如点到点或卫星通信。

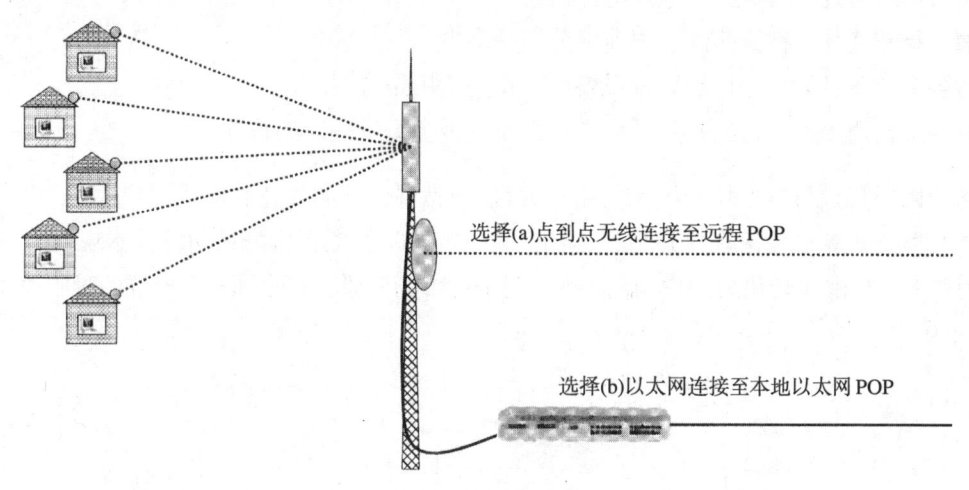

图 13.8　基干线路配置

13.2　商业计划

技术计划对MAN的物理性能有至关重要的影响，而商业计划则是把技术成功转化为财政盈利的关键。虽然制定一份商业计划似乎看来耗时耗力，但这种努力很快会得到回报，因为通过这份计划可以较容易的发现一些缺点，而且这些缺点在发展早期是可以被克服的。

商业计划包括4个关键要素：

- 商业描述
- 营销计划
- 管理和运营计划
- 财政计划

13.2.1　商业描述

这部分主要对商业计划有个简单清晰的描述，阐述其目的及所提供服务的本质——这里指宽带无线接入。目标市场的简单描述和市场对服务的具体需要将对营销计划提供一个简单介绍。

13.2.2 营销计划

营销计划起于对竞争者的分析和客户映射。对于竞争者的分析,要搞清楚在目标区域内有哪些可选的宽带技术接入方案,如电缆、xDSL 或其他有竞争力的提供商。下面是在此过程中需要特别关注的方面。

- 其他竞争者提供的是何种服务?
- 市场对所提供的服务质量反应如何?
- 上行链路与下行链路的数据速率分别是多少?
- 各个竞争者的初始计划以及设备所花费的费用是多少。
- 一个普通用户支付的费用是多少?以及是否会提供一定的折扣?

客户映射确定目标区域内潜在的用户数目,包括混合性的商业和居民用户;为了产生所需要的物理网络配置图使潜在用户数目达到最大,客户映射也将作为最初的技术规划的一个输入。为了将客户映射转化为用户预测,有必要进行市场调研,估计目标客户群的吸收速率(参见图 13.9)。

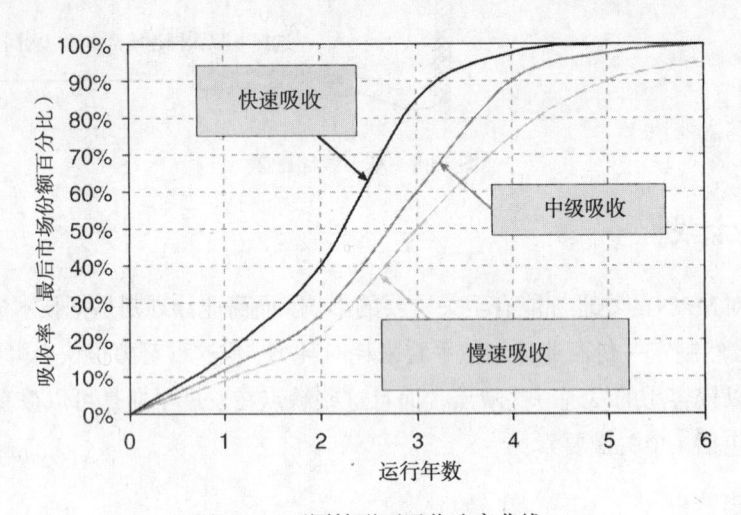

图 13.9 不同情形下吸收速率曲线

在进行市场调研之前,需要进行代价预算。这主要是借鉴其他竞争者的分析报告和其他地区类似服务所耗费的成本。一个可行的方法就是在预算规划阶段,测试可能的用户与其所需费用的比值。

然而,价格不是唯一区别于其他竞争者的途径。在客户眼中,是否提供全面性的服务才是区分优劣提供商的关键。因此,用低廉的价格提供额外的服务,体现与众不同的价值,譬如,提供 Web 服务器、反垃圾邮件、反病毒或者 VoIP 服务。

在营销计划中,通过考虑上述方面,可以认识到如下几点:

- 客户的需求以及相关方面的服务是否能够实现?
- 所提供服务的特点是什么?是全套的服务还是低廉的价格?

第 13 章　无线城域网的实现

- 客户对服务的评价如何？是低廉的价格还是优质的服务？
- 在将服务与价格等方面联系在一起考虑时，竞争者该如何定位自己？

营销计划的最后一个方面就是关于广告，如何做广告以及它的费用如何定位，又一次涉及到了预算方案。

13.2.3　管理和运营规划

管理规划涉及如下方面：如何管理、如何组织团队，成员需要什么特别的资质、技巧以及相关经验。

上述评估的强与弱对于企业的发展是很重要的；它们会带来何种特别的专业技术？企业发展依赖的技术和运营技巧从何而来？认识到这些技巧不断补充的途径是选择合作伙伴与公司职员很好的切入点。

运营规划既可以在此介绍，也可以作为一个独立章节进行介绍。在此阶段，会涉及额外的个人要求，另外还需要形成一套大纲运营步骤。

其他问题如商业保险也应在此阶段考虑。

13.2.4　预算规划

就目标收入或利润而言，预算规划应以经济目标为依据。

与营销计划并行产生的技术规划也将提供主要设备清单和与之相应的启动资金预算。类似的每月或者每年运营预算可以从供货清单和人力成本等产生，如表 13.4 所示。

表 13.4　运营成本要素与假定

运营费用项目	运营案例假定	说明
基站租借费用	基站每个月的协商费用	室内设备与天线所需场地的租借费用
设备监测与维护	占基站设备费用的 5% 或客户终端设备的 7%，如果由网络运营商拥有	偏远安置的设备维护费用相对偏高
网络运营	第一年占总费用的 10%，以后下降至 5%～7%	初始成本相对较高，以后会变得相对稳定些
销售与市场成本（包括客户支持）	第一年占总费用的 20%，在五年内下降至大约 10%	同样适用于网络运行
日常与管理开支	第一年占总费用的 5%～6%，在五年后下降至大约 3%	同样适用于网络运行

市场和运营预算的结果可以用于发展资金流动计划，考虑直接与非直接的花费与收入。在初期的一两年内必须每个月都做这样的调查，之后一年一次。一个启动资金流动计划的例子如图 13.10 所示。

基于可选择的吸收速率和价格策略产生的一系列情况，可以说明资金的可能流向以及遇到的风险。资金流量可以用来确认所需的资金总量，直到企业开始赢利。

资金流量可以转化成收入一览表（利润以及亏损说明），也可以得到不同的收支平衡及盈利分析，如图 13.11 所示。客户吸收率、价格、未来市场的发展和其他一些因素可以给投资者坚定企业发展的信念。

	五月	六月	七月	八月	九月	十月
用户	15.0	30.0	50.0	75.0	105.0	140.0
每月费用	10.0	10.0	10.0	10.0	10.0	10.0
总费用	150.0	300.0	500.0	750.0	1050.0	1400.0
基站租借	150.0	300.0	450.0	600.0	600.0	600.0
设备监测与维护	50.0	100.0	150.0	200.0	200.0	200.0
网络运营	50.0	50.0	50.0	75.0	105.0	140.0
销售与市场	100.0	100.0	100.0	150.0	210.0	280.0
总体与行政	30.0	30.0	30.0	45.0	63.0	84.0
总运营成本	380.0	580.0	780.0	1070.0	1178.0	1304.0
净资金流量	−230.0	−280.0	−280.0	−320.0	−128.0	96.0

图 13.10　WISP 初始六个月资金流动计划

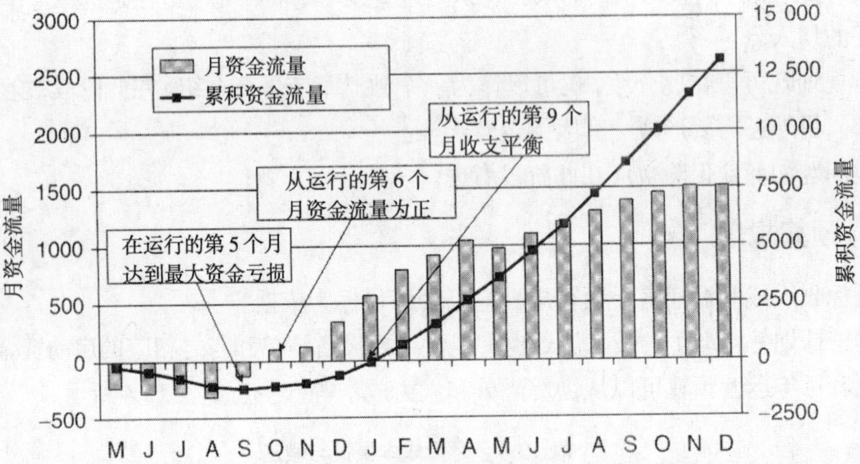

图 13.11　收支平衡分析图

虽然一般的商业运营软件是指导预算规划可行的工具,但电子数据表格是进行此类分析的一种比较理想的工具。

13.3　启动阶段

在本节将会谈到启动阶段涉及的需要关注的一些关键性因素。

13.3.1　基站部署

当需要在已有的高楼上安置基站天线,这就涉及空间租借,需要签订合同。租借合同在网上可以找到范本,但是建议依据当地的法律,保证合同不违反法律条款。

在新的高楼上进行部署时,需要考虑到现在的要求以及日后的发展。规划需要符合当地的设计状况,为设备提供遮蔽以及照明等。规划方还需准备一份弃权声明书,允许其他运营者租借高楼,所需要的土壤采样依赖于设计的楼基,这方面的要求可以从楼房的设计师获得一些建议。

物理基站天线部署——选址、防水电缆、连接稳定，从而保证未来的维修费用达到最少。

13.3.2 用户部署

用户协议要求确定所提供服务的状况。除了明显的方面，例如费用和合同的有效期，协议还应涉及服务、质量保证人、责任方、终止条件等。网上有很多协议范本，包括无线ISP，但是仍然建议依据当地的法律，保证合同不违反法律条款。

一旦安装了基站天线，就需要对每一位用户执行简单的现场调查。紧接着之后，是着手初始链路预算，从而确保无线连接的质量以及防止性能问题反复出现。

在安装用户终端设备时，若选择适当的设备就会使整个安装既便捷又迅速，防止随着网络的扩展设备安装会消耗太多的时间和金钱。

用户终端设备的选址非常重要，有三个原因：一、确保天线有效的运转；二、符合当地电子设备安装规则；三、光线保护。连接到建筑物的地上管线通常很充分，但应该确保遵守当地的建筑规则。

13.4 运营阶段

下面将阐述运营阶段涉及的需要关注的一些关键性因素。

13.4.1 技术运作

客户在线帮助——一种节省成本的做法就是利用回答式服务为客户提供基本指导、常见问题解答以及指导他们利用更多的面向技术的帮助资源。若客户需要比较专业的网络或计算机的支持，这时就应提供高级的技术支持，这又可能成为开支的重要一部分。

用户终端设备以及基站天线的转包工程契约——在启动阶段运营者自行安装用户终端设备是一种节省成本的做法，但一旦企业步入正轨的运营阶段，选择兼职的受过训练的安装团队也是一个理想的方案。使用电子邮件或适当的调度系统就可以管理这个安装团队了。

13.4.2 商业和财政运作

用户账单管理——许多现货软件系统都是针对ISP编制账单的。一般来说，这些系统都是用于处理ISP的具体特征，比如可变速率、免费服务、预付卡支持、邮件报告以及清单和发票。

鼓励是一种有效吸引客户的方法。若老客户可以推荐新的客户，适当给他们一些奖励；为了促进安装合约的顺利签署，可以答应给他们更多的机会。

运营网络费用的管理——在运营阶段的两大核心目标就是控制成本和实现既定收益。清楚地了解各方面的花费非常重要，譬如安装、维护、基干线路以及管理成本。

商业账户的管理有许多选择，包括自己动手(Do It Yourself, DIY)、许多可用的软件系统或者雇用一个兼职会计师。一个小规模的WMAN企业的费用核算一个月花一到两天就够了。

13.5 第五部分总结

IEEE 802.16一系列标准的公布以及移动网状网络在工作组TGe、TGf和TGg下取得的进展，这一切都是未来无线MAN发展的基础。

这些标准提供了无线MAN应用所需的基本的网络特点，譬如可伸缩性、服务灵活性以及服务质量。这些网络特点超过了在最初的IEEE 802.11标准中规定的，比较简单的MAC的特点。

在WiMAX论坛上，达成了标准的一致性和互操作性。随着认证产品的出现，推动最初IEEE 802.16发展的、充满前景的、无所不在的无线宽带接入技术将开始实现。

第六部分 未来无线网络技术

除了介绍无线网络技术的发展现状以外,第三部分和第四部分主要描述了覆盖数厘米至数千米范围的无线网络所涉及的技术领域,这些技术一直在不断地发展和提高。服务质量、无缝漫游以及满足日益增长的对数据带宽的需求等方面是现在无线网络技术发展的重点。

本章概述了超越现有的无线网络概念的一些关键技术的发展。在未来的几年里,这些关键技术包括认知无线电和媒介独立切换等将成为无线网络发生根本变化的重要驱动力。

第14章 主导边缘无线网络技术

本章主要讲述了当前正处在发展中的4种关键技术,这些技术对于未来无线网络的形成将产生巨大的影响。

- 无线网状网络路由
- 网络独立漫游
- 吉比特无线局域网
- 认知无线电或频谱捷变无线电

就单独每个技术而言,它们都是现有技术的重大飞跃;如果将它们统一起来分析,那么将预示着一个不远的时代的到来——频谱利用率、传播范围和数据带宽将不再是限制无线网络性能的因素。

14.1 无线网状网络路由

就像在3.2.2节所描述的,无线网状网络或移动自组织网络(MANET)给大规模无线网络带来了重大的进步。包括:

- 自组织结构,路由最优化和流量分配
- 对断路或不稳定的无线链路具有自修复能力
- 当终端密度增加时,可以提高网络吞吐量

对于定义网状网络标准所面临的主要挑战是如何在不为路由和控制信息消耗过多的网络带宽的情况下,设计出一个能够达到上述灵活性的数据链路层协议。基于射频信号强度来进行路由选择,或者根据源端到目的端的最小跳数等一些简单低开销的路由方法的性能并不很好。相比之下,动态的探测网状拓扑结构,并根据网状上可用路径的历史和预测的吞吐量做出的路由选择算法,其性能更优。

现在正在研究的网状网络路由的思想起源于生态通信的方法,该方法使得蚂蚁能够集中通过最短路线到达食物源。同时在最短路径出现拥挤或故障时使用备用路线。

蚂蚁使用的通信方法叫"外激励",在这种方法中,每个蚂蚁在自己走过的路线中放置信息素来改变周围的环境,然后其他蚂蚁对根据改变了的环境来做出路线调整,正因为如此,整个群体的行为得到协调。信息素是可变的,它的浓度会随着时间衰减,因此,短的、高速的、经常使用的路线与长的、缓慢的、阻塞或被放弃的路线相比有更高的信息素浓度,所以更可能被选择。改变现有的路线,同时又在不断地探索新的路线,使得在整个过程中产生了一定程度的随机性。

由上述生态系统的启发，MANET 路由算法的关键特征列在表 14.1 中。

表 14.1 蚂蚁群体启发式 MANET 路由算法的特征

路由选择特征	说明
信息素表格	在每个网状节点保存了一个记录路由信息的表格，根据数据包的传输时间和到达目的端的跳数，它记录了到达相邻节点的最优链接
信息搜集的反应式路由	当有新站点加入网状或者以前的路径出现错误时，相应的节点就会产生网络蚂蚁来更新信息素表格。通常会产生两个网络蚂蚁，一个"前向蚂蚁"用来寻找到达目的节点的路径；一个"后向蚂蚁"沿原路径返回，同时更新中间节点的表格
信息搜集的主动式路由	周期地产生网络蚂蚁去采样并最优化现有路径，同时探索其他可用的路径。信息素表格不断更新最优化路由选择，同时也更新毁坏路径
随机路由选择	在数据包传送过程中，在某个节点出现多条可选路径时，就会随机选择一条路径，原则上是使得信息素表格中值最高的可选路径被选的可能性最大。因为数据包被分配到所有可用路径，从而可以自动实现负载平衡，并且，如果任何一个节点超载，那么在拥塞缓解之前，该节点将不会再被分配数据包

一般来说，由此产生的路由算法或者使用反应式策略，或者使用主动式策略来收集信息，如果结合使用这两种方法，并且增加随机路由，那么就能产生更接近蚂蚁生态行为的系统。

如何最小化使用路由感知蚂蚁带来的带宽开销，这仍将是我们所面临的挑战，但是，该路由算法可能就是大规模网状网络的关键技术。

14.2 网络独立漫游

14.2.1 媒介独立切换

在 6.4.3 节中，描述了三种情况下，客户端需要在 WLAN 接入点之间进行切换，即移动客户端移出了当前接入点的范围，在环境变化时为保证服务的有效性，或者在 WLAN 中保持负载平衡。在单一网络，例如 802.11 MAN 接入点之间的切换被称为同类切换，在 802.11 网络中，TGk 和 TGr 工作组研究和发展了 WLAN 的无缝切换技术。

给移动用户提供稳定连接的下一步，是使得在不同类型的无线网络之间实现类似的无缝切换。所谓的异类切换包括单一用户在链接中发生的一系列切换，具体地说是从 802.11 WLAN 到手机服务器，接着到 WiMAX MAN，最后通过新的接入点返回到 WLAN。对于异类切换，我们有很多理由来说明为什么要用它，参见表 14.2。

表 14.2 漫游需要异类切换

漫游需求	说明
移动用户；覆盖	客户端可能移出当前接入点，这意味着当前网络对他不在有效，他需要切换到另一个网络。例如，当客户端移出 802.11 的覆盖范围，为了保持语音连接，它需要切换到蜂窝网手机服务器
移动用户；成本优势	移动客户端可能会同时进入另一个可用网络的范围内，新的网络能够提供比当前接入点更好的 QoS，而且需要更低的花费。例如，当客户端进入一个 802.11 覆盖的范围时，网络将发生从蜂窝网手机服务器到 VoIP 服务器的切换
新的服务需求	对服务器更高要求的新的客户需求开始产生，这对于当前网络接点是远远不能支持的。例如，利用网络提供高的数据速率来下载大的文件

关于抗干扰QoS保证和异类切换方面的内容主要由IEEE 802.21工作组正在研究，该工作组成立于2004年3月。802.21定义了媒体独立切换(MIH)技术，该技术使得在OSI协议（参见图14.1）下，Wi-Fi、WiMAX和蜂窝手机网络能够在网络层和数据链路层协调工作。

MIH的功能在于能够统一接口，从而为上层提供输入数据以协助做出切换决策，反过来，MIH收集关于链路参数的关键信息，如上行/下行速率、信号强度和幅度、链路性能，如QoS和安全性。这些信息是通过各自的使能技术的第2层服务接入点来收集，上述的技术有IEEE 802.11、IEEE 802.16和蜂窝手机网络的3GPP/3GPP2。

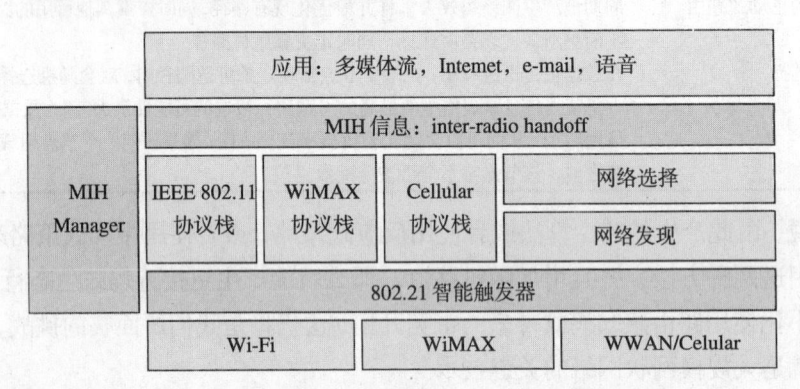

图14.1　MIH在多无线电移动设备协议栈中的功能

14.2.2　MIH的实现

第一次将MIH应用于终端和服务器是致力于个人电话部分，通过一个简单的终端，它能够使得用户在移动时接入手机服务器，在家时接入VoIP服务器。

英国电信的Fusion服务器于2005年在伦敦投入使用，该服务器使用蓝牙支持摩托罗拉手机，同时通过英国电信的非对称数字用户线路(Asymmetric Digital Subscriber Line, ADSL)宽带连接，还能够用它的蓝牙集线器来实现VoIP电话连接。通过与Vodaphone的合作，当手机进入蓝牙集线器的覆盖范围时，该服务器能够实现从手机网络到VoIP的切换。

2006年初，摩托罗拉推出了一款能够在手机网络和基于IEEE 802.11的VoIP服务器之间切换的家用产品。家用无缝移动网关包括一个IEEE 802.11b/g接入点，一个四端口路由器，一个VoIP适配器，在使用双模手机时，该网关能够在家用WLAN和手机网络之间实现无缝切换（参见图14.2）。

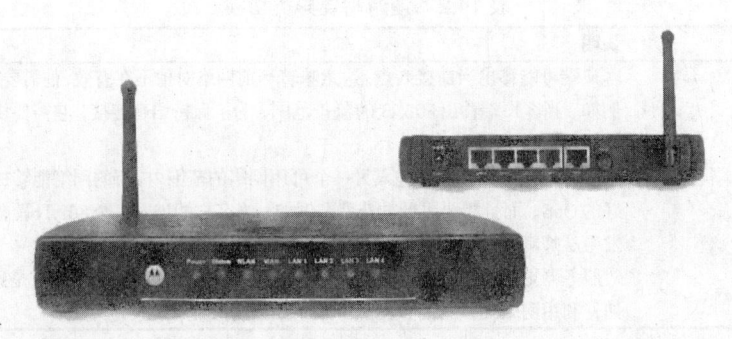

图14.2　摩托罗拉家用无缝移动网关（感谢Motorola公司提供）

上述的设备能够提供各种VoIP的特性服务,如IEEE 802.11i安全认证,在WLAN中采用语音优先传输以保证QoS,同时又提供了许多数字电话的特性服务,如支持多重线、呼叫标志、呼叫等待和呼叫转移服务。

在IEEE 802.21标准完全发展并得到批准之前,这些设备通过各自的软件和协议达到了一定程度的媒介独立切换,就如英国电信的Fusion服务器,切换仅发生在指定的服务器上。然而,正是这些实践对MIH所能提供的适应性进行了早期的尝试。

14.3 吉比特无线局域网

在6.4.4节中,描述了对IEEE 802.11 PHY和MAC层的修改以及MIMO天线的应用,IEEE 802.11工作组TGn的目标是500~600 Mbps的PHY层数据速率和100 Mbps的有效的MAC SAP速率。许多基于标准的私人设备发展计划也将目标指向了1 Gbps的PHY层数据速率,Gi-Fi技术能够在一定范围内,如家庭、办公室和某些公共场合(参见表14.3)实现上述速率。

表14.3 吉比特无线使用场合

使用场合	说明
家庭使用	多并行高带宽媒体流的应用[如Video和高清晰度电视(High-Definition TV, HDTV)],要求每个用户的数据传输速率达到数百Mbps。个人存储设备的快速同步达到100 GB的容量
办公室使用	取代有线以太网支持高带宽的办公室应用,例如高质量的视频会议系统、流媒体以及网络文件共享,这些都要求有安全和QoS
公共接入使用	短距离数据传输保障技术是对现有公共接入网,如GSM、GPRS(General Packet Radio Service,通用分组无线业务)、Wi-Fi、WiMAX的补充,并且有无缝媒介独立切换的功能
高速移动使用	在汽车和火车上使用多用户宽带Internet与媒体流技术,具有变化的多普勒频移的技术挑战性

WIGWAM计划代表着在先进的多媒体之间实现无线吉比特传输,2003年由一些欧洲公司和研究机构首创,致力于研究吉比特WLAN的使用技术。WIGWAM计划的目的在于商业利益而并非为了提出新的标准,虽然该协会打算把自己的研究结果提供给相关的标准组织。

这项技术在无线网络领域获得更进一步的发展需要面对的挑战,类似于本书早些部分介绍的。

- 最大频谱利用率,从而获得更多比特数据
- 最大MAC利用率,使得传输的大多数比特流是高层的数据,而不是链路控制层和MAC开销
- 通过加密机制,保证安全性,在低成本硬件上进行快速计算

针对上述挑战,WIGWAM协会正考虑采用类似802.11 TGn讨论的方法,例如,考虑使用MIMO和具有更高编码效率(LDPC和Turbo码)的OFDM技术以获得更高的频谱效率。WIGWAM考虑的另一种技术是多载波码分多址接入的OFDMA(即OFDMA/MC-CDMA),具体参见14.3.2节。

WIGWAM初始目标是工作在5 GHz,但是由于扩展,也可以允许工作在17 GHz、24 GHz、38 GHz以及60 GHz的射频波段。这样会将无线网络引入毫米波段领域,波长从基于38 GHz的8 mm到60 GHz的5 mm。

14.3.1 LDPC 和 Turbo 码

低密度奇偶校验码(LDPC)是纠错码，它计算有效，在有噪信道中进行错误恢复可以逼近理论极限的性能。不同于一般的奇偶校验码只在传输中对错误进行简单标记，LDPC码可以对错误以概率而校正，即对接收的数据块和校验码，通过计算而得出与发端可能发出的众多码字中与之最为接近的一个码。

校验码是通过稀疏校验矩阵对数据块进行稀疏采样计算得到的。图 14.3 列举了一个采样矩阵和以8位输入码字为例得到的4位校验码。在LDPC中低密度指的是在真值表中含有较少的1。

在此例中，若输入数据被错误的接收为00100101，则校验码可以用来证实最重要的位应为1。

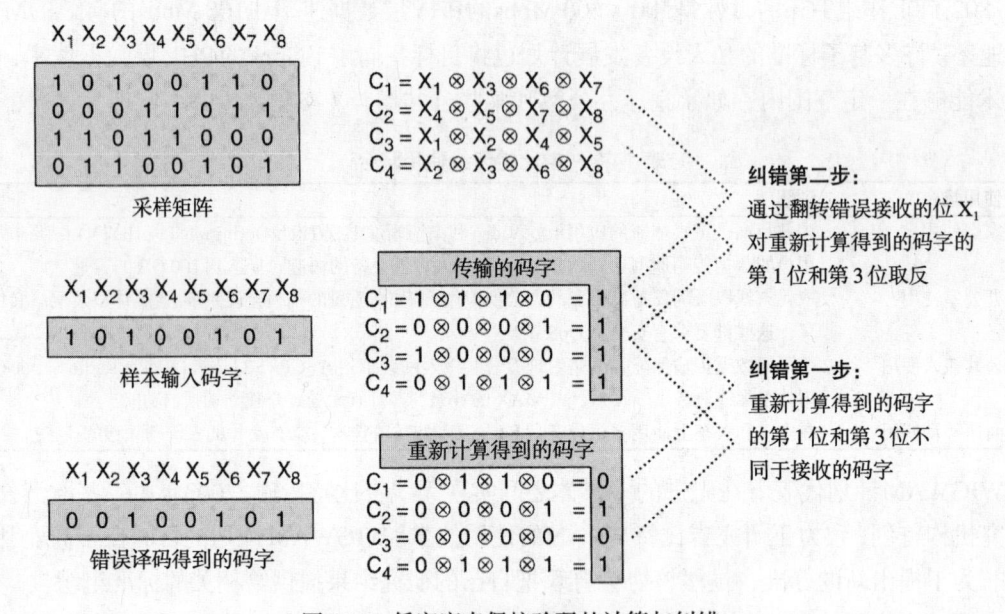

图 14.3 低密度奇偶校验码的计算与纠错

Turbo 码是另外一种形式的纠错码，对数据块进行两次奇偶校验，一次是直接对数据进行校验，另一次是对已知变换的数据进行校验。在接收端两个解码器分别利用两个奇偶校验块并行计算出最有可能的传输序列。若两者结果不一致，彼此交换信息并重新计算，递归计算直到两者结果一致。

Turbo 码的优点是可以实现非常有效的错误恢复，并且编码速率接近1。其缺点是计算复杂并有延时（从递归译码的过程来看）。

14.3.2 多信道码分多址接入(MC-CDMA)

正如在4.3.6节中描述的，CDMA给每个接收机分配一个正交的沃尔什－阿达马码，并且作为码片来传输输入数据流。码片的正交性使得每个接收机只能给属于自己的符号解码。

在MC-CDMA（参见图14.4）中，每个码片使用相同数量的子载波并行传输。在这种情况下，编码的正交性使得数个用户可以复用 OFDM 中的子载波集。

第 14 章 主导边缘无线网络技术

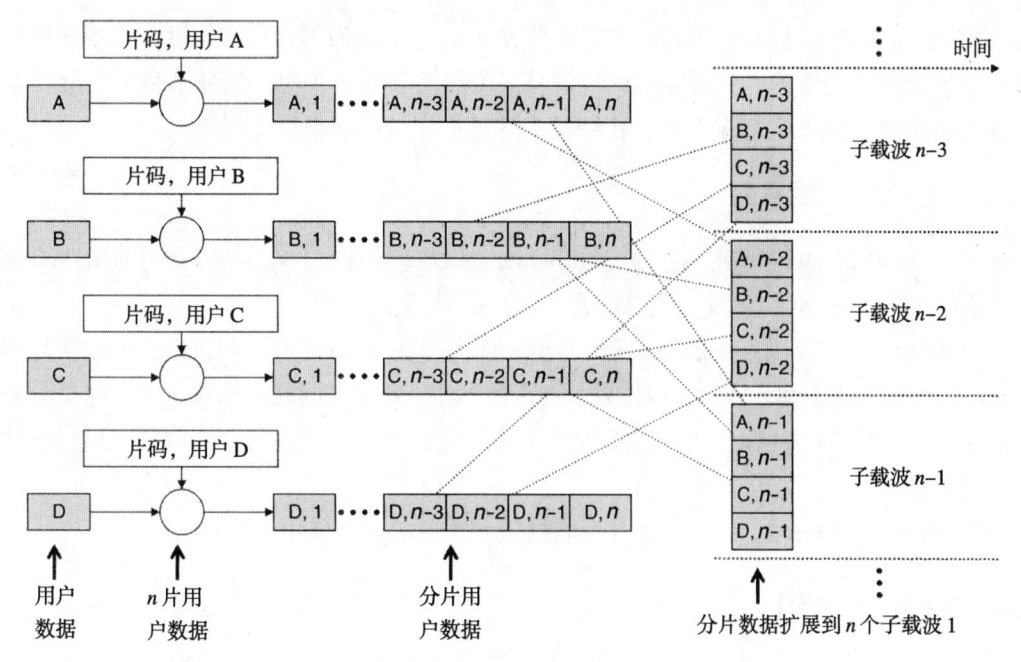

图 14.4 OFDMA/MC-CDMA 中的数据传播

MC-CDMA 发射机和接收机的原理如图 14.5 所示。从左边开始，输入比特流被并行转换器分成 N 个并行的数据流，然后通过 M 个码字处理芯片（C_1 到 C_M）做异或操作，每个数据流再进一步被分割成 M 个并行的码片流。结果输入数据流就被扩展为在 $N \times M$ 个子载波上传输。

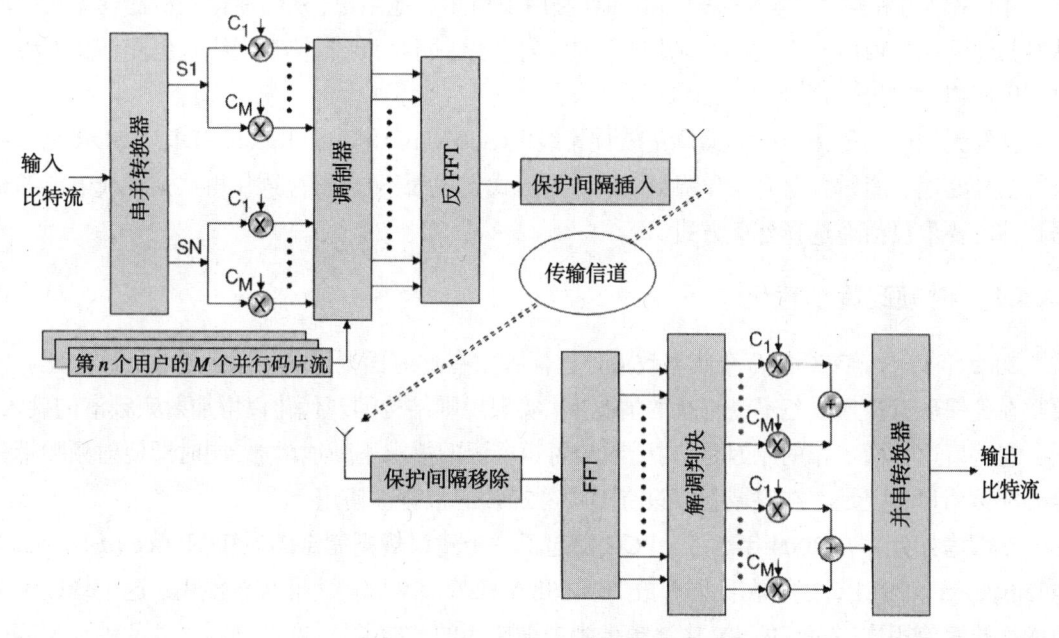

图 14.5 MC-CDMA 发射机与接收机原理图

多个用户的并行码片流被异或在一起，并且通过 BPSK 或 64-QAM 方式映射到幅度/相位星座图上。调制后的 $N \times M$ 个相位幅度点作为 IFFT 的输入，输出信号在插入导频后被发送。

在接收端,在移去导频序列后,FFT 计算 $N \times M$ 个子载波的相位和幅度,接着解调器把星座点转换成等同的输入码片或者多码片符号。接收码字的 M 个码片流分别和每个 M 位解调码片流进行异或操作来恢复 N 个并行比特流,并且最终转换回串行比特流。

14.3.3 吉比特无线应用

2004 年 12 月,WIGWAM 协会的成员 Siemens AG 宣布通过 $4 \times 3 (Tx \times Rx)$ 的 MIMO 天线和 OFDM 方法,1 Gbps 的无线链路首次在 5 GHz 的带宽上建立。

2005 年 6 月,在英国 Essex 的一所大学里,证实了在 60 m 的可视距链路上可以实现超过 10 Gbps 的数据传输速率。在 2~7 GHz 之间的 3 个射频频带可同时用来形成 3 个速率分别为 1.2 Gbps、1.6 Gbps 和 2.4 Gbps 的数据信道,同时,通过频偏复用,每个射频频带可以支持一个并行的子信道。

到 2010 年,1 Gbps 的 WLAN 才有可能投入大规模的商业应用。

14.4 认知无线电

认知无线电的概念首先是由 Joseph Miltola 和 Gerald Maguire 在 2000 年提出的,基本思想是该技术下的无线设备能够对射频环境产生反映,并且具有学习和推理能力,这些特点能够修改无线 PHY 的参数,从而能在射频环境的限制内满足用户需求。

频谱捷变无线电也具有相似的性质,但是与认知无线电相比,更强调频谱的感知和自适应,而不是学习和推理。频谱感知设备和算法用来侦测其他用户,从而使得频谱捷变无线电能够对其他无线电做出反应,并且调整自己的发射参数。同时,频谱捷变无线电也能够交换感知数据以使用发射机会。

认知无线电的另一个核心概念是软件无线电(Software Defined Radio, SDR),SDR 能够使数字信号处理功能如数据编码和调制以软件的形式实现而不是硬件。这使得认知无线电能够根据具体的要求灵活地选择处理方式。

14.4.1 射频政策现代化

2002 年 12 月,FCC 的一个频率政策评论任务组在这方面提出了一系列建议,这些建议主要是在确保现有接入设备不受干扰的情况下,实现规则结构的现代化以增加射频频谱的接入。任务组从事这方面工作的原因是,对受限的射频资源的需求不断地增加,同时即使射频频带完全分配给用户,但是,在时域上,只有 10%~20% 的带宽被使用。

正因为如此,在 2004 年 5 月,FCC 发起了一个建议规则制定的通知(Notice of Proposed Rulemaking, NPRM),建议在美国开放 76~698 MHz 的 TV 频谱为非授权使用。这个规则使无线网络能够使用这些授权的 TV 广播频带中未被使用的"空洞"。在此规则下,两种类型的设备可以对这些频带进行非授权使用,如表 14.4 所示。

2004年10月，IEEE 802.22工作组创建，该工作组的目标是为无线区域网(Wireless Regional Area Network, WRAN)建立MAC和PHY层规范，使其工作在54~862 MHz之间的未使用的VHF/UHF TV频带。频谱捷变无线电是802.22的主要技术。

表14.4 FCC允许的在TV频带上进行非授权使用的设备

设备类型	特点
固定设备	最大发射功率为1 W或者在局部未使用的信道上进行专业安装的操作，或者安装GPS并利用某种方法找到当前空闲的信道。可通过Internet连接到频谱政策服务器来获得频谱协调信息
移动设备	最大发射功率为100 mW，必须从某个设备接收一个控制信号来决定哪些信道是空闲的

14.4.2 频谱分配方式和挑战

频谱分配方式可以分为垂直的和水平的。当信道暂时未被使用时，即所谓的"空洞"，发生垂直的，或者说主要的分配。当两个或更多的网络工作在同一个频段时，发生水平的，或者说是次要的分配。

水平分配或者基于单一设备的多无线电之间的协调准则，如在9.3节提及的Wi-Fi加蓝牙技术，或者基于设备之间的协调，也就是通过独立的通用频谱协调信道(Common Spectrum Coordination Channel, CSCC)利用在信道边带的信令广播来连接设备，或者通过其他方法，如通过因特网。

802.22方式是基于垂直分配的，该方式所面临的主要挑战是频谱感知——可靠动态地检测主（授权）用户工作在或返回到某信道上。三种可能的频谱感知方法如表14.5所示。

表14.5 频谱垂直分配的感知方法

频谱感知方法	特点
匹配接收机	接收机与主用户的信号特征(编码，调制和同步)相匹配，并且知道其他的信号和信道特征(扩展码，导频信号和训练序列等)。这种方式能提供可靠检测，但是相对不灵活，即使使用了软件无线电，这种不灵活也不能完全克服
能量检测	与频谱分析仪类似，接收机通过检测目标信道的能量来判断主用户是否存在。这种方式对于窄带信号十分有效，但是DSSS、FHSS和其他宽带信号可能无法被检测
特征检测	通过计算频谱的相关性，可以检测脉冲串、跳频周期和循环前缀的周期等，从而可检测出调制信号的周期特性

利用这些感知方法，频谱捷变无线电可以建立一个局部的频谱图，用来识别每个信道上被检测的发射功率等级、信号类型（例如FM、FHSS、FDM）和所用信道的带宽，还可以根据SNR来估计空闲信道的质量。

每个捷变无线电可以基于自身的频谱图做出选择，在垂直共享模式下也可以相互协作，通过CSCC集合信道特征，目的是为了识别和发掘空洞。多个无线电都在竞争传输机会，则CSCC信道将使竞争通过优先权系统来解决，或者采用动态拍卖方式，允许设备投标媒介接入。

在频谱共享中，更进一步的问题就是识别和维护多余的备用信道，以防主用户重新使用信道时，频谱捷变无线电必须改变信道以避免干扰。

解决了MAC和PHY层的挑战之后，IEEE 802.22工作组开始致力于定义无线区域网络的规范，将使得感知或者频谱捷变无线电在每赫兹的RF频谱上实现100%的利用潜力，打破可用频谱的限制将需要很长的一段时间。

14.5 第六部分总结

在本章中谈到的4种发展中的技术,在不久的将来就会运用于无线网络中,适用于多种网络类型与范围,不再受带宽的限制,在任何服务级别都可以实现移动连接。

带宽、媒介接入、QoS和可移动性,这些技术在早些章节中已有介绍。新技术在发展过程中遇到的挑战可以借鉴已经成熟的技术,但是毫无疑问,新的使用模型与服务的出现会对无线网络产生更大的需求,也会对现有标准、软件和硬件开发者提出新的挑战。

完成无线网络技术的最后篇章似乎还需要一些时间。

第七部分 无线网络信息资源

这部分将介绍有关无线网络的基础知识：
- 由无线网络标准维护的在线信息站点和资源的快速参考
- 有线和无线网络中缩写词的综合列表
- 本书介绍的关键技术的术语表

第 15 章　更多信息资源

下面内容是提供无线资源站点的快速参考。最新的信息和各种标准的未来发展都会出现在这些站点上。

以打印的形式提供有关无线网络信息的综合列表在 Google 的力量下都很快变得陈旧，因此，选出下面列出的资源是基于寿命长和能够连续更新的考虑。

15.1　一般信息资源

Standards organisations	
Institute of Electrical and Electronic Engineers	www.ieee.org/portal/site
IEEE Wireless Standards Zone	standards.ieee.org/wireless
Technology fora	
Ultra Wideband Forum	www.uwbforum.org
The Wireless Association	www.ctia.org
Ultra Wideband Planet	www.ultrawidebandplanet.org
Wireless Communications Association	www.wcai.com
Resources	
RFC archive	www.faqs.org/rfcs
NIST WLAN Security Framework	www.src.nist.gov/pcig/checklists
Wireless Net Design Line	www.wirelessnetdesignline.com
Wireless Design Online	www.wirelessdesignonline.com
Wireless Networking Tutorials	www.wirelessnetworkstutorial.info
Wireless Technology Information	www.radio-electronics.co.uk/info/wireless
Trade publications	
Wireless Week	www.wirelessweek.com
Wi-Fi Net News	www.wifinetnews.com
Wireless News Factor	www.wirelessnewsfactor.com
Mobile Enterprise	www.mobilenterprisemag.com

15.2 无线 PAN 标准资源

Bluetooth (IEEE 802.15.1)

Standards group	
802.15 WPAN Working Group	grouper.ieee.org/groups/802/15
802.15 WPAN Task Group TG1	www.ieee802.org/15/pub/TG1.html
802.15 Task Group TG2 (Coexistence)	grouper.ieee.org/groups/802/15/pub
Trade organisations	
Bluetooth Special Interest Group	www.bluetooth.org and www.bluetooth.com
Resources	
Palowireless Bluetooth Resource Centre	www.palowireless.com/bluetooth
The Unofficial Bluetooth Weblog	bluetooth.weblogsinc.com
Blueserker — Berserk About Bluetooth	www.blueserker.com
Bluetooth Shareware	www.bluetoothshareware.com
News Tooth	www.newstooth.com/newstooth
Bluetooth tutorial	www.tutorial-reports.com/wireless/bluetooth
Suppliers	
Directory of Bluetooth products and services	www.thewirelessdirectory.com/Bluetooth.htm
Blueunplugged	www.blueunplugged.com
Ericsson	www.ericsson.com/bluetooth
Nokia	www.nokia.com/bluetooth
Motorola	www.motorola.com/bluetooth

Wireless USB

Standards group	
WiMedia Alliance	www.wimedia.org
UWB Forum	www.uwbforum.org
Trade organisations	
USB Implementers' Forum	www.usb.org
Resources	
Palowireless UWB/Ultra Wideband Resource Centre	www.palowireless.com/uwb

USB-IF WUSB resources	www.usb.org/developers/wusb
Suppliers	
Staccato Communications	www.staccatocommunications.com/products
Belkin	www.belkin.com
Freescale	www.freescale.com
Wisair	www.wisair.com

ZigBee (IEEE 802.15.4)

Standards group	
IEEE 802.15 Working Group	www.ieee802.org/15
Trade organisations	
ZigBee Alliance	www.zigbee.org
Resources	
Palowireless ZigBee Resource Centre	www.palowireless.com/zigbee
Ultrawideband Insider	www.uwbinsider.com
ZigBee tutorial info	www.tutorial-reports.com/wireless/zigbee
Suppliers	
Telegesis	www.telegesis.com
Crossbow Technology	www.xbow.com
Freescale	www.freescale.com
Cirronet	www.cirronet.com

IrDA

Standards group	
Infrared Data Association	www.irda.org
Trade organisations	
IrDA	www.irda.org
Resources	
Palowireless IrDA/Infrared Resource Centre	www.palowireless.com/irda
eg3	www.eg3.org/irda.htm

Suppliers	
ACTiSYS	www.actisys.com
Clarinet Systems	www.clarinetsys.com

FireWire (IEEE 1394)

Standards group	
IEEE 1394 Working Group	grouper.ieee.org/groups/1394/c
IEEE 802.15.3 WPAN Working Group	www.ieee802.org/15/pub/TG3.html
Trade organisations	
IEEE 1394 Trade Association	www.1394ta.org
Resources	
Palowireless 802.15 WPAN Resource Centre	www.palowireless.com/i802_15
Apple Computer Inc.	developer.apple.com/devicedrivers/firewire
Suppliers	
FireWire Depot	www.fwdepot.com/thestore
Global Sources	www.globalsources.com/manufacturers/IEEE-1394-Firewire.html

Near Field Communications (NFC)

Standards group	
ECMA	www.ecma-international.org
Trade organisations	
NFC Forum	www.nfc-forum.org
Resources	
Radio Electronics NFC overview	www.radio-electronics.com/info/wireless/nfc/nfc_overview.php
UNIK RFID tutorial	wiki.unik.no/index.php/Rfidtutorial
Suppliers	
Philips	www.semiconductors.philips.com/products/identification/nfc

| Nokia | www.nokia.com/nfc |
| Sony | www.sony.net/Products/felica |

15.3 无线 LAN 标准资源

Wi-Fi (IEEE 802.11)

Standards group	
IEEE 802.11 Working Group	www.ieee802.org/11
Trade organisations	
Wi-Fi Alliance	www.wi-fi.org
Wireless LAN Association	www.wlana.org
Enhanced Wireless Consortium	www.enhancedwirelessconsortium.org
Resources	
Palowireless 802.11 WLAN Resource Center	www.palowireless.com/i802_11
Wi-Fi Planet	www.wi-fiplanet.com
802.11 News	www.80211anews.com
Wireless Gumph	www.wireless.gumph.org
Wi-Fi tutorial info	www.tutorial-reports.com/wireless/wlanwifi
Homemade LAN antennas	www.wlan.org.uk/antenna-page.html
Suppliers	
Proxim	www.proxim.com
Linksys	www.linksys.com
D-Link	www.dlink.com
Belkin	www.belkin.com
Netgear	www.netgear.com
PC based spectrum analyser	www.cognio.com
WLAN analyser	www.netstumbler.com
Bluetooth interference analyser	www.airmagnet.com/products/bluesweep.htm
Site survey and WLAN planning tools	www.wirelessvalley.com

Wireless Mesh (IEEE 802.11s)

Standards group	
IEEE 802.11 Working Group	www.ieee802.org/11
Trade organisations	
Wi-Mesh	www.wi-mesh.org
Resources	
Mobile Pipeline tutorial	www.mobilepipeline.com/howto/21600011
BelAir Networks resources	www.belairnetworks.com/resources
Suppliers (proprietary, pre- 802.11s)	
BelAir Networks	www.belairnetworks.com
Nortel Networks	www.nortelnetworks.com
Tropos Networks	www.tropos.com

HiperLAN/2 (ETSI)

Standards group	
European Telecommunications Standards Institute	www.etsi.org
Trade organisations	
HiperLAN2 Global Forum	www.hiperlan2.com
Resources	
Palowireless HiperLAN and HiperLAN/2 Resource Center	www.palowireless.com/hiperlan2

15.4 无线 MAN 标准资源

WiMAX (IEEE 802.16)

Standards group	
IEEE 802.16 Wireless MAN Working Group	www.wirelessman.org
Trade organisations	
WiMAX Forum	www.wimaxforum.org
WiMAX Industry	www.wimax-industry.com

Resources

WiMax.com	www.wimax.com
802.16 News	www.80216news.com
WiMaxxed	www.wimaxxed.com
Palowireless IEEE 802.16 WMAN Resource Center	www.palowireless.com/i802_16
WiMAX tutorial info	www.tutorial-reports.com/wireless/wimax
Starting, operating and maintaining WISPs.	www.startawisp.com
WISP Centric	www.wispcentric.com
Link budget tools	www.wirelessconnections.net

Suppliers

Proxim	www.proxim.com
ACTiSYS	www.actisys.com
Solecktek Corporation	www.solectek.com
Antenna suppliers	www.andrew.com

Cognitive Radio

Standards group

FCC cognitive radio technologies	www.fcc.gov/oet/cognitiveradio

Trade organisations

Software Defined Radio Forum	www.sdrforum.org

Resources

Rutgers cognitive radio resources	www.winlab.rutgers.edu/~xjing/prj/CognitiveRadio.htm
Programmable Wireless	www.programmablewireless.org

Suppliers

Adapt4	www.adapt4.com
GNU software radio	www.gnu.org/software/gnuradio
VANU software radio	www.vanu.com

第16章 术 语 表

本章给出了一个比较详细的用在网络和无线网络方面的缩写词列表和其他常用短语

16.1 网络和无线网络缩写词

A

AAS	自适应（或者高级）天线系统
AC	接入类别
ACK	应答（流控制帧）
ACL	异步无连接
AES	高级加密标准
AFH	自适应跳频
AIFS	任意帧间距
AP	接入点
APC	自适应功率控制
ARIB	无线电工业及产业联盟
ARS	自适应/自动速率选择
ASAP	聚合服务器接入协议
ASK	幅度键控
AWMA	可选择的无线媒介接入

B

BER	误比特率
BPSK	二进制相移键控
BRAN	宽带无线接入网络
BRI	基本速率接口
BS	基站
BSS	基本服务集
BSSID	基本服务集标识符

C

CBC-MAC	循环块状链－消息认证码

CCK	补码键控
CCMP	计数器模式 CBC-MAC 协议
CHAP	挑战－握手认证协议
CID	连接或信道标志
CINR	载波与干扰噪声之比
CRC	循环冗余校验
CSCC	公共谱协调信道
CSI	信道状态消息
CSMA/CA	载波检测媒介接入/冲突避免
CSMA/CD	载波检测媒介接入/冲突检测
CTS	清空发送

D

dBi	与全方向天线相关的分贝
dBm	与 1 mW 功率级相关的分贝
DBPSK	差分二进制相移键控
DCF	分布式协调功能
DCM	双载波调制
DES	数据加密标准
DFS	动态频率选择
DHCP	动态主机配置协议
DIFS	DCF 帧间距
DLC	数据链路控制
DPSK	差分相移键控
DQPSK	差分四相移键控
DRCA	分布式预留信道接入
DRP	分布式预留协议
DRS	动态速率切换
DS	分布式系统
DSL	数字用户线
DSR	数据装置准备好
DSSS	直接序列扩频

E

EAP	扩展认证协议
EAPoL	LAN 上的扩展认证协议

ECB	电码本
ECMA	欧洲计算机制造者联盟
EDCA	增强的分布式信道接入
EDCF	增强的分布式协调功能
EDR	增强型数据速率（蓝牙无线电）
EIRP	等效各向辐射功率
ESS	扩展服务集
ETSI	欧洲通信标准研究院
EUI	扩展的唯一识别码
EWC	增强的无线联盟

F

FCS	帧校验序列
FDD	频分双工
FEC	前向纠错
FFI	固定频率交织
FFT	快速傅里叶变换
FHSS	跳频扩谱
FIR	快速红外线(IrDA)
FSK	频移键控
FWA	固定无线接入

G

GFSK	高斯频移键控
GPC	每连接授予
GPSS	每用户站授予

H

HCCA	HCF控制信道接入
HCF	混合协调功能
HCI	主机控制接口
H-FDD	半双工频分复用
HIPERLAN	高性能无线局域网
HIPERMAN	高性能无线城域网
HL/2	HIPERLAN 2

I

I2C	内部集成的电路总线
ICMP	Internet 控制消息协议
ICV	完整性检验值
IE	信元
IEEE	电气与电子工程师协会
IETF	互联网工程任务组
IFS	帧间距
IP	Internet 协议
IPSec	Internet 协议安全
IR	脉冲无线电
Ir	红外线
IRAP	国际漫游接入协议
IrCOMM	COM 端口红外线仿真
IrDA	红外数据协会
IrDA Lite	红外数据协会简化版
IrLAN	红外局域网协议
IrLAP	红外链路接入协议
IrLMP	红外链路管理协议
IrOBEX	红外目标交换协议
IrTran-P	红外图像交换协议
IrXfer	红外文件传输协议
ISDN	综合业务数字网
ISI	符号间干扰
IS-IS	中间系统到中间系统
ISO	国际标准化组织
ITU	国际电信联盟
IV	初始化矢量

L

L2CAP	逻辑链路控制与自适应协议
L2TP	第二层隧道协议
LAN	局域网
LDPC	低密度奇偶校验
LLC	逻辑链路控制
LMDS	本地多点分配业务

LMP	链路管理协议
LOS	视距
LQI	链路质量指示
LSB	最低有效位
LWAPP	轻量接入点协议

M

MAC	媒介接入控制
MAC SAP	MAC 服务访问点
MAN	城域网
MANET	移动 ad-hoc 网络
MAS	媒介接入时隙
MB-OFDM	多频带 OFDM
MBOA	多频带 OFDM 联盟
MCF	网状协调功能
MIC	消息完整性检查
MIH	媒介独立切换
MIMO	多输入–多输出
MMC	微调度管理指令
MPDU	MAC 协议数据单元
MSB	最高有效位
MS-CTA	微调度信道时间分配
MSDU	MAC 服务数据单元
MTU	最大传输单元

N

NAT	网络地址转换
NFC	近场通信
NLOS	非视距
NOS	网络操作系统
NRZI	非回零逆转

O

OCB	分支编码本
OFDM	正交频分复用
OFDMA	正交频分多址接入

OSI		开放式系统互联
OSPF		开放最短路径优先
P		
PAN		个域网
PAM		脉冲幅度调制
PAP		口令验证协议
PAT		端口地址转换
PBCC		分组卷积码编码
PCA		优先竞争接入
PCF		点协调功能
PCMCIA		PC 内存卡国际联盟
PDU		协议数据单元
PER		错包率
PHY		物理层
PIFS		PCF 帧间隔
PKI		公钥基础设施
PMP		点到多点
POA		接入点
POS		个人操作空间
PPP		点对点协议
PRI		主速率接口
PRN		伪随机噪声
PSM		脉形调制
PTK		成对临时密钥
Q		
QAM		正交幅度调制
QoS		服务质量
QPSK		正交相移键控
R		
RADIUS		远程用户拨号认证系统
RC4		Riverst 4 编码
RF		射频
RFC		请求注解

RFID		射频识别
RIP		路由信息协议
PLC		射频链路控制
RSA		Rivest Shamir Adleman
RSN		鲁棒性安全网络
RSSI		接收信号强度指示
RTS		请求发送
RZI		归零翻转

S

SCO		同步面向连接
SDM		空分复用
SDMA		空分多址
SDU		业务数据单元
SEEM		简单、有效和可扩展的网状
SIFS		短帧间隔
SIR		串行红外协议
SMB		服务器信息块
SNMP		简单网络管理协议
SNR		信噪比
SoHo		小型办公室、家庭办公室（自由职业或自由职业者）
SOP		同时操作的微微网
SPI		串行外围设备接口
SPIT		垃圾网络电话
SS		用户站
SSID		服务集合标识符
ST(B)C		空时（块）码

T

TC		流量类别
TCP/IP		传输控制协议/Internet 协议
TDD		时分双工
TDM		时分复用
TDMA		时分多址接入
TFC		时频码
TFI		时频交错

TG	任务组
Tiny-P	IrLMP 连接的流控制协议
TKIP	暂时密钥集成协议
TLS	传输层安全
TTLS	隧道传输层安全
TPC	发射功率控制
TSN	转换安全网络
TXOP	发送机会

U

UART	通用异步收发器
UDP	用户数据报协议
U-NII	非授权国家信息基础设施
USB	通用串行总线
UTP	非屏蔽双绞线
UWB	超宽带

V

VFIR	超高速红外线
VLAN	虚拟局域网
VoIP	网络电话
VoWLAN	基于 WLAN 的语音技术
VPN	虚拟专用网

W

WAE	无线应用环境
WAP	无线应用协议
WDS	无线分布式系统
WEP	有线对等保密
WIGWAM	先进多媒体支持的无线吉比特
WiMAX	微波存取全球互通
WISP	无线网络服务提供商
WLAN	无线局域网
WMAN	无线城域网
WMM	Wi-Fi 多媒体
WPA	Wi-Fi 保护访问

WPAN	无线个域网
WRAN	无线区域网
WRAP	无线健壮安全认证协议
WUSB	无线 USB

X

xDSL	通用数字用户线（如 ADSL 等）

16.2 网络及无线网络术语表

A

Access Point：接入点。接入点是一种作为无线集线器的无线网络设备，接入点最常见的用法是将无线 LAN 接入有线 LAN 或者 Internet。

ad-hoc Mode：ad-Hoc 模式。一种无线网络模式，也称 P2P 模式或者 P2P 网络。在 ad-hoc 模式下，无线使能的设备之间直接通信，不通过接入点作为通信的集线器。参见 Infrastructure Mode。

Adaptive Burst Profiling：自适应突发配置。在自适应突发配置下，为了满足单个客户的要求，传输参数例如调制和编码方案可以一帧帧地进行调节。这是 IEEE 802.16 MAC 为城域网中许多业务和设备提供灵活性的关键。

Adaptive Frequency Hopping(AFH)：自适应跳频。自适应跳频通过限制跳频扩频（FHSS）设备所用的信道来避免被其他位于同一地区的设备正在使用的信道。AFH 应用于 2.4 GHz ISM 频段中使得 Bluetooth 和 Wi-Fi 设备无干扰地共同工作在这一频段。

Asymmetric Digital Subscriber Line(ADSL)：非对称数字用户线。ADSL 是通过标准的铜心电话线使用更高带宽的技术之一。在与电话交换局相距 6 km 的范围内，在上行时 ADSL 可以达到 640 kbps 的数据速率，而在下行方向可以达到 9 Mbps 的数据速率。

Asynchronous：异步。在异步业务中，例如一般文件传输，一个数据流的包传输之间可以有随机的间隔。这与同步业务对时间的严格要求不同。

B

Backhaul：回程。回程指的是网络业务从诸如无线 MAN 基站等远程点送回到 ISP 或者其他存在 Internet 的地方。在市区一个 DSL 链路可以为 Wi-Fi 热点提供回程，然而在郊区需要长距离的无线链路或者卫星链路来提供回程。

Bandwidth：带宽。带宽指一个信号的频率宽度（以 Hz 为单位）或者指通过一种特定的媒介或者使用特定的设备在单位时间内所能传输的数据总量（以 bps 为单位）。传输信号的带宽指的是信号的功率降到峰值一半即 3 dB 点时的频率范围。

Barker Code：巴克码。巴克码是一种二进制序列，这种序列与它自身通过时移得到的序列的相关性很小。其中 802.11DSSS 中所用的扩频码为 11 位巴克码 10110111000。

Baseband：基带（信号）。基带信号指的是通信系统中调制和复用到载波之前的信号。基带这一术语既可以指基带信号也可以指处理基带信号的软件或者硬件。

Beamwidth：波瓣宽度。指射频天线的覆盖角度，其范围从全向天线的360°到高增益方向天线的窄带笔形波束，例如八木天线及抛物面碟形天线等。

Binary Phase Shift Keying(BPSK)：二进制相移键控。BPSK是一种调制技术，使用载波的两个相位来表示符号0和1。

Bluetooth：蓝牙。蓝牙是一种无线PAN技术，主要应用是在10 m范围内进行语音和数据连接。Bluetooth标准的数据传输速率为720 kbps，工作在2.4 GHz ISM，使用跳频扩谱技术。通过扩展数据速率技术(EDR)，可以达到2 Mbps及3 Mbps的速率。

Bonding：绑定。指蓝牙设备之间链路建立、配对以及认证的过程。

Bridge：桥。是指两个网络之间的连接，例如一个点到点的无线链路将两个有线网络连接起来。

Broadcast：广播。广播信息会传播给网络内部的所有接收者或者基站，这与多播及单播不同。在很多无线网络中，信标信息就是广播信息的一个例子。

C

Carrier Sensing Media Access/Collision Avoidance：CSMA/CA 载波监听/冲突避免。CSMA/CA是一种让许多用户共享接入无线媒介并且避免冲突的方法。一个发送者首先监听媒介来确定是否有其他基站在发送信息，如果有，则可以采用一些策略，例如随机退让或者使用RTS/CTS信息来避免在信道空闲时与其他发送者冲突。

Chipping Code：片码。一种用来将单个比特的数据扩展成为一个较长的碎片的码，使得在有噪声的通信信道中也可以进行检测，例如Barker码或者其他补码。

Coding Rate：编码速率。在纠错码中，通过向数据块增加开销使得在接收端能够恢复错误，编码速率是纠错码开销的一个指标。其值为 $m/(m+n)$，其中 m 是数据比特长度，n 是增加的纠错位的比特数目。高效的纠错码的码率接近于1。

Complementary Code Keying(CCK)：补码键控。补码键控是一种直接序列扩频方法，使用补码（通常是一组64位特定的比特模型）来对数据流进行编码，由补码键控提供的处理增益可以在噪声环境中检测微弱信号。

Connection Oriented/Connectionless Communication：面向连接/无连接的通信。面向连接的通信在收发设备的逻辑链路层(LLC)的连接建立后发生，可以使用链路流控制机制和差错控制机制来保证面向连接的通信的可靠无错的传输。而在面向无连接的通信中，没有LLC与LLC的连接，没有链路流控制机制和差错控制机制。

Cyclic Redundancy Check：循环冗余校验。循环冗余校验是一定长度的数据块的校验，常常称总和校验。总和校验归纳并代表了输入数据块的内容及组织。通过重新计算CRC，接收端可以检测到由随机错误或者恶意干扰导致的错误。在CRC中，把输入数据认为是一个多项式的系数，这个多项式被一个固定的多项式相除，余式的多项式的系数就是CRC的校验和位。

CRC-32中所用的除式多项式是 $x^{32} + x^{26} + x^{23} + x^{22} + x^{16} + x^{12} + x^{11} + x^{10} + x^8 + x^7 + x^5 + x^4 + x^2 + x + 1$，用十六进制可以表示为04C11DB7（最前面是LSB）或者EDB88320（最前面是MSB）。

D

dBi：与各向同性天线相比，天线增益的对数计算式。

dBm：功率与1 mW相比的对数计算式。功率为 P dBm时，实际功率为 $10^{(P/10)}$ mW，因此，20 dBm是100 mW。

Delay Spread：时延扩展。时延扩展是从发送端到接收端的无线信号通过多径后到达时间的变化。如果连续传输的信号之间的时间小于时延扩展将引起符号间干扰(ISI)。

Differential Binary Phase Shift Keying(DBPSK)：差分二进制相移键控。是BPSK调制技术的一种变形，通过载波相位的变化而不是通过绝对相位来传递信息。

Differential Quadrature Phase Shift Keying(DQPSK)：差分四进制相移键控。是QPSK调制技术的一种变形，通过4个QPSK星座点的两个之间的相位变化来表示符号，而不是通过4个QPSK星座点的绝对相位来传递信息。

Digital Subscriber Line：数字用户线。一种高速Internet连接，通过标准的电话线传输，数据速率高达1.5 Mbps。

Directional Antenna：定向天线。定向天线将发射功率集中在窄的波束内，增加了传输的范围，但是以减小角度覆盖范围为代价。Patch, Yagi, parabolic都是定向天线的例子。

Direct Sequence Spread Spectrum(DSSS)：直接序列扩频。直接序列扩频是一种数据编码技术，输入比特流与碎片代码进行异或运算来增加带宽。在接收端，碎片代码比单个比特更容易从噪声环境中检测出来，这给系统带来了额外增益，称为处理增益。较长的碎片代码可以产生较高的处理增益。

Diversity：分集。分集是通过处理同一发送信号的多个版本来改善信号传输的技术。同一发送信号的多个接收版本可以是信号通过不同的传输路径（空间分集）、不同的时间（时间分集）和不同的频率（频率分集）。

实际中一个简单的例子是使用天线分集，在接收端，接收机连续地感知两个或者多个天线接收信号的强度并且自动地选择接收信号最强的天线。

Dynamic Host Configuration Protocol(DHCP)：动态主机配置协议。在接入网络时，动态主机配置协议自动为设备提供网络寻址，并且提供例如IP地址、子网掩码及默认网关等配置信息。在租约期内，设备可以保留分配的IP地址。

Dynamic Frequency Selection(DFS)：动态频率选择。动态频率选择可以使无线网络设备选择一个所要使用的传输通道，避免与其他用户干扰，尤其是与雷达和医疗系统干扰。DFS在802.11h补充版中介绍过，可以使用IEEE 802.11a WLAN遵循欧洲规则。

Dynamic Routing：动态路由。与静态路由相对应，动态路由指路由器为了自动适应网络拓扑的变化而不间断地更新路由信息的过程。

E

Equivalent Isotropic Radiated Power(EIRP)：等效全向性辐射功率。EIRP是度量包括天线增益、发送器与天线之间的任何缆线和连接器损耗等在内的总的有效传输功率。一个100 mW、20 dBm的发送器，如果天线增益为4 dB而路径损耗为1 dB，则EIRP为200 mW，23 dBm。

Ethernet：以太网。以太网在20世纪70年代由Xerox Palo研究中心开发，在IEEE 802.3标准中进行了标准化，以太网是占主导地位的有线网络技术。以太网类型用ABase-B形式定义，其中A规定了数据速率，高达10 Gbps。B规定了电缆类型，例如T指的是双绞成对铜缆线，而SX指的是LED驱动的多模光纤。

Extended Unique Identifier：扩展唯一识别码。是IEEE对MAC地址的替代方案，从48比特扩展到了EUI-64中的64比特。

F

Fading：衰落。在原始信号与延时信号混合后会带来衰落或者多径干扰。多径常常由视距或者接近视距范围内物体的反射或者散射导致的，多径会带来建设性的或者破坏性的（衰落）干扰或者相位偏移。衰落可以通过一些技术来识别、纠正，例如OFDM无线电中使用的导频技术。

Firewall：防火墙。防火墙是一种控制网络外部干扰或者限制或者阻止特定类型的业务或者活动的软件。防火墙对网络安全至关重要，同时对防火墙进行配置时，必须十分小心保证正确操作，避免对认证过的网络业务进行不是故意的阻止。

Forward Error Correction：前向纠错（FEC）。FEC是一种在数据传输中减少比特错误数的方法。通过对要传输的数据添加冗余比特（通常是许多输入数据比特的复杂函数）来使接收设备能够检测并纠正一部分传输过程中发生的错误比特。原始数据在最终发送数据流中所占的比例称为码率。

Frequency Reuse Factor：频率复用因子。频率复用因子是某一个频段在整个网络中利用程度的度量，因此同时也是用来传输数据的RF传输带宽的利用程度的度量。对大范围的802.11b/g WLAN，如果在相邻的接入点之间使用三个互相不重叠的信道方案，则频率复用因子为1/3，因为每个信道仅仅在网络运行范围内的1/3范围内使用。

Frequency Hopping Spread Spectrum(FHSS)：跳频扩频。跳频扩频是一种扩谱技术，应用在蓝牙设备中，调制后的载波的中心频率周期性地在一组预先确定好的频率点上跳动。所用的频率序列由跳频码确定，跳频码对接收端是已知的。

Fresnel Effect：菲涅耳效应。在无线电波传输中，不直接阻碍从发送器到接收器的视线的物体仍然引起传输衰减的现象。影响的大小取决于物体与视线的距离。

G

Gateway：网关。网关是一种网络设备，通过网关将一个网络连接到另外一个网络，常常是连接到Internet。通过网关进行路由和协议转换，例如通过NAT、VPN。同时网关也可执行诸如DHCP服务器等附加功能。

H

Hub：集线器。集线器是一种网络设备，集线器为其他设备提供中心接入点，与交换机不同，集线器向每个连接设备广播每个数据包，在网络中的所有设备共享可用的带宽。

I

Infrastructure Mode：基础设施模式。基础设施模式是无线网络的一种运行方式，在这种模式下，设备之间的通信通过一个接入点进行，而不是设备之间直接进行。后者的例子有 P2P 或者 ad-hoc 模式。

Initialisation Vector(IV)：初始化矢量。初始化矢量是加密算法中密钥的一部分，每个数据包的初始化矢量一般是不同的。将初始化矢量添加到例如从 WEP 密码短语中得到的 40 比特密钥来得到加密算法中所用的全部密钥。初始化矢量与加密的信息一起传输，接收站由于知道密钥可以确定出整个完全的加密密钥。初始化矢量可以防止加密数据中出现一些比较容易让黑客确定密钥的模式。

Internet Protocol(IP)：Internet 协议。Internet 协议是在 Internet 中提供寻址和路由功能的网络层协议。目前所用的 Internet 协议版本是 IPv4。

IP Address：IP 地址。IP 地址是唯一地识别 Internet 上某个设备的数字，唯一地识别保证了其他设备可以与该设备进行通信。IPv4 使用 32 比特的地址，而 IPv6 使用 128 比特的地址。IP 地址在第三层以及更高层协议中使用。在第二层及更低层通过地址解析协议转换成了 MAC 地址使用。

ISM(Industry, Scientific and Medical)：工业、科学及医疗。ISM 频带位于 900 MHz、2.4 GHz 以及 5.8 GHz。这些频带是为工业、科学及医疗使用而预先保留的，不经过授权就可以使用。但是现在这些频带也是主要的无线网络物理层技术的使用频带。

Isochronous：等时的。等时业务要求数据在一定的时间限制内传输。多媒体流需要等时传输服务来保证传输数据的速率能够跟上播放速度。等时业务对设备的要求不像同步业务那样严格，但是比异步业务复杂。

J

Jitter：抖动。抖动指单个传输包的延时变化。抖动对确定等时数据传输业务(例如视频流)的服务质量尤其重要。

L

Latency：潜伏期，延时。数据包从源端到目的端所用的时间。延时在诸如语音、视频流等网络业务中非常重要，传输延时会严重降低终端用户的服务质量。

Line-of Sight(LOS)：视线、瞄准线。在通信中指发送基站和接收基站之间存在无障碍的路径。对于频率高于 11 GHz 的无线链路 LOS 是必须的。在建立长距离的无线链路时，LOS 检查可以确定一个天线是否被另一个天线"看到"。

Link Margin：链路余量。可用功率中超过链路预算所要求的功率的部分可用功率。链路余量可以使接收端得到所要求的信号强度和 SNR。

Local Area Network(LAN)：局域网。局域网是在近距离内连接计算机和诸如打印机等其他设备的网络，局域网的距离一般是几十米到几百米。最常见的 LAN 技术是用于有线的 100 BaseT Ethernet 和用于无线网络的 802.11 b/g 或者 Wi-Fi。

Low Density Parity Check Codes：低密度奇偶校验码。LDPC 码是一种计算效率高的纠错码，性能接近于有噪信道中具有错误恢复能力的纠错码的理论极限。校验码通过利用一个随机抽样矩阵从数据块中稀疏地采样比特数据计算得到。例如，校验码的第一个比特定义为 $y_1 = x_1 + x_3 + x_8 + x_9 + x_{10}$，其中的加法为模 2 加。校验码使接收端丢失的数据能够高效地恢复出来。

M

MAC Service Access Point(MAC SAP)：MAC 层服务接入点。MAC SAP 是一个位于 MAC 层顶部的逻辑点，通过该逻辑点 MAC 与 OSI 模型中的网络层和更高层进行交互。在说明网络的有效数据速率时 MAC SAP 被认为是一个参考点，与 PHY 层的数据传输速率不同。

Manchester Coding：曼彻斯特码。曼彻斯特码是一种编码方法，数据的一个比特通过两个状态之间的变化来表示，状态的变化常常发生在比特持续时间的中点。所使用的状态变化可以是幅度、频率或者相位。

Media Access Control(MAC) Address：媒体接入控制地址。MAC 地址是一个网络接口设备的唯一硬件地址，第二层使用 MAC 地址将数据包寻址到期望的目的设备。MAC 地址长度为 48 比特，尽管 IEEE 已经开发了 64 比特的扩展唯一识别码。

MICHAEL(MIC)：数据完整性校验。数据完整性校验是对 IEEE 802.11 安全中无线保护接入(WPA)增强的一个特征。由 Wi-Fi 联盟提出，是在 IEEE 802.11i 标准出现之前对 WEP 的临时改进。

Miller Coding：密勒码。在密勒码中，比特 1 用码元周期中点出现状态（幅度、频率或者相位）跳变来表示，而对于比特 0 用则有两种情况：当出现单个"0"时，在码元周期内不出现跳变；但若遇到连"0"时，则在前一个"0"结束（也就是后一个"0"开始）时出现跳变。在改进的密勒码中，每一个状态跳变用负脉冲代替。

Modulation：调制。调制是将数字数据流与发送载波信号组合在一起的技术。

Modulation Index：调制指数。调制指数定义为 $[A-B]/[A+B]$，其中 A 和 B 分别是信号幅度的最大、最小值。

Multicast：多播。多播消息会传递给网络中某子网的所有基站，与广播(broadcast)、单播(unicast)对应。

Multipath Interference：多径干扰。参见衰落。

Multiple Input Multiple Output(MIMO)：多输入多输出。多输入多输出指具有多个发送与多个接收天线的无线链路。通过多天线处理信号可以增加可用数据带宽或降低链路的平均 BER，这是因为多输入多输出实际上利用了空间分集技术。

N

Network Address Translation(NAT)：网络地址转换。网络地址转换指将局部网络地址转换为可以被外部网络例如Internet使用的地址。网络地址转换是由连接两个网络的网关来完成的。

Nonce：随机数。指使用一次后即丢弃的一个随机数，例如用于确定加密或者鉴定时的密钥的算法所用的种子。

O

Omnidirectional Antenna(Omni)：全向天线。全向天线在水平方向上波束宽度为360°，当需要在各个方向上进行发送、接收时要使用全向天线。全向天线的增益可以通过减少垂直方向上的波束宽度来增大。

Orthogonal Frequency Division Multiplexing(OFDM)：正交频分复用。在OFDM中，数据流被分解成许多平行的低速数据流，这些平行的低速数据流被调制到一组子载波上同时传输。其中的正交特征指子载波之间相互分离，这样可以减少载波间干扰。

P

Packet Binary Convolution Coding(PBCC)：分组二进制卷积码。分组二进制卷积码是由Texas Instruments提出的802.11g标准的一个提案，用来进行数据编码和调制。最终OFDM被选为802.11g标准，而PBCC落选，原因是OFDM可以提供54 Mbps的数据速率，超过PBCC的33 Mbps。

Pairing：配对。在向两个蓝牙设备输入PIN，在两者之间建立连接的第一步。

Pair-wise Temporal (or Transient) Keys：成对的暂时密钥。它是在设备认证过程中得到的加密密钥，两个设备用此密钥在连接建立持续时间内对数据流加密。

Personal Computer Memory Card International Association(PCMCIA)：个人计算机存储卡国际联盟。个人计算机存储卡国际联盟建立于1989年，主要是制定可移动计算机扩展卡的标准。PCMCIA卡现在称PC卡。

Piconet：微微网。在一个PAN中，设备之间对等互联(Ad-hoc collection)，其中一个作为主设备，其他的作为从设备。主设备确定时钟及其他诸如FHSS跳频模式等连接参数。在Bluetooth中，每个主设备可以连接7个活动的从设备，或连接多达255个不活动的从设备。

Point of Attachment(POA)：接入点。POA是一个无线设备连接至无线网络的点。接入点的例子有Wi-Fi接入点或者WiMAX与3GPP蜂窝基站。

Point of presence(POP)：存在点。存在点是一个接入Internet的接入点。一个ISP或者其他的网上服务提供商有一个或者多个POP来将客户业务搬载到Internet。

Point to Point Transport Protocol(PPTP)：点到点传输协议。通过PPTP协议可以在公共电话系统或者Internet等不安全连接的虚拟专用网络(VPN)上进行安全的数据传输。

Processing Gain：处理增益。当使用碎片代码将比特流扩展到更宽带宽的碎片流时就获得了处理增益。处理增益用分贝表示时表示为$10\lg C$，其中C是碎片代码的长度。

Protocol：协议。协议是设备之间进行网络通信的规则或者语句构成的标准集合，协议的例子有 HTTP, FTP, TCP 与 IP。

Q

Quadrature Phase Shift Keying(QPSK)：正交相移键控。QPSK 是一种调制技术，每个输入的数据符号用载波四个相位状态中的一个表示。

R

Receiver Sensitivity：接收机灵敏度。接收机灵敏度是在指定的 BER 下，接收机能够可靠地解调最微弱信号的度量，用 dBm 表示。接收机灵敏度是使用的调制方式的函数，因为像 16-QAM 或者 64-QAM 这样较复杂的调制方式要求较高的接收信号强度来进行可靠的解调。一般来说，解调 64-QAM 信号所需的信号强度要比解调 BPSK 信号的信号强度高 15~20 dB。

Request for Comments(RFC)：请求注解。一个工业单位要求对关于标准或者对一个技术问题的一般解决方案的提议进行评论的发表。网络工作组发表了一些有影响力的 RFC，这奠定了本书描写的有关网络和 Internet 技术的部分基础，一些主要的例子有：

RFC 791：Internet 协议

RFC 1738：统一资源定位符(URL)。

RFC 1945：超文本传输协议(HTTP 1.0)。

www.faqs.org/rfcs 上的 RFC 文档是这些关键技术发展的有趣历史记载。

Router：路由器。路由器是一种网络设备，负责检查数据包内的 IP 地址并将该包向它的目的地转发。路由器之间关于到其他网络目的地路径信息的共享通过 RIP 协议、OSPF 以及 IS-IS 等协议进行。

RSA public key algorithm：RSA 公共密钥算法。RSA 算法以译解密码专家 Rivest, Shamir 和 Adleman 三人命名，用于公共密码使用法中，以建立一个公钥加密钥的密钥对。RSA 算法如下：取两个大的素数 p 和 q，两者的乘积为 n。选择一个小于 n 的数字 e，使得 $(p-1)(q-1)$ 和 e 除了 1 之外没有公共因子。选择另一个数字 d 使得 $(ed-1)$ 能被 $(p-1)(q-1)$ 整除。则公钥是 (n, e)，私钥是 (n, d)。

RSA 算法的安全性在于分解两个较大素数的乘积的困难性。如果能分解两个素数的乘积，则可以从公钥计算出私钥。

S

Scatternet: 散射网。散射网是位于同一区域的蓝牙微网通过一个共同的设备连接在一起后得到的网络。散射网中的设备可以同时在一个微微网中作为主设备而在另一个微微网中作为从设备。

Service Set Identifier(SSID)：服务集标识符。SSID可以识别通过单个接入点连接在一起的一组无线设备。在这些设备之间传输的数据包通过携带SSID来识别，如果携带有不同的SSID该数据包就会被忽略。

Simple Network Management Protocol(SNMP)：简单网络管理协议。简单网络管理协议是一种通信协议，通过此协议可以对网络设备进行配置和监视，例如接入点和网关。SNMP用来执行诸如配置安全性、接入策略（例如MAC过滤）和网络业务监视等网络管理功能。

Spectral Efficiency：频谱利用率。带宽传递信息的效率，以bit/Hz为单位。增加调制的复杂度，例如采用64-QAM代替BPSK，会增加频谱利用率，代价是要求更高的接收信号强度来保证可靠的解调。

Spread Spectrum：扩展频谱，简称扩谱。扩谱是一种射频数据传输技术，它将信号扩展在很宽的频率范围内。译码处理增益使得信号对噪声或者对工作在类似频段的窄带无线电的干扰不敏感。

Static Routing：静态路由。与动态路由相对应，在静态路由中，使用固定的路由表来为网络业务提供路由，在网络拓扑变化时需要人工干预来适应网络拓扑的变化。

Switch：交换机。一种网络设备，与集线器相似，将数据包交换至目的地所在的子网。

Synchronous：同步。在同步业务中，连续数据流的数据突发必须在特定的时间间隔内进行。

T

Temporal Keying Integrity Protocol(TKIP)：暂时密钥集成协议。TKIP是由IEEE 802.11i定义的WPA安全改进的一部分。TKIP管理接入点和相关的无线站点之间的加密密钥的共享和更新。

Transport Control Protocol(TCP)：传输控制协议。TCP管理消息通过网络的传输，包括将消息拆分成包、接收包按顺序重建、错误检查以及要求丢失的包重传。

Tunnelling：隧道技术。使用隧道技术的数据包按照一种协议进行构造而按照另外一种协议进行封装，通过这种技术对数据包加密，在不安全的网络上建立可靠的连接。隧道技术包含三个不同的协议，传输数据所用的载波协议，例如IP；提供封装的加密协议；对原始数据包进行构造的发送协议。

Turbo codes：Turbo码。Turbo码是一种纠错码技术，它依靠对每个数据块上进行两次独立的奇偶校验的计算来进行纠错。在解码时，独立地使用两个校验码对接收的数据块进行验证。如果两个译码器结果不一致，则进行信息的相互交换直到收敛到一个解。

U

User Datagram Protocol(UDP)：用户数据报协议。UDP是一种数据传输协议，其功能与TCP类似，但是并不检查所有数据包是否到达，在丢包时也不要求重传。UDP用在VoIP或者媒体流中，在这些场合丢失的包的恢复没有意义，对丢失的包只是简单的丢弃。

Unicast：单播。在单播中，消息只传给一个指定的接收站，与组播、广播相对应。

Unshield Twisted Pair(UTP)：非屏蔽双绞线。最常见的有线 Ethernet 电缆类型，由 4 对绞合在一起的铜线组成，两端是 RJ45 接口器。根据不同的网络速率可以区分为不同类型的 UTP：第一类双绞线用于低速场合，速率为 1 Mbps；第 5 类线是最常见的 Ethernet 电缆线，速率为 100 Mbps；第 7 类电缆线适用于超高速 Ethernet，速率高达 10 Gbps。

Ultra Wide Band(UWB)：超宽带。如果传输时所用的带宽大于等于中心频率的 20% 的定义为超宽带，而最小的带宽为 500 MHz。在美国，FCC 定义的 UWB 频带为 3.1～10.6 GHz，最大的传输功率必须小于-41.3 dBm/MHz。发射功率小于计算机或者其他电子设备等无意的发射器所允许的功率。

V

Voice over Internet Protocol(VoIP)：VoIP 指通过 UDP 传输协议在 Internet 上传输语音数据。

Virtual LAN(VLAN)：虚拟 LAN。虚拟 LAN 是 LAN 或者 WLAN 中的客户站通过软件定义的一个子集，目的是将 VLAN 中的流量从更广的 LAN 中分离出来。原因是 VLAN 中的业务更容易受到攻击，例如 VoIP 电话，所以需要设其为"不可信"来保证 LAN 其他部分的安全。

Virtual Private Network(VPN)：虚拟专用网络。当一个远端设备通过公共网络，例如 Internet，连接到一个专用网络时就构成了一个 VPN。诸如 IPSec、L2TP 或者 PPTP 等隧道技术通过数据加密保证了通过公网传递信息的安全性。

W

Wired Equivalent Privacy(WEP)：有线等效加密。IEEE 802.11 标准的一个安全特性，WEP 的设计是要提供和传统有线 LAN 一样标准的安全和隐私通信。由于 WEP 加密算法的脆弱性，WEP 由 WPA 及 IEEE 802.11i 的安全机制代替。

Wireless Ethernet Compatibility Alliance(WECA)：无线 Ethernet 兼容性联盟。最初的 Wi-Fi 标准的工业支持者，现在改成了 Wi-Fi 联盟。Wi-Fi 标准对基于 IEEE 802.11 的无线网络设备的互操作性提供了保证。

Wi-Fi Protected Access(WPA)：Wi-Fi 网络安全存取。WPA 是一种基于标准的可互操作的 WLAN 安全性增强的解决方案，由 Wi-Fi 联盟提出。WPA 是 IEEE 802.11i 标准的先驱者，IEEE 802.11i 标准提供了更强的加密算法，同时管理着密钥的分配。WPA 同时提供认证和信息完整性检查。

Wireless Personal Area Network(WPAN)：无线个域网。一种通信网络，将在个人操作空间之内的设备进行通信和相互连接。其特点是短距离、低功耗和低代价。

Wireless Internet Service Provider(WISP)：无线 ISP。通过无线网络连接为用户提供公共 Internet 服务的提供者。

Wireless Local Area Network(WLAN)：无线局域网。使用授权或者非授权频段，如 2.4 GHz 及 5 GHz ISM 频段为无线使用的计算机及其他局部区域的设备提供连接的无线网络，距离一般是 10～100 m。

X
X-10：家用电力线，主要用在照明控制中。

Z
ZigBee：基于 IEEE 802.15.4 PHY 及 MAC 标准的无线网络技术，主要用于短距离、极低功耗和低速率的监视及控制应用场合。

教学支持说明

欲获取相关《教学支持资料》的教师烦请填写如下情况调查表,以确保此教学辅导材料不被学生获得。

情况调查表如下所示:

证　明

兹证明_____大学(University)_____系/院(Department)_____学年/学期(term)开设的_____课程,采用_____出版社出版的_____(英文原版,影印版或中文版)作为主要教材任课教师为_____,学生_____个班共_____人,年级/程度(Year/Level):_____。任课教师需要与本书配套的教师指导手册。

原版书信息:

书名(Title):_____

版次(Edition):____ 作者(Author):_____ 书号(ISBN)_____

姓名(Name):_____ 性别(Gender):_____ 职称(Title):_____

电话1(TEL):_____ 电话2(TEL):_____

传真(FAX):_____ Mobile:_____

Email 1:_____ Email 2:_____

联系地址(Add):_____（该项请用中文填写）

邮编(Zip Code):_____

　　　　　　　　　　　　　　　　　　　　　　　　系/院主任:_____（签字）

　　　　　　　　　　　　　　　　　　　　　　　　　　（系/院办公室章）

　　　　　　　　　　　　　　　　　　　　　　　　____年__月__日

请与我们联络

电子工业出版社高等教育分社　　　　　北京市万寿路173信箱（100036）
http://www.phei.com.cn　　　　　　　电话：010-8825 4555
http://www.hxedu.com.cn　　　　　　 传真：010-8825 4560
　　　　　　　　　　　　　　　　　　E-mail: Te_service@phei.com.cn

注　意

　　本书涉及领域的知识和实践标准在不断变化。新的研究和经验拓展我们的理解，因此须对研究方法和专业实践进行调整。从业者和研究人员必须始终依靠自身经验和知识来评估和使用本书中提到的所有信息、方法、化合物或本书中描述的实验。在使用这些信息或方法时，他们应注意自身和他人的安全，包括注意他们负有专业责任的当事人的安全。在法律允许的最大范围内，爱思唯尔、译文的原文作者、原文编辑及原文内容提供者均不对因产品责任、疏忽或其他人身或财产伤害及/或损失承担责任，亦不对由于使用或操作文中提到的方法、产品、说明或思想而导致的人身或财产伤害及/或损失承担责任。